"쉽고 빠르게 소방설비기사 합격"

쉽고 빠르게 합격하는
소방설비(산업)기사

소방전기분야 실기

이종오 편저

Preface

2010년 이후 건물이 고층화되고 안전관리분야가 강화되면서 매년 소방설비기사 기계분야 및 전기분야 응시생들이 증가하고 있는 추세입니다. 안전관리 분야의 강화에 맞춰 새로운 취업의 기회를 제공할 것이며 관련 인력 또한 많이 필요해질 겁니다.

"쉽고 빠르게 합격하는 소방설비(산업) 기사" 시리즈는 시험 합격을 최우선으로 두고 관련 이론의 이해와 기출 중심의 문제풀이를 중심으로 단권화했습니다. 단권화를 통해 꼭 강의를 듣지 않더라고 자연스럽게 이해할 수 있게 체계적으로 구성 빠른 학습이 가능하도록 했습니다. 부족한 부분은 관련 동영상 강의를 참조하시면 좀 더 확실한 이해가 가능하실 겁니다.

교재를 보시는 소방설비기사 및 산업기사 응시생 여러분의 합격을 빌겠습니다.
감사합니다.

※ 편집 이후 관련 법령의 개정여부를 꼭 확인 부탁드립니다.

[학습방법]

매 회차별 자동화재탐지설비에서 최대 6문항 출제될 정도로 높은 출제비중을 나타내고 있어 가장 정확하게 숙지하고 넘어가야 될 단원입니다. 또한 최근 소방배선의 문항수가 줄어들고 시퀀스와 계산문제의 비중이 점차 높아지고 있기 때문에 중요 계산공식 암기 및 시퀀스 도면을 이해하여야 하는 학습방법이 중요해졌습니다.

소방전기시설 설계 및 시공실무		출제비중[%]
단원명		
경보설비	자동화재탐지설비 및 시각경보장치 ★★★	약 20%
	비상경보설비 및 단독경보형감지기	약 5%
	비상방송설비	약 5%
	자동화재속보설비	–
	누전경보기	약 5%
	가스누설경보기	–
피난구조설비	유도등 및 유도표지 ★★	약 10%
	비상조명등 및 휴대용비상조명등	–
소화활동설비	비상콘센트설비	약 5%
	무선통신보조설비	약 5%
소방배선	자동화재탐지설비 ★	약 10%
	옥내소화전설비	–
	스프링클러설비	약 5%
	가스계소화설비 ★	약 5%
	제연설비	–
공사재료	금속관공사재료	약 5%
	배선도 표시방법	–
시퀀스	불대수와 논리게이트, 무접점회로와 유접점회로 ★★	약 10%
	시퀀스제어 ★★	약 10%
	계산문제 ★★★	약 15%

[대략적인 %이며 참고만 부탁드립니다. 회차별로 상이합니다]

Contents

PART 01 : 경보설비

chapter 01 자동화재탐지설비 및 시각경보장치 • 8
- 연습문제
  - 감지기 ································· 24
  - 경계구역 ······························ 43
  - 수신기 ································· 57
  - 중계기 ································· 63
  - 음향장치 ······························ 67
  - 전원 및 배선 ························· 74
  - 시각경보장치 ························ 80

chapter 02 비상경보설비 및 단독경보형감지기 • 81
- 연습문제 ································· 83

chapter 03 자동화재속보설비 • 84
- 연습문제 ································· 86

chapter 04 비상방송설비 • 87
- 연습문제 ································· 91

chapter 05 가스누설경보기 • 95
- 연습문제 ································· 99

chapter 06 누전경보기 • 100
- 연습문제 ································ 104

PART 02 : 피난구조설비

chapter 01 유도등 및 유도표지 • 112
- 연습문제 ································ 118

chapter 02 비상조명등 및 휴대용비상조명등 • 127
- 연습문제 ································ 130

PART 03 : 소화활동설비

chapter 01 비상콘센트설비 • 134
- 연습문제 ································ 137

chapter 02 무선통신보조설비 • 143
- 연습문제 ································ 146

chapter 03 소방시설용 비상전원수전설비 • 148
- 연습문제 ································ 153

PART 04 : 소방배선

chapter 01 자동화재탐지설비 • 156
- 연습문제 ································ 160

chapter 02 옥내소화전설비 • 176
- 연습문제 ································ 179

chapter 03 스프링클러설비 • 186
- 연습문제 ································ 190

chapter 04 가스계 소화설비 • 202
- 연습문제 ································ 204

chapter 05 제연설비 • 208
- 연습문제 ································ 216

PART 05 : 공사재료

chapter 01 금속관공사재료 • 226

chapter 02 배선도 표시방법 • 227

- 연습문제 [PART 05]
  금속관공사재료, 배선도 표시방법 ········· 228

PART 06 : 시퀀스

chapter 01 불대수와 논리게이트 • 242

chapter 02 무접점회로와 유접점회로 • 245

- 연습문제 [CHAPTER 01, 02]
  불대수와 논리게이트, 무접점회로와 유접점회로
  ·· 247

chapter 03 시퀀스 제어 • 256

- 연습문제
  시퀀스제어 ································· 259
  시퀀스 응용 회로 ······················· 263
  전·전압 기동제어방식 ··············· 265
  플로트제어방식(급·배수) ········ 271
  Y−Δ제어방식 ···························· 275

PART 07 : 계산문제

chapter 01 축전지 설비 • 282

- 연습문제 ·· 284

chapter 02 감시전류, 동작전류 • 293

- 연습문제 ·· 294

chapter 03 전력 • 296

- 연습문제 ·· 297

chapter 04 전동기 • 299

- 연습문제 ·· 301

chapter 05 전압강하 • 307

- 연습문제 ·· 308

chapter 06 발전기 • 313

- 연습문제 ·· 314

PART 08 : 실력 UP 추가문제 풀이

chapter 01 경보설비 • 318

chapter 02 피난구조설비 • 336

chapter 03 소화활동설비 • 339

chapter 04 소방배선 • 343

chapter 05 공사재료 • 345

chapter 06 시퀀스 • 349

chapter 07 계산문제 • 357

쉽고 빠르게 합격하는 소방설비(산업)기사 전기분야 실기

PART
01

경보설비

제1장	자동화재탐지설비 및 시각경보장치
제2장	비상경보설비 및 단독경보형감지기
제3장	자동화재속보설비
제4장	비상방송설비
제5장	가스누설경보기
제6장	누전경보기

CHAPTER 01 자동화재탐지설비 및 시각경보장치

1 자동화재탐지설비 구성

감지기, 발신기, 수신기, 중계기, 배선, 음향장치, 표시등, 전원 등

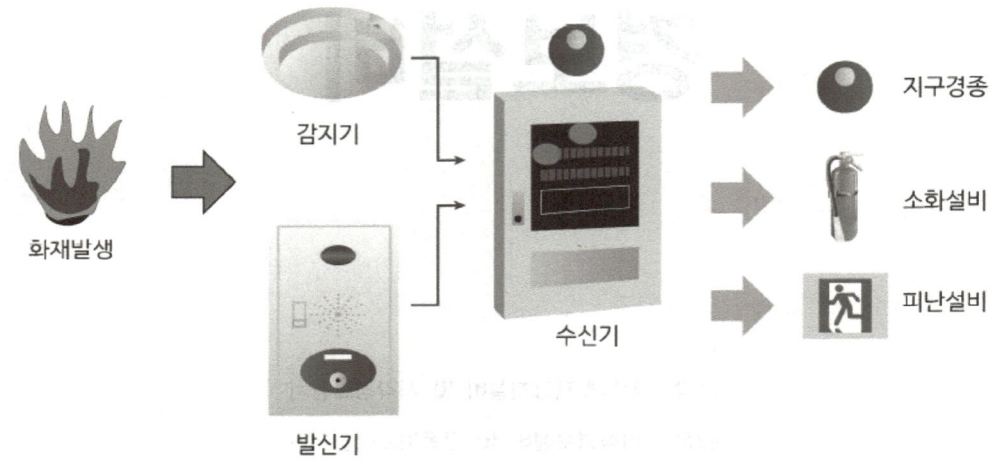

(1) 동작순서
① 화재발생
② 화재감지(발신기 또는 감지기)
③ 수신기에 화재신호 입력
④ 화재발생 사실 경종으로 알림

2 감지기

화재 시 발생하는 **열, 연기, 불꽃 또는 연소생성물**을 자동적으로 감지하여 수신기에 화재신호 등을 발신하는 장치를 말한다.

1 종류

① 열 감지기

차동식	• 스포트형(1·2종) 주위온도가 **일정 상승율 이상**이 되는 경우에 **작동하는 것으로서 일국소에서의 열 효과에 의하여 작동되는 것**	[종류] ① 공기팽창방식 ② 열기전력 이용방식 ③ 열반도체 이용방식
	• 분포형(1·2종) 주위온도가 **일정 상승율 이상**이 되는 경우에 **작동하는 것으로서 넓은 범위 내에서의 열 효과의 누적에 의하여 작동되는 것**	[종류] ① 공기관식 ② 열전대식 ③ 열반도체식
정온식	• 스포트형(특·1·2종) 일국소의 주위온도가 **일정한 온도 이상**이 되는 경우에 **작동하는 것으로서 외관이 전선과 같이 선형으로 되어 있지 않은 것**	[종류] ① 바이메탈 활곡 이용방식 ② 바이메탈 반전 이용방식 ③ 금속팽창 계수차 이용방식 ④ 액체 또는 기체팽창 이용방식 ⑤ 금속의 용융 이용방식 ⑥ 열반도체 소자 이용방식 ⑦ 가용절연물 이용방식
	• 감지선형(특·1·2종) 일국소의 주위온도가 **일정한 온도 이상**이 되는 경우에 **작동하는 것으로서 외관이 전선과 같이 선형으로 되어 있는 것**	-
보상식	• 스포트형(특·1·2종) **차동식과 정온식의 성능을 겸한 것으로서 어느 한기능이 작동하면 작동신호를 발하는 것**	-

② 연기 감지기

이온화식	• 스포트형(1 · 2 · 3종) 주위의 공기가 일정한 농도의 **연기를 포함하게 되는 경우에 작동하는 것**으로서 **일국소의 연기에 의하여 이온전류가 변화하여 작동**하는 것	-
광전식	• 스포트형(1 · 2 · 3종) 주위의 공기가 일정한 농도의 **연기를 포함하게 되는 경우에 작동하는 것**으로서 **일국소의 연기에 의하여 광전소자에 접하는 광량의 변화로 작동**하는 것	-
	• 분리형(1 · 2 · 3종) **발광부와 수광부로 구성된 구조로 발광부와 수광부 사이의 공간에 일정한 농도의 연기를 포함하게 되는 경우에 작동하는 것**	-
공기 흡입형	• 공기흡입형(1 · 2 · 3종) 감지기 내부에 장착된 **공기흡입장치로 감지하고자 하는 위치의 공기를 흡입**하고 흡입된 공기에 **일정한 농도의 연기가 포함된 경우 작동하는 것**	-

③ 불꽃 감지기
  • 자외선식, 적외선식, 자외선/적외선 겸용식, 영상분석식

④ 복합형 감지기
  • 열복합형, 연복합형, 불꽃복합형, 열 · 연기 복합형, 연기 · 불꽃 복합형, 열 · 불꽃 복합형 등
  • 감지기의 두가지 성능이 있는 것으로서 두 가지 성능의 감지기능이 함께 작동될 때 화재신호를 발신하거나 또는 두개의 화재신호를 각각 발신하는 것을 말한다.

⑤ 다신호식 감지기
  • 각 서로 다른 종별 또는 감도 등의 기능을 갖춘 것으로서 일정시간 간격을 두고 각각 다른 2개 이상의 화재신호를 발하는 감지기를 말한다.
  • 동일 종별 또는 감도를 갖는 2개이상의 센서를 통해 감지하여 화재신호를 각각 발신하는 감지기를 말한다.

⑥ 방폭형 감지기: 방폭형, 비방폭형
  • 폭발성가스가 용기내부에서 폭발하였을 때 용기가 그 압력에 견디거나 또는 외부의 폭발성가스에 인화될 우려가 없도록 만들어진 형태의 감지기를 말한다.

⑦ **방수형 감지기**: 방수형, 비방수형
- 방수구조로 되어 있는 감지기를 말한다.

⑧ **재용형 감지기**: 재용형, 비재용형
- 다시 사용할 수 있는 성능을 가진 감지기를 말한다.

⑨ **축적형 감지기**: 축적형, 비축적형
- 일정농도·온도 이상의 연기 또는 온도가 일정 시간(공칭축적시간) 연속하는 것을 전기적으로 검출함으로써 작동하는 감지기(다만, 단순히 작동시간만을 지연시키는 것은 제외한다)를 말한다.

⑩ **아날로그식 감지기**
- 주위의 온도 또는 연기의 양의 변화에 따른 화재정보신호값을 출력하는 방식의 감지기를 말한다.

2 부착 높이기준에 따른 감지기 설치기준

부착 높이에 따라 다음 표에 따른 감지기를 설치해야 한다. 다만, **지하층·무창층** 등으로서 환기가 잘되지 아니하거나 실내면적이 40 ㎡ 미만인 장소, 감지기의 **부착면과 실내 바닥과의 거리가 2.3 m 이하인 곳**으로서 일시적으로 발생한 열·연기 또는 먼지 등으로 인하여 화재신호를 발신할 우려가 있는 장소(축적형 수신기 설치장소 제외)에는 **다음의 기준에서 정한 감지기 중 적응성이 있는 감지기를 설치**해야 한다.

(1) **불**꽃감지기
(2) **정**온식감지선형감지기
(3) **분**포형감지기
(4) **복**합형감지기
(5) **광**전식분리형감지기
(6) **아**날로그방식의 감지기
(7) **다**신호방식의 감지기
(8) **축**적방식의 감지기

부착높이	감지기의 종류
4m 미만	• 차동식(스포트형, 분포형) • 보상식 스포트형 • 정온식(스포트형, 감지선형) • 이온화식 또는 광전식(스포트형, 분리형, 공기흡입형) • 열복합형 • 연기복합형 • 열연기복합형 • 불꽃감지기
4m 이상 8m 미만	• 차동식(스포트형, 분포형) • 보상식 스포트형 • 정온식(스포트형, 감지선형) 특종 또는 1종 • 이온화식 1종 또는 2종 • 광전식(스포트형, 분리형, 공기흡입형) 1종 또는 2종 • 열복합형 • 연기복합형 • 열연기복합형 • 불꽃감지기
8m 이상 15m 미만	• **차동식 분포형** • **이온화식** 1종 또는 2종 • **광전식**(스포트형, 분리형, 공기흡입형) 1종 또는 2종 • **연기복합형** • **불꽃감지기**
15m 이상 20m 미만	• **이온화식** 1종 • **광전식**(스포트형, 분리형, 공기흡입형) 1종 • **연기복합형** • **불꽃감지기**
20m 이상	• **불꽃감지기** • **광전식(분리형, 공기흡입형)중 아나로그방식**

비고)
1) 감지기별 부착높이 등에 대하여 별도로 형식승인 받은 경우에는 그 성능 인정범위 내에서 사용할 수 있다.
2) 부착높이 20m 이상에 설치되는 광전식중 아나로그방식의 감지기는 공칭감지농도 하한값이 **감광율 5 %/m 미만**인 것으로 한다.

3 감지기 공통 설치기준(다만, 교차회로방식에 사용되는 감지기, 급속한 연소 확대가 우려되는 장소에 사용되는 감지기 및 축적기능이 있는 수신기에 연결하여 사용하는 감지기는 축적기능이 없는 것으로 설치하여야 한다.)

① 감지기(차동식분포형의 것을 제외한다)는 **실내로의 공기유입구로부터 1.5미터 이상 떨어진 위치에 설치할 것**
② 감지기는 **천장 또는 반자의 옥내에 면하는 부분에 설치할 것**
③ **보상식스포트형감지기**는 정온점이 감지기 주위의 평상시 **최고온도보다 20 ℃ 이상 높은 것으로 설치할 것**
④ **정온식감지기**는 주방·보일러실 등으로서 **다량의 화기를 취급하는 장소에 설치**하되, 공칭작동온도가 **최고주위온도보다 20 ℃ 이상 높은 것으로 설치할 것**
⑤ **스포트형**감지기는 **45도 이상 경사되지 아니하도록 부착할 것**
⑥ **차동식**스포트형·**보상식**스포트형 및 **정온식**스포트형 감지기는 그 **부착 높이 및 특정소방대상물**에 따라 다음 표에 따른 바닥면적마다 **1개 이상을 설치할 것**

(단위: [㎡])

부착높이 및 특정소방대상물의 구분		감지기의 종류						
		차동식 스포트형		보상식 스포트형		정온식 스포트형		
		1종	2종	1종	2종	특종	1종	2종
4[m] 미만	내화구조	90	70	90	70	70	60	20
	기타구조	50	40	50	40	40	30	15
4[m] 이상 8[m] 미만	내화구조	45	35	45	35	35	30	
	기타구조	30	25	30	25	25	15	

4 감지기 설치제외

① **천장 또는 반자의 높이가 20[m] 이상**인 장소
(불꽃감지기, 광전식(분리형, 공기흡입형)중 아날로그방식 제외)
② **헛간 등 외부와 기류가 통하는 장소**로서 감지기에 따라 화재발생을 **유효하게 감지할 수 없는 장소**
③ **부식성가스**가 체류하고 있는 장소
④ **고온도 및 저온도**로서 감지기의 **기능이 정지**되기 쉽거나 감지기의 **유지관리가 어려운 장소**
⑤ **목욕실·욕조**나 **샤워시설이 있는 화장실**·기타 이와 유사한 장소
⑥ 파이프덕트 등 그 밖의 이와 비슷한 것으로서 **2개층 마다 방화구획**된 것이나 수평단면적이 **5[㎡] 이하인 것**

⑦ 먼지·가루 또는 수증기가 다량으로 체류하는 장소 또는 주방 등 평시에 연기가 발생하는 장소(연기감지기에 한한다.)
⑧ 프레스공장·주조공장 등 화재발생의 위험이 적은 장소로서 감지기의 유지관리가 어려운 장소

5 열감지기

(1) 차동식 스포트형 감지기

① 정의: 주위온도가 **일정상승율(급격한 온도변화율)이상**이 되는 경우에 작동하는 것으로서 **일국소**에서의 **열효과에 의하여 작동**되는 것

② 종류 및 특징

가) **공기팽창** 이용방식

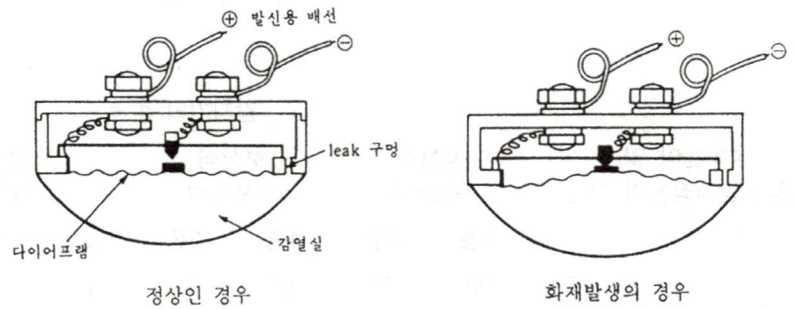

- 구조: **감열부, 리크구멍, 다이어프램, 접점** 등
- 동작원리: 화재발생 → 온도상승 → 감열실 내 공기팽창 → 다이어프램 밀어올림 → 접점 → 전기회로 구성 → 화재 신호 송신
- 리크구멍 설치목적: **비화재보(감지기 오동작) 방지**

나) **열기전력** 이용

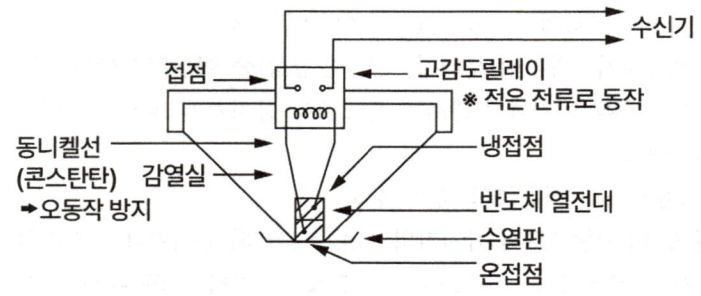

- 구조: 온접점, 냉접점, 고감도릴레이, 열반도체, 감열실 등

- 동작원리: 화재발생 → 온도상승 → 감열실내 반도체에서 열기전력 발생 → 고감도 릴레이 작동 → 화재 신호 송신

다) **열반도체** 이용
- 동작원리: 화재발생 → 온도상승 → 저항 감소, 전류 증가 → 화재 신호 송신

(2) 차동식 분포형 감지기

① 정의: **주위온도가 일정상승율(급격한 온도변화율)이상**이 되는 경우에 **작동**하는 것으로서 **넓은 범위**에서의 **열 효과의 누적에 의하여 작동**되는 것

② 종류 및 특징

가) **공기관식**

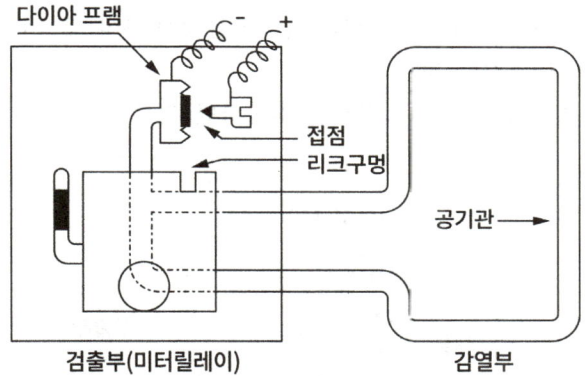

- 동작원리: 화재발생 → 공기관 온도상승으로 **공기관내 공기팽창** → 검출부 내 다이어 프램 밀어올림 → 접점 → **화재 신호 송신**
- 설치기준

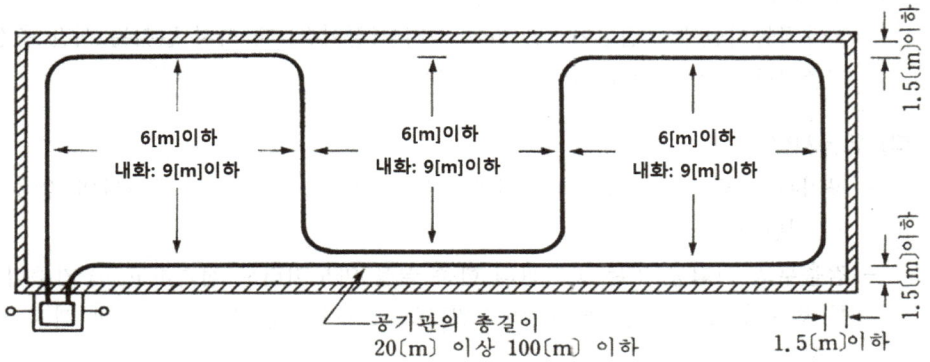

ㄱ. 공기관의 노출 부분은 감지구역마다 **20 m 이상**이 되도록 할 것

ㄴ. 공기관과 감지구역의 각 변과의 수평거리는 **1.5m 이하**가 되도록 하고, 공기관 상호간의 거리는 **6m(내화구조 9m) 이하**가 되도록 할 것
ㄷ. **공기관**은 도중에서 **분기하지 않도록** 할 것
ㄹ. 하나의 검출부분에 접속하는 공기관의 길이는 **100m 이하**로 할 것
ㅁ. 검출부는 **5° 이상** 경사되지 않도록 부착할 것
ㅂ. 검출부는 바닥으로부터 **0.8m 이상 1.5m 이하**의 위치에 설치할 것

③ 형식승인 및 제품검사의 기술기준 (공기관)
- 공기관의 두께는 0.3 ㎜ 이상, 바깥지름은 1.9 ㎜ 이상

> **참고** 차동식 분포형 공기관식 감지기 시험방법
>
> 가) 화재작동시험
> - 감지기의 작동공기압에 상당하는 공기량을 송입하여 접점이 작동하기(붙을때)까지 걸리는 시간 측정할 것
> - 검출부에 명시된 시간 내 접점이 작동하면 정상
>
>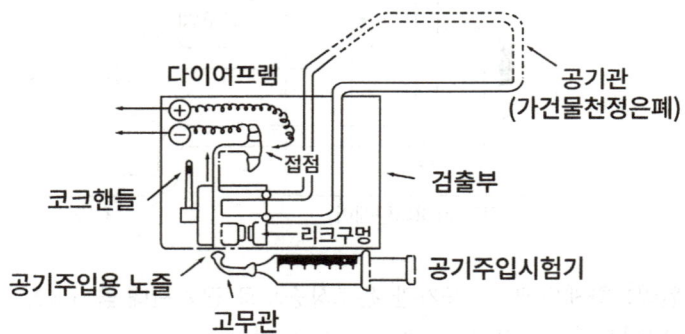
>
> 나) 작동계속시험
> - 화재작동시험에서 접점이 작동하여 정지할(떨어질) 때 까지 걸리는 시간 측정할 것
> - 검출부에 명시된 범위 이내일 때 정상
>
> 다) 유통시험
> - 공기관내 공기를 유입시켜 공기관의 누설, 찌그러짐, 막힘, 공기관의 길이 확인하기 위한 시험
> - 검출부의 시험공 또는 공기관의 한쪽 끝을 마노미터로 접속하고, 공기주입시험기를 접속하고, 공기를 마노미터 수위 100㎜까지 상승 후 50㎜ 될 때 까지 시간 측정할 것
> - 공기관 길이에 따라 정해진 시간이내 정상

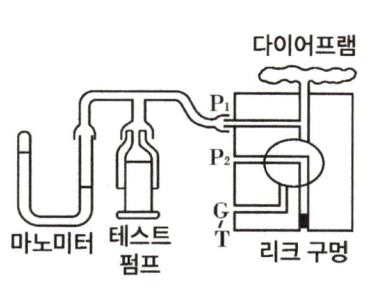
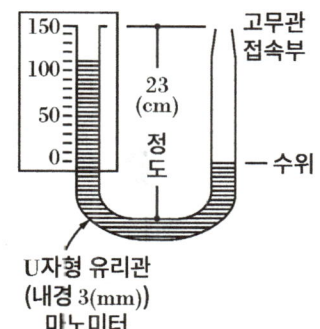

- 유통시험에 필요한 기구 3가지 : 마노미터, 공기주입시험기, 초시계

라) 접점수고(압력)시험
- 접점수고치가 적정 간격을 유지하고 있는 여부를 확인
- 접점수고치가 규정 이상으로 된 경우 감지기 작동이 늦어진다.

나) **열전대식**

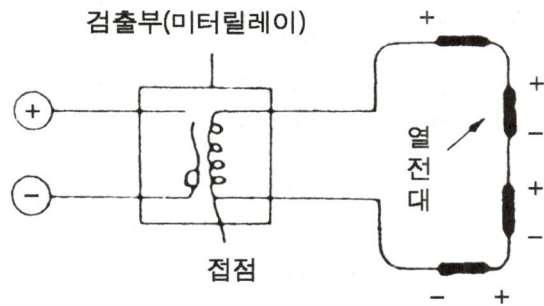

- 동작원리: 화재발생 → 천장면에 설치된 **열전대부 온도상승** → **열기전력 발생** → 미터릴레이 작동 → 접점 → **화재 신호 송신**
- **설치기준**

특정소방대상물	1개 감지면적
내화구조	22[㎡]
기타구조	18[㎡]

ㄱ. 바닥면적이 **72㎡**(내화구조로 된 경우 **88㎡**) **이하**인 특정소방대상물에 있어서는 **4개 이상**으로 해야 한다.
ㄴ. 하나의 검출부에 접속하는 열전대부는 **20개 이하할 것**. 다만, 각각의 열전대부에 대한 작동여부를 검출부에서 표시할 수 있는 것(주소형)은 형식승인 받은 성능인정 범위 내의 수량으로 설치할 수 있다.

다) **열반도체식**

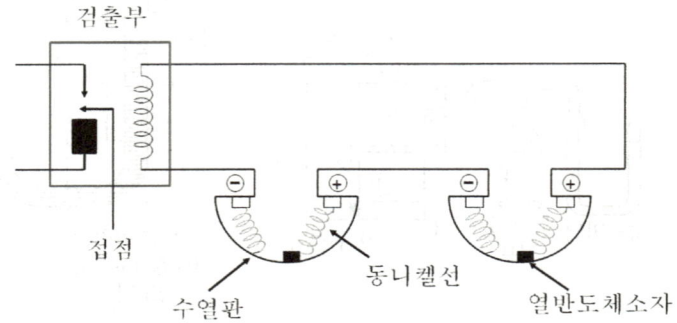

- 동작원리: 화재발생 → **열반도체** 소자에 **온도차**로 인한 **열기전력 발생** → 미터릴레이 작동 → 접점 → **화재 신호 송신**
- 감지부는 그 부착 높이 및 특정소방대상물에 따라 **다음 표에 따른 바닥면적마다 1개 이상**으로 할 것

(단위: [㎡])

부착높이 및 소방대상물의 구분		감지기의 종류	
		1종	2종
8[m] 미만	내화구조	65	36
	기타구조	40	23
8[m] 이상 15[m] 미만	내화구조	50	36
	기타구조	30	23

ㄱ. 바닥면적이 **위 표에 따른 면적의 2배 이하인 경우에는 2개**(부착높이가 8m 미만이고, 바닥면적이 위 표에 따른 면적 이하인 경우에는 1개) 이상
ㄴ. 하나의 검출기에 접속하는 감지부는 **2개 이상 15개 이하**가 되도록 한다.

(3) 정온식 스포트형 감지기

① 정의: 일국소의 주위온도가 **일정한 온도 이상**이 되는 경우에 **작동**하는 것으로서 **외관이 전선과 같이 선형으로 되어 있지 않은 것**

② 이용방식에 따른 **종류**
- 바이메탈 활곡 이용방식
- 바이메탈 반전 이용방식
- 금속의 팽창계수차 이용방식
- 액체 또는 기체 팽창 이용방식
- 가용절연물을 이용방식
- 열반도체 소자 이용방식
- 금속의 용융 이용방식방식

③ 형식승인 및 제품검사의 기술기준 (공칭작동온도)
- 60℃에서 150℃까지의 범위
- 60℃에서 80℃인 것은 5℃ 간격으로, 80℃ 이상인 것은 10℃ 간격

(4) 정온식 감지선형 감지기

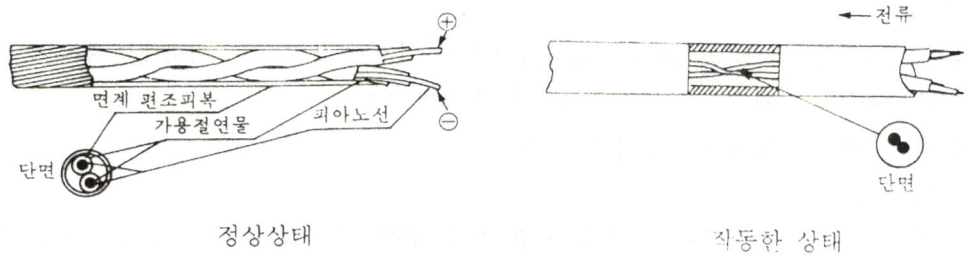

① 정의: 일국소의 주위온도가 **일정한 온도 이상이 되는 경우**에 **작동**하는 것으로서 **외관이 전선과 같이 선형으로 되어 있는 것**

② 설치기준
- **보조선이나 고정금구를 사용**하여 **감지선**이 **늘어지지 않도록 설치**할 것
- 단자부와 마감 고정금구와의 설치간격은 **10cm 이내**로 설치할 것
- 감지선형 감지기의 굴곡반경은 **5cm 이상**으로 할 것
- 감지기와 감지구역의 각부분과의 수평거리가 내화구조의 경우 1종 **4.5m 이하**, 2종 **3m 이하**로 할 것. 기타 구조의 경우 1종 **3m 이하**, 2종 **1m 이하**로 할 것
- **케이블트레이**에 감지기를 **설치**하는 경우에는 **케이블트레이 받침대**에 **마감금구**를 사용하여 설치할 것
- 창고의 천장 등에 **지지물이 적당하지 않는 장소**에서는 **보조선을 설치**하고 그 보조선에 설치할 것
- **분전반 내부에 설치**하는 경우 **접착제를 이용**하여 **돌기를 바닥에 고정**시키고 그 곳에 감지기를 설치할 것
- 그 밖의 설치방법은 형식승인 내용에 따르며 형식승인 사항이 아닌 것은 제조사의 시방서에 따라 설치할 것

③ 형식승인 및 제품검사의 기술기준 (공칭작동온도)
- 공칭작동온도가 80 ℃ 미만인 것은 백색
- 공칭작동온도가 80 ℃ 이상 120 ℃ 미만인 것은 청색
- 공칭작동온도가 120 ℃ 이상인 것은 적색

(5) 보상식 스포트형 감지기

① 정의: 차동식 스포트형과 정온식 스포트형의 성능을 겸한 것으로서 **둘 중 어느 한 기능이 작동되면 작동신호를 발하는 것**

6 연기감지기

(1) 설치장소(다만, 교차회로 방식에 따른 감지기가 설치된 장소 또는 비화재보 우려가 있는 장소에 설치하는 감지기가 설치된 장소는 제외한다.)

① **계단**·경사로 및 에스컬레이터 경사로
② **복도**(30m 미만의 것을 제외)
③ **엘리베이터 승강로**(권상기실이 있는 경우에는 권상기실)·린넨슈트·파이프 피트 및 덕트 기타 이와 유사한 장소
④ 천장 또는 반자의 높이가 **15[m] 이상 20[m] 미만**의 장소
⑤ 다음 각 목에 해당하는 특정소방대상물의 취침·숙박·입원 등 이와 유사한 용도로 사용되는 **거실**
  • 공동주택·오피스텔·숙박시설·노유자시설·수련시설
  • 교육연구시설 중 합숙소
  • 의료시설, 근린생활시설 중 입원실이 있는 의원·조산원
  • 교정 및 군사시설
  • 근린생활시설 중 고시원

(2) 설치기준

① 감지기의 부착높이에 따라 **다음 표에 따른 바닥면적마다 1개 이상**으로 할 것

(단위: [㎡])

부착높이	감지기의 종류	
	1종 및 2종	3종
4[m] 미만	150	50
4[m] 이상 20[m] 미만	75	–

② 감지기는 **복도 및 통로**에 있어서는 **보행거리 30m**(3종에 있어서는 **20m**)마다, **계단 및 경사로**에 있어서는 **수직거리 15m**(3종에 있어서는 **10m**)마다 1개 이상으로 할 것
③ 천장 또는 반자가 낮은 실내 또는 좁은 실내에 있어서는 **출입구의 가까운 부분**에 설치할 것
④ 천장 또는 반자부근에 **배기구가 있는 경우에는 그 부근**에 설치할 것
⑤ 감지기는 벽 또는 보로부터 **0.6m 이상** 떨어진 곳에 설치할 것

(3) 이온화식 스포트형 감지기

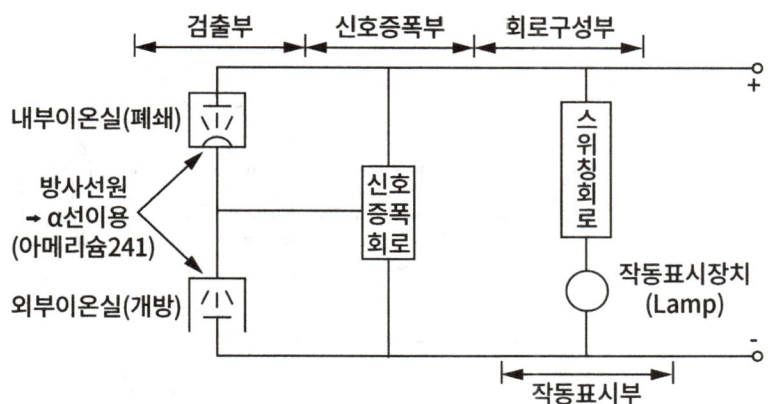

① 정의: 주위의 공기가 **일정한 농도의 연기를 포함**하게 되는 경우에 작동하는 것으로서 일국소의 연기에 의하여 **이온전류가 변화**하여 작동하는 것
② 동작원리: 공기 이온화를 위해 방사선물질 α선(**아메리슘 241**) 투입 → 내부이온실과 외부이온실에 이온전류 발생 → 화재시 감지기내 연기투입 → 연기에 의해 이온전류 감소 → 화재 신호 송진

(4) 광전식 스포트형 감지기

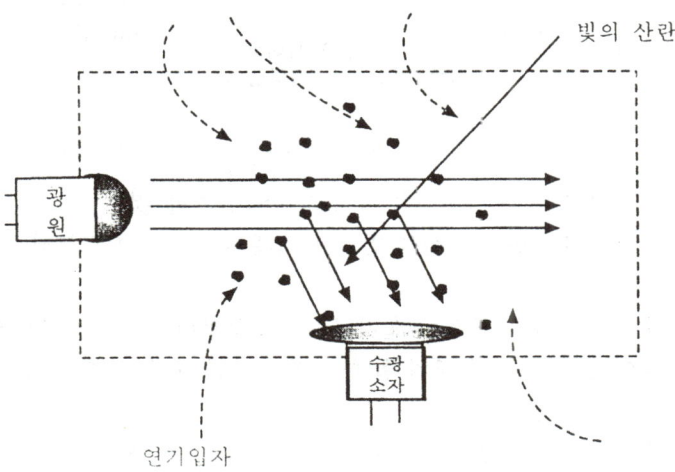

① 정의: 주위의 공기가 **일정한 농도의 연기를 포함하게 되는 경우**에 **작동**하는 것으로서 일국소의 연기에 의하여 **광전소자에 접하는 광량의 변화로 작동**하는 것
② 동작원리: 화재발생 → 감지기 내 연기투입 → **수광부의 광량 증가** → 화재 신호 송신

(5) 광전식 분리형 감지기

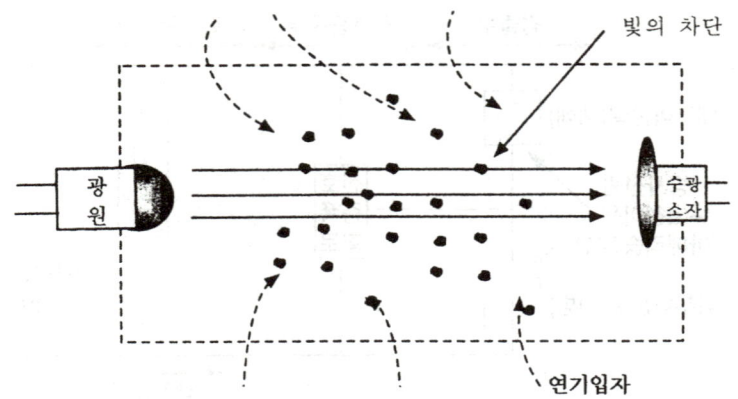

① 정의: 발광부와 수광부로 구성된 구조로 **발광부와 수광부 사이의 공간**에 **일정한 농도의 연기를 포함하게 되는 경우에 작동**하는 것
② 동작원리: 화재발생 → 감지기 내 연기투입 → **수광부의 광량 감소** → 화재 신호 송신
③ 설치기준

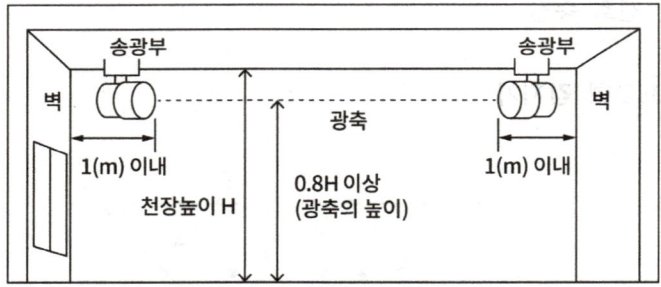

ㄱ. 감지기의 수광면은 **햇빛을 직접 받지 않도록 설치**할 것
ㄴ. 광축(송광면과 수광면의 중심을 연결한 선)은 **나란한 벽**으로부터 **0.6m 이상 이격**하여 설치할 것
ㄷ. 감지기의 송광부와 수광부는 설치된 **뒷벽**으로부터 **1m이내** 위치에 설치할 것
ㄹ. 광축의 높이는 천장 등(천장의 실내에 면한 부분 또는 상층의 바닥하부면을 말한다) 높이의 **80% 이상**일 것
ㅁ. 감지기의 광축의 길이는 **공칭감시거리 범위이내** 일 것

(6) 공기흡입형 감지기

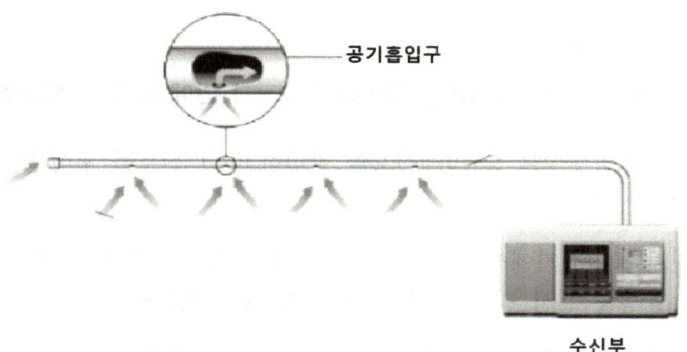

① 정의: 감지기 내부에 장착된 공기흡입장치로 감지하고자 하는 위치의 공기를 흡입하고 흡입된 공기에 일정한 농도의 연기가 포함된 경우 작동하는 것
② 동작원리: 흡입기를 통해 연기흡입 → 수신부로 연기투입 → 수신부 내 다이오드 작동 (빛E → 전기E) → 화재 신호 송신
③ 설치장소: 전산실 또는 반도체 공장

7 불꽃감지기

(1) 설기치준

① **공칭감시거리** 및 **공칭시야각**은 형식승인 내용에 따를 것
② 감지기는 **공칭감시거리와 공칭시야각을 기준**으로 **감시구역이 모두 포용될 수 있도록 설치**할 것
③ 감지기는 화재감지를 유효하게 감지할 수 있는 **모서리 또는 벽** 등에 설치할 것
④ 감지기를 **천장에 설치하는 경우**에는 감지기는 **바닥**을 향하여 설치할 것
⑤ **수분이 많이 발생할 우려가 있는 장소**에는 **방수형**으로 설치할 것
⑥ 그 밖의 설치기준은 형식승인 내용에 따르며 형식승인 사항이 아닌 것은 제조사의 시방서에 따라 설치할 것

연습문제 : 감지기

01 자동화재탐지설비의 용어에 대한 정의이다. ( ) 안에 알맞은 용어를 쓰시오. (9점)

(1) (①)이란 특정소방대상물 중 화재신호를 발신하고 그 신호를 수신 및 유효하게 제어할 수 있는 구역을 말한다.

(2) (②)란 감지기나 발신기에서 발하는 화재신호를 직접 수신하거나 중계기를 통하여 수신하여 화재의 발생을 표시 및 경보하여 주는 장치를 말한다.

(3) (③)란 화재 시 발생하는 열, 연기, 불꽃 또는 연소생성물을 자동적으로 감지하여 수신기에 화재신호 등을 발신하는 장치를 말한다.

(4) (④)란 수동누름버턴 등의 작동으로 화재 신호를 수신기에 발신하는 장치를 말한다.

(5) (⑤)란 자동화재탐지설비에서 발하는 화재신호를 시각경보기에 전달하여 청각장애인에게 점멸형태의 시각경보를 하는 것을 말한다.

(6) (⑥)란 감지기 또는 발신기로부터 발하여지는 신호를 직접 또는 중계기를 통하여 공통신호로서 수신하여 화재의 발생을 당해 소방대상물의 관계자에게 경보하여 주는 것을 말한다.

(7) (⑦)란 감지기 또는 발신기로부터 발하여지는 신호를 직접 또는 중계기를 통하여 고유신호로서 수신하여 화재의 발생을 당해 소방대상물의 관계자에게 경보하여 주는 것을 말한다.

(8) (⑧)란 감지기 또는 발신기로부터 발하여지는 신호를 직접 또는 중계기를 통하여 공통신호로서 수신하여 화재의 발생을 해당 소방대상물의 관계자에게 경보하여 주고 자동 또는 수동으로 옥내·외소화전설비, 스프링클러설비, 물분무소화설비, 포소화설비, 이산화탄소소화설비, 할로겐화물소화설비, 분말소화설비, 배연설비 등의 가압송수장치 또는 기동장치 등을 제어하는(이하 "제어기능"이라 한다) 것을 말한다.

(9) (⑨)란 감지기 또는 발신기로부터 발하여지는 신호를 직접 또는 중계기를 통하여 고유신호로서 수신하여 화재의 발생을 해당 소방대상물의 관계자에게 경보하여 주고 제어기능을 수행하는 것을 말한다.

답안
① 경계구역　② 수신기　③ 감지기　④ 발신기
⑤ 시각경보장치　⑥ P형수신기　⑦ R형수신기　⑧ P형복합식수신기
⑨ R형복합식수신기

02 거실의 높이가 바닥으로부터 20m 이상인 곳에 설치할 수 있는 감지기의 종류를 2가지만 쓰시오. (3점)

답안
① 불꽃감지기
② 광전식(분리형, 공기흡입형) 중 아날로그방식

해설
- 감지기 부착 높이기준

부착높이	감지기의 종류
4m 미만	• 차동식(스포트형, 분포형) • 보상식 스포트형 • 정온식(스포트형, 감지선형) • 이온화식 또는 광전식(스포트형, 분리형, 공기흡입형) • 열복합형 • 연기복합형 • 열연기복합형 • 불꽃감지기
4m 이상 8m 미만	• 차동식(스포트형, 분포형) • 보상식 스포트형 • 정온식(스포트형, 감지선형) 특종 또는 1종 • 이온화식 1종 또는 2종 • 광전식(스포트형, 분리형, 공기흡입형) 1종 또는 2종 • 열복합형 • 연기복합형 • 열연기복합형 • 불꽃감지기
8m 이상 15m 미만	• 차동식 분포형 • 이온화식 1종 또는 2종 • 광전식(스포트형, 분리형, 공기흡입형) 1종 또는 2종 • 연기복합형 • 불꽃감지기
15m 이상 20m 미만	• 이온화식 1종 • 광전식(스포트형, 분리형, 공기흡입형) 1종 • 연기복합형 • 불꽃감지기
20m 이상	• 불꽃감지기 • 광전식(분리형, 공기흡입형)중 아날로그방식

03 자동화재탐지설비의 감지기는 지하층·무창층 등으로서 환기가 잘 되지 아니하거나 실내면적이 40m² 미만인 장소, 감지기의 부착면과 실내바닥과의 거리가 2.3m 이하인 곳으로서 일시적으로 발생한 열·연기 또는 먼지 등으로 인하여 화재신호를 발신할 우려가 있는 장소에 적응성 있는 감지기를 5가지만 쓰시오. (5점)

답안

① 불꽃감지기
② 정온식감지선형감지기
③ 분포형감지기
④ 복합형감지기
⑤ 광전식분리형감지기
⑥ 아날로그방식의 감지기
⑦ 다신호방식의 감지기
⑧ 축적방식의 감지기 중 5가지

해설

축적기능이 있는 수신기 설치장소	축적기능이 없는 감지기 설치대상
① 지하층·무창층 등으로서 환기가 잘되지 아니하거나 실내면적이 40m² 미만인 장소 ② 감지기의 부착면과 실내바닥과의 거리가 2.3m 이하인 곳으로서 일시적으로 발생한 열·연기 또는 먼지 등으로 인하여 화재신호를 발신할 우려가 있는 장소	① 교차회로방식에 사용되는 감지기 ② 급속한 연소확대가 우려되는 장소에 사용되는 감지기 ③ 축적기능이 있는 수신기에 연결하여 사용하는 감지기

04 다음은 자동화재탐지설비의 감지기 설치기준이다. ( ) 안에 알맞은 답을 쓰시오. (4점)

(1) 감지기(차동식분포형의 것을 제외한다)는 실내로의 공기유입구로부터 (①)m 이상 떨어진 위치에 설치할 것

(2) 보상식스포트형감지기는 정온점이 감지기 주위의 평상시 최고온도보다 (②)℃ 이상 높은 것으로 설치할 것

(3) 스포트형감지기는 (③)도 이상 경사되지 않도록 부착할 것

(4) (④)는 주방·보일러실 등으로서 다량의 화기를 취급하는 장소에 설치하되, 공칭작동온도가 최고주위온도보다 20℃ 이상 높은 것으로 설치할 것

답안

① 1.5　　② 20　　③ 45　　④ 정온식감지기

해설

• 감지기 설치기준
① 감지기(차동식분포형의 것을 제외한다)는 실내로의 공기유입구로부터 1.5[m] 이상 떨어진 위치에 설치할 것
② 감지기는 천장 또는 반자의 옥내에 면하는 부분에 설치할 것
③ 보상식스포트형감지기는 정온점이 감지기 주위의 평상시 최고온도보다 20[℃] 이상 높은 것으로 설치할 것
④ 정온식감지기는 주방·보일러실 등으로서 다량의 화기를 취급하는 장소에 설치하되, 공칭작동온도가 최고주위온도보다 20[℃] 이상 높은 것으로 설치할 것

---

05 다음은 차동식스포트형·보상식스포트형 및 정온식스포트형 감지기의 부착높이에 따른 설치기준이다. 표의 빈칸을 채우시오. (6점)

(단위 : m²)

부착높이 및 소방대상물의 구분		감지기의 종류						
		차동식 스포트형		보상식 스포트형		정온식 스포트형		
		1종	2종	1종	2종	특종	1종	2종
4m 미만	주요구조부를 내화구조로 한 소방대상물 또는 그 부분	90	70	(1)	70	(2)	60	20
	기타구조의 소방대상물 또는 그 부분	(3)	40	50	(4)	40	30	15
4m 이상 8m 미만	주요구조부를 내화구조로 한 소방대상물 또는 그 부분	45	(5)	45	35	35	(6)	
	기타구조의 소방대상물 또는 그 부분	30	25	30	(7)	25	(8)	

답안

(1) 90　(2) 70　(3) 50　(4) 40　(5) 35　(6) 30　(7) 25　(8) 15

해설
- 부착높이에 따른 감지기의 종류

(단위 : m²)

부착높이 및 소방대상물의 구분		감지기의 종류						
		차동식 스포트형		보상식 스포트형		정온식 스포트형		
		1종	2종	1종	2종	특종	1종	2종
4m 미만	주요구조부를 내화구조로 한 소방대상물 또는 그 부분	90	70	90	70	70	60	20
	기타구조의 소방대상물 또는 그 부분	50	40	50	40	40	30	15
4m 이상 8m 미만	주요구조부를 내화구조로 한 소방대상물 또는 그 부분	45	35	45	35	35	30	
	기타구조의 소방대상물 또는 그 부분	30	25	30	25	25	15	

06 주요구조부가 내화구조인 특정소방대상물에 자동화재탐지설비를 설치하고자 한다, 바닥면적이 500㎡이고 층고가 4.5m인 경우 차동식스포트형(1종)감지기의 소요개수를 계산하시오. (4점)

답안
- 계산과정 : $N = \dfrac{500}{45} = 11.11$
- 답 : 12개

07 특정소방대상물에 감지기를 설치하고자 한다. 아래 조건을 참조하여 감지기의 소요개수를 산출하시오. (4점)

[조건]
① 감지기 설치대상 바닥면적은 500[㎡]이며 내화구조이다.
② 감지기의 종류는 차동식스포트형 2종이다.
③ 설치높이는 바닥으로부터 3.75m이다.

답안

- 계산과정 : $N = \dfrac{500}{70} = 7.14$
- 답 : 8개

08 감지기 설치제외 장소 5가지를 쓰시오. (5점)

답안

① 천장 또는 반자의 높이가 20[m] 이상인 장소 (불꽃감지기, 광전식(분리형, 공기흡입형)중 아날로그 방식 제외)
② 헛간 등 외부와 기류가 통하는 장소로서 감지기에 따라 화재발생을 유효하게 감지할 수 없는 장소
③ 부식성가스가 체류하고 있는 장소
④ 고온도 및 저온도로서 감지기의 기능이 정지되기 쉽거나 감지기의 유지관리가 어려운 장소
⑤ 목욕실·욕조나 샤워시설이 있는 화장실·기타 이와 유사한 장소
⑥ 파이프덕트 등 그 밖의 이와 비슷한 것으로서 2개층 마다 방화구획된 것이나 수평단면적이 5[㎡] 이하인 것
⑦ 먼지·가루 또는 수증기가 다량으로 체류하는 장소 또는 주방 등 평시에 연기가 발생하는 장소(연기감지기에 한한다.)
⑧ 프레스공장·주조공장 등 화재발생의 위험이 적은 장소로서 감지기의 유지관리가 어려운 장소

09 아래 그림은 차동식스포트형감지기의 구조에 관한 것이다. 번호에 따른 명칭과 역할을 간단히 쓰시오. (4점)

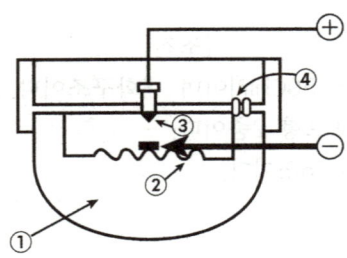

답안
① 감열실 : 화재에 의한 열을 감지하는 실
② 다이아프램 : 감열실 내 공기팽창에 의한 팽창작용
③ 고정접점 : 가동접점과 단락되어 화재신호 발신
④ 리크공(리크홀, 리크구멍) : 감지기의 오동작 방지

해설
- 차동식 스포트형감지기의 동작원리
화재발생 → 온도상승 → 감열실 내 공기팽창 → 다이어프램 밀어올림 → 접점 → 전기회로 구성 → 화재 신호 송신

10 차동식 스포트형 감지기의 리크구멍이 축소된 경우와 확장된 경우 작동 특성 현상에 대하여 쓰시오. (4점)

답안
① 리크구멍이 축소된 경우 : 감지기의 작동시간이 빨라진다.
② 리크구멍이 확장된 경우 : 감지기의 작동시간이 늦어진다.

해설
- 리크구멍의 기능: 비화재시 오보 방지

11 차동식분포형감지기의 종류를 3가지만 쓰시오. (4점)

답안
① 공기관식 차동식분포형감지기
② 열전대식 차동식분포형감지기
③ 열반도체식 차동식분포형감지기

해설
• 차동식분포형
주위온도가 일정 상승율 이상이 되는 경우에 작동하는 것으로서 넓은 범위 내에서의 열 효과의 누적에 의하여 작동되는 것을 말한다.

12 다음 도면은 내화구조인 특정소방대상물에 설치된 공기관식 차동식분포형감지기에 대한 것이다. 다음 각 물음에 답하시오. (8점)

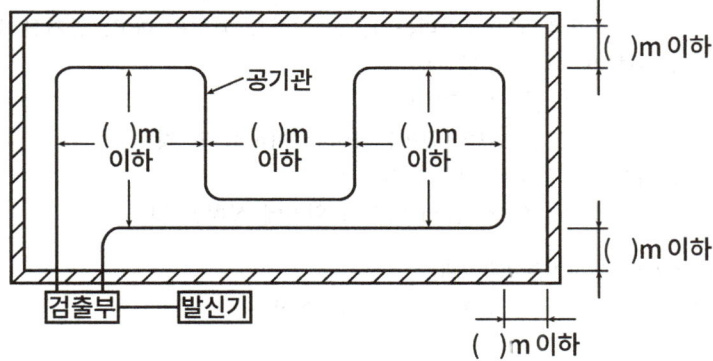

(1) 공기관과 감지구역의 각 변과의 수평거리와 공기관 상호간의 거리를 그림의 (　) 안에 알맞은 답을 쓰시오.
(2) 공기관의 노출부분은 감지구역마다 몇 [m] 이상이 되도록 하여야 하는가?
(3) 발신기에 종단저항을 설치하는 경우 검출부와 발신기간의 배선수를 도면에 표시하시오.
(4) 하나의 검출부에 접속하는 공기관의 길이는 몇 [m] 이하가 되도록 하여야 하는가?
(5) 검출부의 설치높이를 쓰시오.
(6) 검출부는 몇 도 이상 경사되지 아니하도록 설치하여야 하는가?
(7) 공기관의 재질을 쓰시오.

답안

(1)(3)

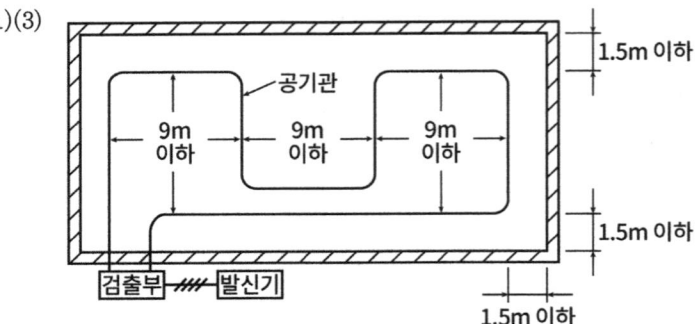

(2) 20m 이상
(4) 100m 이하
(5) 바닥으로부터 0.8m 이상 1.5m 이하
(6) 5도 이상
(7) (중공)동관

해설

• 공기관식 차동식분포형감지기의 설치기준
① 공기관의 노출부분은 감지구역마다 20m 이상이 되도록 할 것
② 공기관과 감지구역의 각 변과의 수평거리는 1.5m 이하가 되도록 하고, 공기관 상호간의 거리는 6m(내화구조 9m) 이하가 되도록 할 것
③ 공기관은 도중에서 분기하지 않도록 할 것
④ 하나의 검출부분에 접속하는 공기관의 길이는 100m 이하로 할 것
⑤ 검출부는 5° 이상 경사되지 않도록 부착할 것
⑥ 검출부는 바닥으로부터 0.8m 이상 1.5m 이하의 위치에 설치할 것

• 형식승인 및 제품검사의 기술기준 (공기관)
① 공기관의 두께는 0.3㎜ 이상, 바깥지름은 1.9㎜ 이상

13
주요구조부가 비내화구조인 특정소방대상물에 공기관식 차동식 분포형감지기를 설치하고자 한다. 다음 각 물음에 답하시오. (5점)

(1) 감지구역마다 공기관의 노출부분의 길이는 몇 [m] 이상으로 하여야 하는가?
(2) 하나의 검출부분에 접속하는 공기관의 길이는 몇 [m] 이하로 하여야하는가?
(3) 공기관과 감지구역의 각 변과의 수평거리는 몇 [m] 이하로 하여야 하는가?
(4) 공기관 상호간의 거리는 몇 [m] 이하로 하여야 하는가?
(5) 공기관의 두께 및 바깥지름은 각각 몇 [mm] 이상으로 하여야 하는가?

답안
(1) 20[m] 이상
(2) 100[m] 이하
(3) 1.5[m] 이하
(4) 6[m] 이하
(5) 두께 : 0.3[mm] 이상, 바깥지름 : 1.9[mm] 이상

14
다음은 차동식분포형감지기로서 공기관식 감지기의 유통시험방법이다. (   ) 안에 알맞은 답을 쓰시오. (4점)

(1) 검출부의 시험구멍 또는 공기관의 한쪽 끝부분에 (①)를 접속하고 시험코크 등을 유통시험 위치로 한 후 다른 끝부분에 (②)를 접속시킨다.
(2) (②)로 공기를 주입하여 (①)수위를 100mm로 상승시킨 후 수위를 정지시킨다.
(3) 시험코크 등에 의해 송기구를 개방하여 수위가 1/2(50mm)이 될 때까지 걸리는 시간을 측정한다.

답안
① 마노미터
② 공기주입시험기(테스트펌프)

15 차동식분포형 공기관식 감지기에 대한 접점수고시험시 각각 나타나는 현상을 쓰시오.

(5점)

(1) 접점수고치가 비정상인 경우:

(2) 접점수고 값이 낮은 경우:

(3) 접점수고 값이 높은 경우:

답안
(1) 비화재보 또는 지연보가발생
(2) 비화재보의 원인 (화재 감지가 빠르다)
(3) 지연보의 원인 (화재 감지가 느리다)

해설
- 접점 수고시험
(1) 시험목적 : 접점간격을 수고(물의 높이)로 측정하여 감지기의 비화재보 또는 지연보의 원인 파악
(2) 시험방법
  ① 검출부의 시험코크를 접점수고위치로 한다.
  ② 공기관의 일단(P_1)을 분리한 후 그곳에 마노미터와 공기주입시험기 접속
  ③ 공기주입시험기로 미량의 공기를 서서히 주입
  ④ 접점이 붙을 때의 수고(물높이)값을 측정

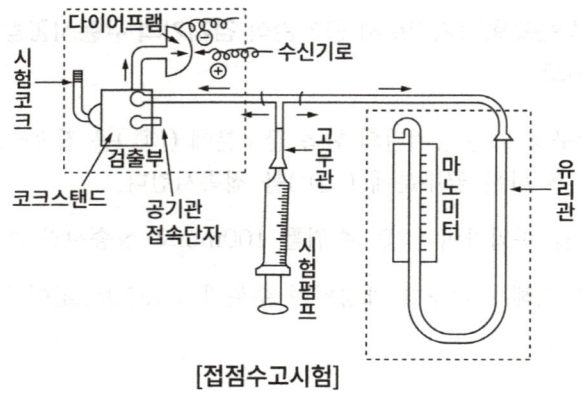

[접점수고시험]

(3) 결과별 원인
  ① 접점수고 값이 낮은 경우: 비화재보의 원인 (화재 감지가 빠르다)
  ② 접점수고 값이 높은 경우: 지연보의 원인 (화재 감지가 느리다)

16 보상식감지기와 열복합형감지기를 상호 비교하는 항목을 채우시오. (4점)

구분	보상식감지기	열복합형감지기
동작방식		
회로구성		
목적		
적응성		

답안

구분	보상식감지기	열복합형감지기
동작방식	OR회로	AND회로
회로구성	차동식과 정온식의 성능 중 어느 한 기능 작동 시 화재신호	차동식과 정온식 2가지 기능이 모두 작동 시 화재신호
목적	실보(지연보)방지	비화재보방지
적응성	심부화재 우려 장소	지하층 또는 무창층으로 환기가 잘 되지 않아 일시적으로 오동작우려가 높은 장소

17 다음은 연기감지기에 관한 화재안전기준이다. ( ) 안에 알맞은 답을 쓰시오. (4점)

(1) 감지기는 복도 및 통로에 있어서는 보행거리 (①)m(3종에 있어서는 20m)마다, 계단 및 경사로에 있어서는 수직거리 (②)m(3종에 있어서는 10m)마다 1개 이상으로 할 것
(2) 천장 또는 반자 부근에 (③)가 있는 경우에는 그 부근에 설치할 것
(3) 감지기는 벽 또는 보로부터 (④)m 이상 떨어진 곳에 설치할 것

답안

① 30 ② 15 ③ 배기구 ④ 0.6

해설
• 연기감지기 설치기준
① 감지기의 부착높이에 따라 다음 표에 따른 바닥면적마다 1개 이상으로 할 것

(단위 : [m²])

부착높이	감지기의 종류	
	1종 및 2종	3종
4[m] 미만	150	50
4[m] 이상 20[m] 미만	75	–

② 감지기는 복도 및 통로에 있어서는 보행거리 30m(3종에 있어서는 20m)마다, 계단 및 경사로에 있어서는 수직거리 15m(3종에 있어서는 10m)마다 1개 이상으로 할 것
③ 천장 또는 반자가 낮은 실내 또는 좁은 실내에 있어서는 출입구의 가까운 부분에 설치할 것
④ 천장 또는 반자부근에 배기구가 있는 경우에는 그 부근에 설치할 것
⑤ 감지기는 벽 또는 보로부터 0.6m 이상 떨어진 곳에 설치할 것

18 다음과 같은 장소에 차동식 스포트형감지기 2종을 설치하는 경우와 광전식 스포트형 2종을 설치하는 경우 최소 감지기 소요개수를 구하시오. (단, 주요구조부는 내화구조이며, 감지기의 부착높이는 3[m]이다.) (6점)

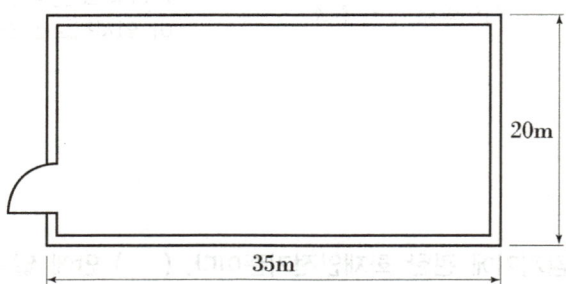

(1) 차동식스포트형감지기 2종의 소요개수를 산출하시오.
   • 계산과정   • 답

(2) 광전식스포트형감지기 2종의 소요개수를 산출하시오.
   • 계산과정   • 답

답안

(1) • 계산과정 : $N = \dfrac{35 \times 20}{70} = 10$

　　• 답 : 10개

(2) • 계산과정 : $N = \dfrac{35 \times 20}{150} = 4.67 = 5$

　　• 답 : 5개

해설

• 스포트형 감지기 설치기준

(단위: [㎡])

부착높이 및 특정소방대상물의 구분		감지기의 종류						
		차동식 스포트형		보상식 스포트형		정온식 스포트형		
		1종	2종	1종	2종	특종	1종	2종
4[m] 미만	내화구조	90	70	90	70	70	60	20
	기타구조	50	40	50	40	40	30	15
4[m] 이상 8[m] 미만	내화구조	45	35	45	35	35	30	—
	기타구조	30	25	30	25	25	15	—

• 연기감지기 설치기준

① 감지기의 부착높이에 따라 다음 표에 따른 바닥면적마다 1개 이상으로 할 것

(단위: [㎡])

부착높이	감지기의 종류	
	1종 및 2종	3종
4[m] 미만	150	50
4[m] 이상 20[m] 미만	75	—

② 감지기는 복도 및 통로에 있어서는 보행거리 30m(3종에 있어서는 20m)마다, 계단 및 경사로에 있어서는 수직거리 15m(3종에 있어서는 10m)마다 1개 이상으로 할 것
③ 천장 또는 반자가 낮은 실내 또는 좁은 실내에 있어서는 출입구의 가까운 부분에 설치할 것
④ 천장 또는 반자부근에 배기구가 있는 경우에는 그 부근에 설치할 것
⑤ 감지기는 벽 또는 보로부터 0.6m 이상 떨어진 곳에 설치할 것

19 다음은 광전식분리형감지기에 대한 도면이다. 다음 각 물음에 답하시오. (5점)

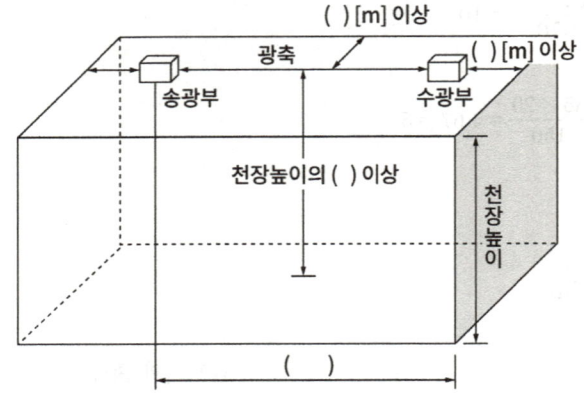

(1) 감지기의 송광부는 설치된 뒷벽으로부터 (   ) 이내 위치에서 설치할 것

(2) 감지기의 광축길이는 (   ) 범위 이내일 것

(3) 광축의 높이는 천장 등 높이의 (   ) 이상일 것

(4) 광축은 나란한 벽으로부터 (   ) 이상 이격하여 설치할 것

답안

(1) 1[m]   (2) 공칭감시거리   (3) 80[%]   (4) 0.6[m]

해설

• 광전식분리형감지기 설치기준
① 감지기의 수광면은 햇빛을 직접 받지 않도록 설치할 것
② 광축(송광면과 수광면의 중심을 연결한 선)은 나란한 벽으로부터 0.6m 이상 이격하여 설치할 것
③ 감지기의 송광부와 수광부는 설치된 뒷벽으로부터 1m 이내 위치에 설치할 것
④ 광축의 높이는 천장 등 높이의 80% 이상일 것
⑤ 감지기의 광축의 길이는 공칭감시거리 범위 이내일 것
⑥ 그 밖의 설치기준은 형식승인 내용에 따르며 형식승인 사항이 아닌 것은 제조사의 시방서에 따라 설치할 것

20 광전식분리형감지기의 설치기준을 3가지만 쓰시오. (6점)

답안
① 감지기의 수광면은 햇빛을 직접 받지 않도록 설치할 것
② 광축은 나란한 벽으로부터 0.6m 이상 이격하여 설치할 것
③ 감지기의 송광부와 수광부는 설치된 뒷벽으로부터 1m 이내 위치에 설치할 것

21 연기감지기 중 공기흡입형 감지기에 대한 다음 각 물음에 답하시오. (5점)

(1) 동작원리를 간단히 쓰시오.
(2) 공기흡입장치는 공기배관망에 설치된 가장 먼 샘플링지점에서 감지부분까지 몇 초 이내에 연기를 이송할 수 있어야 하는가?

답안
(1) 감지기 내부에 장착된 공기흡입장치로 감지하고자 하는 위치의 공기를 흡입하고 흡입된 공기에 일정한 농도의 연기가 포함된 경우 작동
(2) 120초 이내

해설
• 공기흡입형
감지기 내부에 장착된 공기흡입장치로 감지하고자 하는 위치의 공기를 흡입하고 흡입된 공기에 일정한 농도의 연기가 포함된 경우 작동하는 것을 말한다.

22 자동화재탐지설비에 설치하는 불꽃감지기의 설치기준을 3가지만 쓰시오. (6점)

답안
① 공칭감시거리 및 공칭시야각은 형식승인 내용에 따를 것
② 감지기는 공칭감시거리와 공칭시야각을 기준으로 감시구역이 모두 포용될 수 있도록 설치할 것
③ 감지기는 화재감지를 유효하게 감지할 수 있는 모서리 또는 벽 등에 설치할 것
④ 감지기를 천장에 설치하는 경우에는 감지기는 바닥을 향하여 설치할 것
⑤ 수분이 많이 발생할 우려가 있는 장소에는 방수형으로 설치할 것

23 자동화재탐지설비의 주요 구성요소인 감지기의 개략적인 그림이다. 다음 각 물음에 답하시오.

(8점)

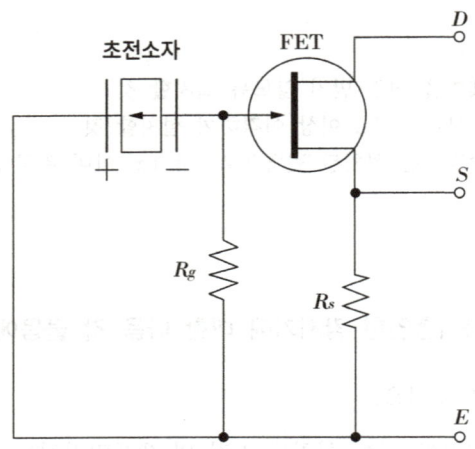

(1) 이와 같은 기본회로를 갖는 감지기의 구체적인 명칭은 무엇인가?

(2) 초전소자는 삼황화글리신(TGS), 세라믹의 티탄산납, 폴리플루오르화비닐(PVF2)이 사용되고 있다. 이들 소자에서 발생되는 초전효과 또는 파이로(Pyro)효과는 무엇인가?

(3) 상기 회로의 감지기는 어떤 화재성상에 민감한 응답특성을 가지고 있는가?

(4) 이와 같은 기본회로를 갖는 감지기의 설치기준으로 (   ) 안을 채우시오.
  • 감지기는 (①)와(과) (②)를(을) 기준으로 감시구역이 모두 포용될 수 있도록 설치할 것
  • 감지기는 화재감지를 유효하게 감지할 수 있는 (③) 또는 (④) 등에 설치할 것
  • 감지기를 (⑤)에 설치하는 경우에는 감지기는 바닥을 향하여 설치할 것

답안
(1) 불꽃감지기
(2) 초전소자가 빛을 받으면 기전력을 일으켜 전류가 흐르는 현상이다.
(3) 연소의 불꽃
(4) ① 공칭감시거리 ② 공칭시야각 ③ 모서리 ④ 벽 ⑤ 천장

3 발신기

수동누름버턴 등의 작동으로 화재 신호를 수신기에 발신하는 장치

1 종류

발신기는 설치장소에 따라 **옥내형과 옥내·옥외형**으로, 방폭구조 여부에 따라 **방폭형 및 비방폭형**으로, 방수성 유무에 따라 **방수형 및 비방수형**으로 구분

2 설치기준

① **조작이 쉬운 장소에 설치**하고, 스위치는 바닥으로부터 **0.8m 이상 1.5m 이하**의 높이에 설치할 것
② 특정소방대상물의 **층마다 설치**하되, 해당 특정소방대상물의 각 부분으로부터 하나의 발신기까지의 **수평거리가 25m 이하**가 되도록 할 것. 다만, 복도 또는 별도로 구획된 실로서 **보행거리가 40m 이상일 경우에는 추가로 설치**해야 한다.
③ ②에도 불구하고 ②의 기준을 초과하는 경우로서 기둥 또는 벽이 설치되지 아니한 대형공간의 경우 발신기는 설치대상 장소의 가장 가까운 장소의 벽 또는 기둥 등에 설치할 것
④ 발신기의 위치를 표시하는 **표시등은 함의 상부**에 설치하되, 그 불빛은 부착면으로부터 **15° 이상**의 범위 안에서 부착지점으로부터 **10m 이내**의 어느 곳에서도 쉽게 식별할 수 있는 **적색등**으로 해야 한다.

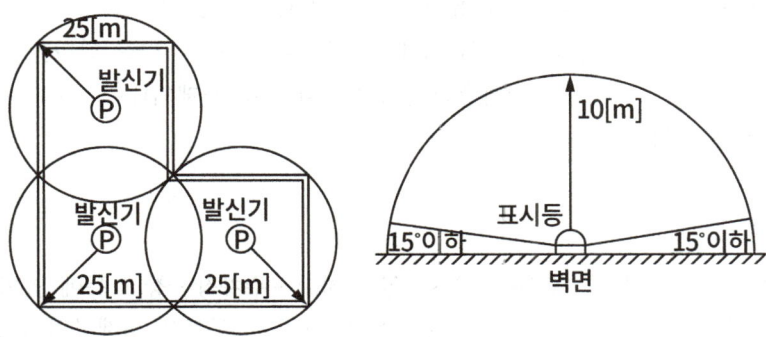

3 형식승인 및 제품검사의 기술기준(발신기의 구조)

① 외함은 불연성 또는 난연성 재질로 만들어져야 한다.
② 발신기의 외함에 강판을 사용하는 경우에는 다음에 기재된 두께 이상의 강판을 사용하여야 한다. 다만, 합성수지를 사용하는 경우에는 강판의 2.5배 이상의 두께이어야 한다.
- 외함 1.2mm 이상 (합성수지의 경우 3mm 이상)
- 직접 벽면에 접하여 벽속에 매립되는 외함의 부분은 1.6mm 이상 (합성수지의 경우 4mm 이상)

4 경계구역

특정소방대상물 중 **화재신호를 발신하고 그 신호를 수신 및 유효하게 제어**할 수 있는 **구역**

1 수평적 경계구역

① 하나의 경계구역이 **2개 이상의 건축물**에 미치지 아니하도록 할 것
② 하나의 경계구역이 **2개 이상의 층**에 미치지 아니하도록 할 것. 다만, **500㎡ 이하의 범위 안**에서는 **2개의 층을 하나의 경계구역**으로 할 수 있다.
③ 하나의 경계구역의 **면적은 600㎡ 이하**로 하고 **한 변의 길이는 50m 이하**로 할 것. 다만, 해당 특정소방대상물의 **주된 출입구에서 그 내부 전체가 보이는 것**에 있어서는 **한 변의 길이가 50m의 범위** 내에서 **1,000㎡ 이하**로 할 수 있다.
④ **지하구 화재안전기준**: 특고압 케이블이 포설된 송·배전 전용의 지하구(공동구를 제외한다)에는 온도 확인 기능 없이 최대 **700m의 경계구역을 설정**하여 발화지점(1m 단위)을 확인할 수 있는 감지기를 설치할 수 있다.

2 수직적 경계구역

① **계단**(직통계단 외의 것에 있어서는 떨어져 있는 상하 계단의 상호 간의 수평거리가 5m 이하로서 서로 간에 구획되지 아니한 것에 한한다. 이하 같다)·**경사로**(에스컬레이터경사로 포함)·**엘리베이터 승강로**(권상기실이 있는 경우에는 권상기실)·린넨슈트·파이프 피트 및 덕트 기타 이와 유사한 부분에 대하여는 **별도로 경계구역을 설정**한다.
② **계단 및 경사로**의 경우 하나의 경계구역은 **높이 45m 이하**로 한다.
③ **지하층의 계단 및 경사로**(지하층의 층수가 1일 경우는 제외)는 **별도로 하나의 경계구역**으로 해야 한다.

3 기타 기준

① **외기에 면하여** 상시 개방된 부분이 있는 차고·주차장·창고 등에 있어서는 외기에 면하는 각 부분으로부터 **5m 미만**의 범위 안에 있는 부분은 경계구역의 면적에 산입하지 아니한다.
② 스프링클러설비·물분무등소화설비 또는 제연설비의 화재감지장치로서 화재감지기를 설치한 경우의 경계구역은 해당 소화설비의 **방사구역 또는 제연구역과 동일하게 설정**할 수 있다.

연습문제: 경계구역

01 다음은 경계구역의 설정기준에 관한 내용이다. ( ) 안에 알맞은 답을 쓰시오. (6점)

(1) 하나의 경계구역이 2개 이상의 층에 미치지 아니하도록 할 것. 다만, 500㎡ 이하의 범위 안에서는 2개의 층을 하나의 경계구역으로 할 수 있다.

(2) 하나의 경계구역의 면적은 (①)㎡ 이하로 하고 한 변의 길이는 (②)m 이하로 할 것. 다만, 해당 특정소방대상물의 주된 출입구에서 그 내부 전체가 보이는 것에 있어서는 한 변의 길이가 50m의 범위 내에서 (③)㎡ 이하로 할 수 있다.

(3) 지하구(공동구를 제외한다)에는 온도 확인 기능 없이 최대 (④)m의 경계구역을 설정하여 발화지점(1m 단위)을 확인할 수 있는 감지기를 설치할 수 있다.

(4) 스프링클러설비, 물분무등소화설비 또는 (⑤)의 화재감지장치로서 화재감지기를 설치한 경우의 경계구역은 해당 소화설비의 방사구역 또는 (⑥)과 동일하게 설정할 수 있다.

답안

① 600   ② 50   ③ 1,000   ④ 700   ⑤ 제연설비   ⑥ 제연구역

해설

• 수평적 경계구역
① 하나의 경계구역이 2개 이상의 건축물에 미치지 아니하도록 할 것
② 하나의 경계구역이 2개 이상의 층에 미치지 아니하도록 할 것. 다만, 500㎡ 이하의 범위 안에서는 2개의 층을 하나의 경계구역으로 할 수 있다.
③ 하나의 경계구역의 면적은 600㎡ 이하로 하고 한 변의 길이는 50m 이하로 할 것. 다만, 해당 특정소방대상물의 주된 출입구에서 그 내부 전체가 보이는 것에 있어서는 한 변의 길이가 50m의 범위 내에서 1,000㎡ 이하로 할 수 있다.
④ 지하구 화재안전기준: 특고압 케이블이 포설된 송·배전 전용의 지하구(공동구를 제외한다)에는 온도 확인 기능 없이 최대 700m의 경계구역을 설정하여 발화지점(1m 단위)을 확인할 수 있는 감지기를 설치할 수 있다.

• 수직적 경계구역
① 계단·경사로(에스컬레이터경사로 포함)·엘리베이터 승강로(권상기실이 있는 경우에는 권상기실)·린넨슈트·파이프 피트 및 덕트 기타 이와 유사한 부분에 대하여는 별도로 경계구역을 설정한다.
② 계단 및 경사로의 경우 하나의 경계구역은 높이 45m 이하로 한다.
③ 지하층의 계단 및 경사로(지하층의 층수가 1일 경우는 제외)는 별도로 하나의 경계구역으로 해야 한다.

• 기타 기준
① 외기에 면하여 상시 개방된 부분이 있는 차고·주차장·창고 등에 있어서는 외기에 면하는 각 부분으로부터 5m 미만의 범위 안에 있는 부분은 경계구역의 면적에 산입하지 아니한다.
② 스프링클러설비·물분무등소화설비 또는 제연설비의 화재감지장치로서 화재감지기를 설치한 경우의 경계구역은 해당 소화설비의 방사구역 또는 제연구역과 동일하게 설정할 수 있다.

02 각 층의 높이가 4[m]인 지하2층, 지상4층 소방대상물에 자동화재탐지설비의 경계구역을 설정하는 경우에 대하여 다음 물음에 답하시오. (7점)

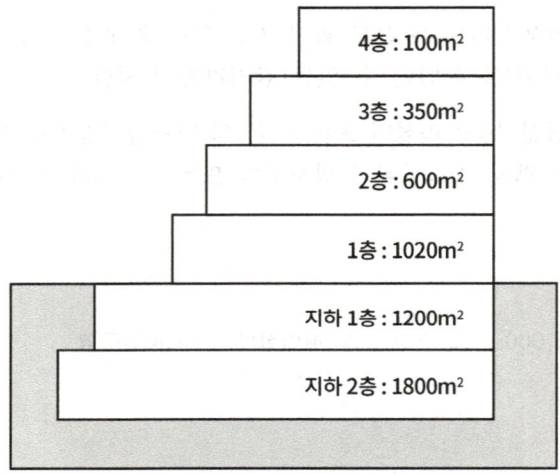

(1) 층별 바닥면적이 그림과 같을 경우 자동화재탐지설비의 경계구역은 최소 몇 개로 구분하여야 하는지 산출식과 경계구역수를 빈칸에 쓰시오.(단, 계단, 경사로 및 피트 등의 수직 경계구역의 면적을 제외한다)

층명	산출식	경계구역수
4층		
3층		
2층		
1층		
지하1층		
지하2층		
경계구역의 합계		

(2) 본 특정소방대상물에 계단과 엘리베이터가 각각 1개씩 설치되어 있는 경우 P형 1급 수신기는 몇 회로용을 설치해야 하는지 산출내역과 회로수를 쓰시오.
- 산출내역
- P형 1급 수신기 회로수

답안

(1)

층명	산출식	경계구역수
4층	$\dfrac{100+350}{500}=0.9$	1
3층		
2층	$\dfrac{600}{600}=1$	1
1층	$\dfrac{1020}{600}=1.7$	2
지하1층	$\dfrac{1200}{600}=2$	2
지하2층	$\dfrac{1800}{600}=3$	3
경계구역의 합계		9구역

(2) • 산출내역
① 각 층의 경계구역 : 9구역
② 계단의 경계구역 : 2구역
- 지상층 $\dfrac{4층 \times 4m/층}{45m}=0.35$ ∴1구역
- 지하층 $\dfrac{2층 \times 4m/층}{45m}=0.17$ ∴1구역
③ 엘리베이터 승강로(권상기실) : 1구역

∴전체 경계구역 수 = 9+2+1 = 12구역

• P형 1급 수신기 회로수: 15회로용

03 그림과 같이 구획된 실에 차동식 스포트형감지기 1종을 설치하는 경우 다음 각 물음에 답하시오. (단, 건축물은 내화구조이며, 천장의 높이는 5[m]이다.) (6점)

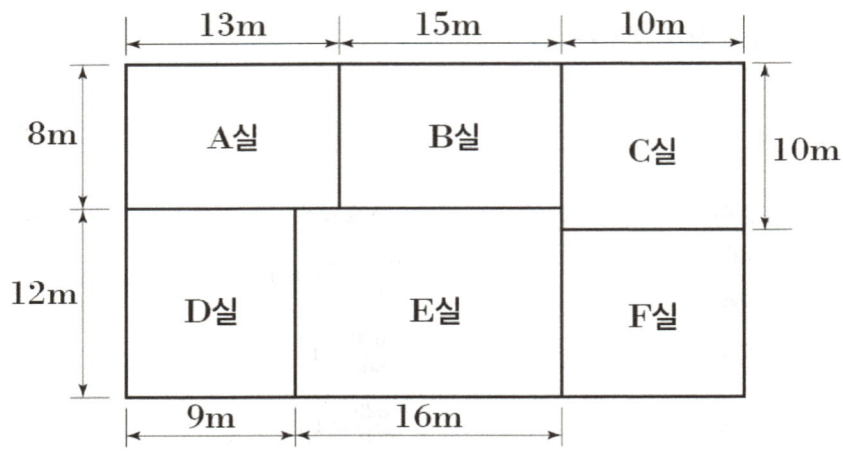

(1) 각 실에 필요한 감지기의 수량을 산출하시오.

구분	계산과정	필요수량
A		
B		
C		
D		
E		
F		
합계		

(2) 도면 전체에 대한 경계구역수를 계산하시오.
- 계산과정
- 답

답안

(1)

구분	계산과정	필요수량
A	$N = \dfrac{13m \times 8m}{45m^2} = 2.3 \quad \therefore 3개$	3개
B	$N = \dfrac{15m \times 8m}{45m^2} = 2.6 \quad \therefore 3개$	3개
C	$N = \dfrac{10m \times 10m}{45m^2} = 2.2 \quad \therefore 3개$	3개
D	$N = \dfrac{9m \times 12m}{45m^2} = 2.4 \quad \therefore 3개$	3개
E	$N = \dfrac{16m \times 12m}{45m^2} = 4.2 \quad \therefore 5개$	5개
F	$N = \dfrac{13m \times 10m}{45m^2} = 2.88 \quad \therefore 3개$	3개
합계	3+3+3+3+5+3 = 2개	20개

(2) ① 계산과정 : $N = \dfrac{(13+15+10)m \times (12+8)m}{600m^2} = 1.266 \quad \therefore 2구역$

② 답 : 2구역

04 지하3층, 지상14층이고 각 층의 높이가 3.3[m]인 특정소방대상물에 자동화재탐지설비를 설치하고자 한다. 조건을 참조하여 다음 각 물음에 답하시오. (10점)

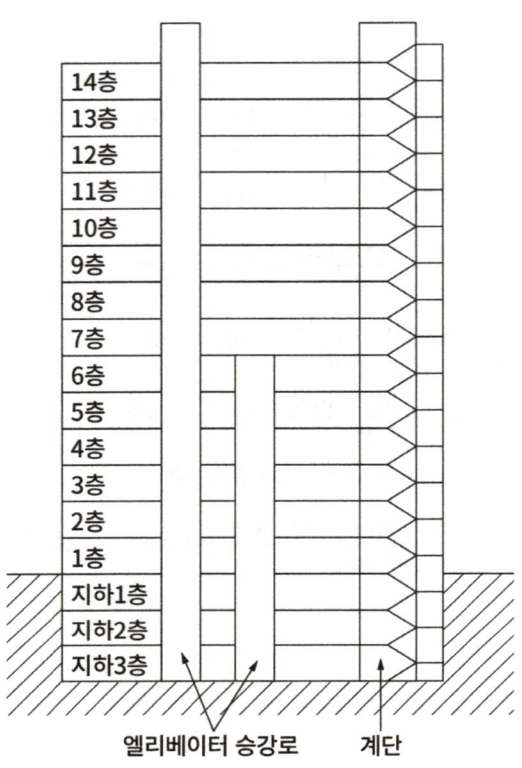

엘리베이터 승강로   계단

(1) 엘리베이터 권상기실과 계단실에 감지기를 설치해야 하는 위치를 찾아 연기감지기의 그림 기호를 이용하여 도면에 그려 넣으시오.

(2) 수직경계구역은 총 몇 개의 회로로 구분해야 하는지 쓰시오.

(3) 연기가 멀리 이동해서 감지기에 도달하는 장소에 설치하는 연기감지기의 종류를 1가지 쓰시오.

답안

(1)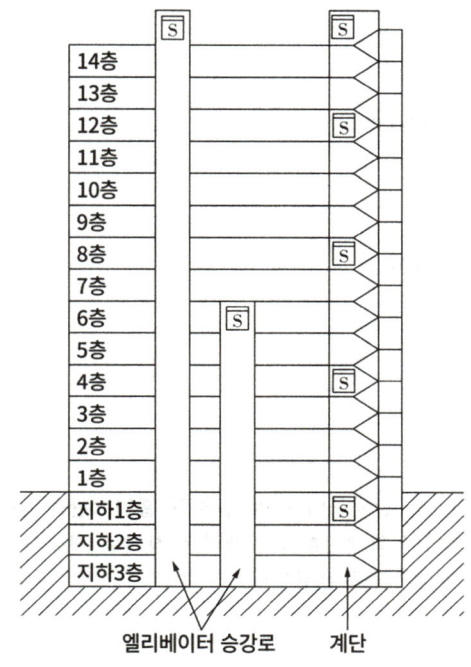

(2) • 엘리베이터 권상기실 2회로 + 계단 3회로 = 5회로
  • 답 : 5회로

(3) 광전식 공기흡입형감지기

해설

(1) 연기감지기 소요개수

구분	연기감지기 소요개수
엘리베이터 권상기실	엘리베이터 승강로마다 1개 설치 ∴ 따라서 총 2개
지상층 계단	수직거리=3.3m×14층=46.2m 개수 $= \dfrac{46.2m}{15m} = 3.08$ ∴ 4개
지하층 계단	수직거리=3.3m×3층=9.9m 개수 $= \dfrac{9.9m}{15m} = 0.66$ ∴ 1개
합계	2+4+1 = 7개

(2) 경계구역 설정기준

구분	연기감지기 소요개수
엘리베이터 권상기실	엘리베이터 승강로가 2개이므로 ∴ 2개
지상층 계단	수직거리=3.3m×14층=46.2m 개수 = $\dfrac{46.2m}{45m}$ = 1.02 ∴ 2개
지하층 계단	수직거리=3.3m×3층=9.9m 개수 = $\dfrac{9.9m}{45m}$ = 0.22 ∴ 1개
합계	2+2+1 = 5개

(3) 광전식 공기흡입형감지기

연소 초기단계의 열분해 시 생성된 초미립자의 연기를 감지구역 내에 설치된 흡입배관을 통하여 흡입기에 의해 감지헤드로 흡입시켜 미립자를 분석하여 화재신호를 발생하는 장치로 재래식 연기감지기보다 빠른 응답특성을 가지고 있어 조기화재감지기로 분류된다.

05 그림과 같이 지하1층에서 지상5층까지 각 층의 평면이 동일하고, 각 층의 높이가 4m인 특정소방대상물에 자동화재탐지설비를 설치한 경우이다. 다음 각 물음에 답하시오.

(7점)

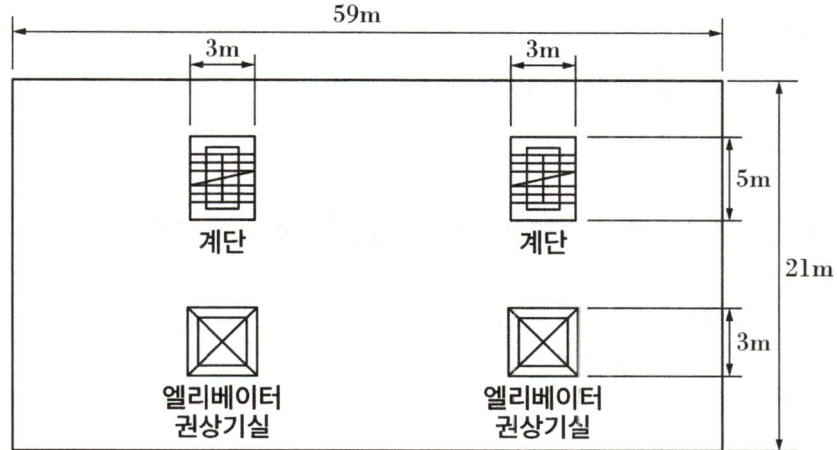

(1) 하나의 층에 대한 자동화재탐지설비의 수평경계구역은 몇 개로 구분해야 하는지 계산하시오.
 • 계산과정
 • 답

(2) 본 소방대상물에 자동화재탐지설비의 수직 및 수평경계구역은 총 몇 개로 구분해야 하는지 계산하시오.
 • 계산과정
 • 답

(3) 본 건물에 설치해야 하는 수신기의 형별은 무엇인가?

(4) 계단감지기는 각각 몇 층에 설치해야 하는가?

(5) 엘리베이터 권상기실 상부에 설치해야 하는 감지기의 종류는?

답안

(1) • 계산과정 : $N = \dfrac{(59 \times 21) - [(3 \times 5 \times 2) + (3 \times 3 \times 2)]}{600} = 1.985$

　　• 답 : 2개

(2) ① 수평경계구역 수

　　　• 계산과정 $N = \dfrac{2\text{구역}}{\text{층}} \times 6\text{층} = 12\text{개}$

　　　• 답 : 12개

　② 수직경계구역 수

　　　• 계산과정 : 하나의 계단 경계구역수 $N = \dfrac{4m \times 6\text{층}}{45m} = 0.53$ ∴ 1개

　　　계단이 2개 ∴ 2개
　　　엘리베이터 권상기실 2개 ∴ 2개
　　　총 수직경계구역 수 = 2+2 = 4개
　　　• 답 : 4개

(3) P형 수신기

(4) 지상2층, 지상5층

(5) 연기감지기 2종

5 수신기

감지기나 발신기에서 발하는 화재신호를 직접 수신하거나 중계기를 통하여 수신하여 **화재의 발생을 표시 및 경보**하여 주는 장치

1 수신기 종류

(1) P형 · R형 수신기

구분	P형	R형
전송방식	**1:1 접점방식 (개별신호방식)**	**다중전송방식**
신호종류	**공통신호**	**고유신호**
화재표시	적색 램프 점등	디지털 표시(LCD)
설치장소	**소형** 건물	**대형** 건물
유지관리	선로수가 많고 수신기의 자가진진단기능이 없어 유지관리가 어렵다.	선로수가 적고 수신기의 자가진단기능이 있어 고장 등을 자동으로 표시하므로 유지관리가 쉽다.
회로 증설 및 신설	어렵다	쉽다.

(2) 기타 수신기

① **GP형수신기**: P형수신기의 기능 + 가스누설경보기의 수신부 기능
② **GR형수신기**: R형수신기의 기능 + 가스누설경보기의 수신부 기능
③ **방폭형**: 폭발성가스가 용기내부에서 폭발하였을때 용기가 그 압력에 견디거나 또는 외부의 폭발성가스에 인화될 우려가 없도록 만들어진 형태의 제품
④ **방수형**: 그 구조가 방수구조로 되어 있는 것
⑤ **P형복합식수신기**: P형 수신기의 기능 + 자동소화설비의 제어반 기능
⑥ **R형복합식수신기**: R형 수신기의 기능 + 자동소화설비의 제어반 기능
⑦ **GP형복합식수신기**: P형 복합식수신기의 기능 + 가스누설경보기의 수신부 기능
⑧ **GR형복합식수신기**: R형 복합식수신기의 기능 + 가스누설경보기의 수신부 기능

2 적합기준

① 해당 특정소방대상물의 경계구역을 각각 표시할 수 있는 **회선 수 이상의 수신기를 설치**할 것
② 해당 특정소방대상물에 가스누설탐지설비가 설치된 경우에는 가스누설탐지설비로부터 가스누설신호를 수신하여 가스누설경보를 할 수 있는 수신기를 설치할 것(가스누설탐지설비의 수신부를 별도로 설치한 경우에는 제외한다)

3 설치기준

① 수위실 등 **상시 사람이 근무하는 장소**에 설치할 것. 다만, 사람이 상시 근무하는 장소가 없는 경우에는 관계인이 쉽게 접근할 수 있고 관리가 용이한 장소에 설치할 수 있다.
② 수신기가 설치된 장소에는 **경계구역 일람도를 비치**할 것. 다만, 모든 수신기와 연결되어 각 수신기의 상황을 감시하고 제어할 수 있는 수신기(이하 "주수신기"라 한다)를 설치하는 경우에는 주수신기를 제외한 기타 수신기는 그렇지 않다.
③ 수신기의 음향기구는 그 음량 및 음색이 **다른 기기의 소음 등과 명확히 구별**될 수 있는 것으로 할 것
④ 수신기는 감지기 · 중계기 또는 발신기가 작동하는 **경계구역을 표시**할 수 있는 것으로 할 것
⑤ 화재 · 가스 전기등에 대한 종합방재반을 설치한 경우에는 해당 조작반에 수신기의 작동과 연동하여 감지기 · 중계기 또는 발신기가 작동하는 경계구역을 표시할 수 있는 것으로 할 것
⑥ 하나의 경계구역은 **하나의 표시등 또는 하나의 문자**로 표시되도록 할 것
⑦ 수신기의 조작 스위치는 바닥으로부터의 높이가 **0.8m 이상 1.5m 이하**인 장소에 설치할 것
⑧ 하나의 특정소방대상물에 2 이상의 수신기를 설치하는 경우에는 **수신기를 상호간 연동**하여 화재발생 상황을 각 수신기마다 확인할 수 있도록 할 것
⑨ 화재로 인하여 **하나의 층의 지구음향장치 또는 배선이 단락**되어도 **다른 층의 화재통보에 지장이 없도록 각 층 배선 상에 유효한 조치**를 할 것

4 축적형 수신기 설치장소

① 특정소방대상물 또는 그 부분이 **지하층 · 무창층** 등으로서 환기가 잘되지 아니하는 곳
② **실내면적이 40㎡ 미만인 장소**
③ 감지기의 부착면과 실내바닥과의 거리가 **2.3m 이하**인 장소
③ **축적형 수신기 설치제외 경우**: 적응성있는 감지기(불꽃감지기, 정온식감지선형감지기, 분포형감지기, 복합형감지기, 광전식분리형감지기, 아날로그방식의 감지기, 다신호방식의 감지기, 축적방식의 감지기)를 설치하는 경우

5 P형 수신기 기능시험

(1) 화재표시작동시험

① 정의: 화재 시 수신기의 화재표시등 및 지구표시등의 점등, 음향장치의 명동을 확인하는 시험
② 시험방법
- 동작시험스위치 + 자동복구스위치를 누름
- 회로선택스위치를 차례로 돌려 각 회로마다 확인

(2) 동시작동시험

① 정의: 감지기 2회로 이상 작동 시 수신기의 기능에 이상이 있는지 확인하는 시험
② 시험방법
- 동작시험스위치를 누름
- 회로선택스위치를 차례로 돌려 5회선을 선택

(3) 회로도통시험

① 정의: 감지기 회로의 단선·단락 등 접속 상태에 이상이 있는지 확인하는 시험
② 시험방법
- 도통시험스위치를 누름
- 회로선택스위치를 차례로 돌림
- 전압계의 지시상태가 녹색부분(약 4V정도)을 가리키면 정상, 적색부분(24V)을 가리키면 단락, (0V)지점에서 움직이지 않으면 단선

(4) 공통선시험

① 정의: 하나의 공통선이 담당하고 있는 경계구역 수를 확인하는 시험
② 시험방법
- 수신기 내부단자에서 조사할 경계구역의 공통선 분리
- 회로선택스위치를 차례로 돌려 단선으로 표시되는 회선수 파악
- 공통선이 담당하고 있는 경계구역의 수가 **7회선 이하이면 정상**

(5) 예비전원시험

① 정의: 정전 시 상용전원에서 예비전원으로 자동전환, 복구 시 예비전원에서 상용전원으로 자동전환 되는지 여부를 파악하는 시험
② 시험방법
- 예비전원스위치를 누름
- 전압이 DC24[V]를 지시하고, 릴레이가 정상적으로 작동하면 정상

(6) 저전압시험

① 정의: 전원전압이 낮은 상태에서도 수신기의 기능이 유지되는지 여부를 파악하는 시험
② 시험방법
- 전압시험기나 가변저항기를 이용하여 전압을 **80% 이하**로 맞춤
- 화재표시작동시험에 준하여 시험을 실시

(7) 회로저항시험

① 정의: 감기지회로의 1회선의 선로저항치가 수신기의 기능에 이상을 주는지 여부를 파악하는 시험
② 시험방법
- 수신기 단자에서 감지기 회로의 공통선과 지구선을 분리
- 회로의 말단을 단락시켜 도통상태에서 선로의 저항을 측정
- 하나의 감지기회로의 전로저항의 합성치가 **50Ω 이하**이어야 함

(8) 형식승인 및 제품검사의 기술기준(구조 및 일반기능)

① 부식에 의하여 기계적 기능에 영향을 초래할 우려가 있는 부분은 칠, 도금 등으로 유효하게 내식가공을 하거나 방청가공을 하여야 하며, 전기적 기능에 영향이 있는 단자, 나사 및 와셔 등은 동합금이나 이와 동등이상의 내식성능이 있는 재질을 사용하여야 한다.
② 외함은 불연성 또는 난연성 재질로 만들어져야 하며 다음과 같아야 한다.
③ 극성이 있는 경우에는 오접속을 방지하기 위하여 필요한 조치를 하여야 한다.
④ 정격전압이 60 V를 넘는 기구의 금속제 외함에는 접지단자를 설치하여야 한다.
⑤ 예비전원회로에는 단락사고 등으로부터 보호하기 위한 퓨즈 등 과전류 보호장치를 설치하여야 한다.

연습문제 : 수신기

01 P형수신기와 R형수신기의 신호전달방식의 차이점을 쓰시오. (4점)

(1) P형수신기

(2) R형수신기

답안
(1) P형수신기 : 개별신호방식(1:1 접점방식)
(2) R형수신기 : 다중전송방식

해설
- P형·R형 수신기

구분	P형	R형
전송방식	1:1 접점방식 (개별신호방식)	다중전송방식
신호종류	공통신호	고유신호
화재표시	적색 램프 점등	디지털 표시(LCD)
설치장소	소형 건물	대형 건물
유지관리	선로수가 많고 수신기의 자가진진단기능이 없어 유지관리가 어렵다.	선로수가 적고 수신기의 자가진단기능이 있어 고장 등을 자동으로 표시하므로 유지관리가 쉽다.
회로 증설 및 신설	어렵다	쉽다.

02 자동화재탐지설비 중 P형수신기는 감지기 또는 발신기로부터 발하여지는 신호를 직접 또는 중계기를 통하여 공통신호로서 수신하여 개별신호방식으로 화재의 발생을 당해 소방대상물의 관계자에게 경보하여 주는 것을 말한다. 다음 각 물음에 답하시오. (6점)

(1) R형수신기의 신호전달방식은 무엇인가?

(2) R형수신기의 신호종류는 무엇인가?

(3) 감지기의 감지 또는 발신기의 발신개시로부터 수신기의 수신완료까지의 소요시간은 몇 초 이내이어야 하는가?

답안
(1) 다중전송방식   (2) 고유신호   (3) 5초

03 P형 수신기의 동시작동시험을 하는 목적을 쓰시오. (6점)

답안
감지기 2회로 이상 작동 시 수신기의 기능에 이상이 있는지 확인하는 시험

해설
• P형 수신기 기능시험
(1) 화재표시작동시험
  ① 정의: 화재 시 수신기의 화재표시등 및 지구표시등의 점등, 음향장치의 명동을 확인하는 시험
  ② 시험방법
    • 동작시험스위치 + 자동복구스위치를 누름
    • 회로선택스위치를 차례로 돌려 각 회로마다 확인
(2) 동시작동시험
  ① 정의: 감지기 2회로 이상 작동 시 수신기의 기능에 이상이 있는지 확인하는 시험
  ② 시험방법
    • 동작시험스위치를 누름
    • 회로선택스위치를 차례로 돌려 5회선을 선택

(3) 회로도통시험
　① 정의: 감지기 회로의 단선·단락 등 접속 상태에 이상이 있는지 확인하는 시험
　② 시험방법
　　• 도통시험스위치를 누름
　　• 회로선택스위치를 차례로 돌림
　　• 전압계의 지시상태가 녹색부분(약 4V정도)을 가리키면 정상, 적색부분(24V)을 가르키면 단락, (0V)지점에서 움직이지 않으면 단선
(4) 공통선시험
　① 정의: 하나의 공통선이 담당하고 있는 경계구역 수를 확인하는 시험
　② 시험방법
　　• 수신기 내부단자에서 조사할 경계구역의 공통선 분리
　　• 회로선택스위치를 차례로 돌려 단선으로 표시되는 회선수 파악
　　• 공통선이 담당하고 있는 경계구역의 수가 7회선 이하이면 정상
(5) 예비전원시험
　① 정의: 정전 시 상용전원에서 예비전원으로 자동전환, 복구 시 예비전원에서 상용전원으로 자동전환 되는지 여부를 파악하는 시험
　② 시험방법
　　• 예비전원스위치를 누름
　　• 전압이 DC24[V]를 지시하고, 릴레이가 정상적으로 작동하면 정상
(6) 저전압시험
　① 정의: 전원전압이 낮은 상태에서도 수신기의 기능이 유지되는지 여부를 파악하는 시험
　② 시험방법
　　• 전압시험기나 가변저항기를 이용하여 전압을 80% 이하로 맞춤
　　• 화재표시작동시험에 준하여 시험을 실시
(7) 회로저항시험
　① 정의: 감기지회로의 1회선의 선로저항치가 수신기의 기능에 이상을 주는지 여부를 파악하는 시험
　② 시험방법
　　• 수신기 단자에서 감지기 회로의 공통선과 지구선을 분리
　　• 회로의 말단을 단락시켜 도통상태에서 선로의 저항을 측정
　　• 하나의 감지기회로의 전로저항의 합성치가 50Ω 이하이어야 함

04 P형 수신기의 시험방법에서 공통선 시험에 대한 각 물음에 답하시오. (6점)

(1) 시험목적 :

(2) 시험방법 :

(3) 가부판정기준 :

답안

(1) 시험목적 : 하나의 공통선이 담당하고 있는 경계구역 수를 확인하는 시험
(2) 시험방법
 ① 수신기 내부단자에서 조사할 경계구역의 공통선 분리
 ② 회로선택스위치를 차례로 돌려 단선으로 표시되는 회선수 파악
 ③ 공통선이 담당하고 있는 경계구역의 수가 7회선 이하이면 정상
(3) 가부판정기준: 단선 표시되는 회로가 단자대에서 제거한 공통선과 공동회로이며 그 수가 7 이하가 되면 정상이다.

05 P형 1급 수신기의 예비전원을 시험하는 방법과 양부 판단의 기준에 대하여 설명하시오. (6점)

(1) 시험방법 :

(2) 양부 판단 기준 :

답안

(1) 시험방법
 ① 예비전원스위치를 누름
 ② 전압이 DC24[V]를 지시하고, 릴레이가 정상적으로 작동하면 정상
(2) 양부 판단 기준 : 예비전원의 전압, 용량, 절환상황 및 복구작동이 정상상태일 것

06 P형 1급 수신기의 공통선시험, 회로저항시험, 지구음향시험의 양부 판단의 기준에 대하여 쓰시오. (6점)

① 공통선시험 :

② 회로저항시험 :

③ 지구음향시험 :

답안
① 공통선시험 : 하나의 공통선이 담당하는 경계구역수가 7개 이하가 될 것
② 회로저항시험 : 하나의 감지기회로의 전로저항값이 50Ω 이하가 될 것
③ 지구음향시험 : 음량은 부착된 음향장치의 중심으로부터 1m 떨어진 위치에서 90dB 이상이 될 것

07 특정소방대상물에 설치된 수신기에서 스위치주의등이 점멸하고 있다. 어떤 경우에 점멸하는지 그 원인을 2가지만 쓰시오. (6점)

답안
① 주경종 정지스위치가 눌려져 있는 경우
② 지구경종 정지스위치가 눌려져 있는 경우

해설
• 수신기에서 스위치주의등이 점멸하는 경우
① 주경종스위치가 눌려져 있는 경우
② 지구경종스위치가 눌려져 있는 경우
③ 자동복구스위치가 눌려져 있는 경우
④ 도통시험스위치가 눌려져 있는 경우
⑤ 화재동작시험스위치가 눌려져 있는 경우

6 중계기

감지기·발신기 또는 전기적인 접점 등의 작동에 따른 신호를 받아 이를 수신기에 전송하는 장치

1 설치기준

① 수신기에서 직접 감지기회로의 도통시험을 하지 않는 것에 있어서는 **수신기와 감지기 사이에 설치**할 것
② 조작 및 점검에 편리하고 화재 및 침수 등의 재해로 인한 피해를 받을 우려가 없는 장소에 설치할 것
③ **수신기에 따라 감시되지 아니하는 배선을 통하여 전력을 공급받는 것**에 있어서는 **전원입력 측의 배선**에 **과전류 차단기**를 설치하고 **해당 전원의 정전이 즉시 수신기에 표시되는 것**으로 하며, **상용전원 및 예비전원의 시험**을 할 수 있도록 할 것
④ 집합형과 분산형의 비교

구분	집합형	분산형
입력전원	AC 220[V]	DC 24[V]
전원공급	• 외부전원을 이용 • 비상전원 내장 • 정류기 설치	• 수신의 전원을 이용(중계기에 전원장치 없음) • 정류장치 불필요
회로수용능력	대용량(30~40회로)	소용량(5회로 미만)
외형크기	대형	소형
설치방식	전기 PIT실 등에 설치하고 2~3개 층 당 1대씩 설치	• 발신기함, 소화전함 등에 내장 설치 • 각 Local기기별 1대씩 설치
전원공급사고	내장된 예비전원에 의해 정상 작동	중계기 전원선로의 고장 시 해당 계통 전체 시스템 마비
설치적용	• 전압 강하가 우려되는 장소 • 수신기와 거리가 먼 초고층빌딩	• 대규모 아파트 단지 • 아날로그감지기를 객실별로 설치하는 대상물

연습문제 : 중계기

01 자동화재탐지설비의 중계기는 설치방식에 따라 집합형과 분산형으로 구분한다. 아래 집합형과 분산형에 대한 비교표이다. 빈칸에 알맞은 답을 쓰시오. (4점)

구분	집합형	분산형
입력전원	( )	( )
전원공급	( )	• 수신의 전원을 이용(중계기에 전원장치 없음) • 정류장치 불필요
회로수용능력	( )	소용량(5회로 미만)
외형크기	대형	소형
설치방식	전기 PIT실 등에 설치하고 2~3개 층 당 1대씩 설치	• 발신기함, 소화전함 등에 내장 설치 • 각 Local기기별 1대씩 설치
전원공급사고	내장된 예비전원에 의해 정상 작동	중계기 전원선로의 고장 시 해당 계통 전체 시스템 마비
설치적용	• 전압 강하가 우려되는 장소 • 수신기와 거리가 먼 초고층빌딩	• 대규모 아파트 단지 • 아날로그감지기를 객실별로 설치하는 대상물

답안

구분	집합형	분산형
입력전원	AC 220[V]	DC 24[V]
전원공급	• 외부전원을 이용 • 비상전원 내장 • 정류기 설치	• 수신의 전원을 이용(중계기에 전원장치 없음) • 정류장치 불필요
회로수용능력	대용량(30~40회로)	소용량(5회로 미만)
외형크기	대형	소형
설치방식	전기 PIT실 등에 설치하고 2~3개 층 당 1대씩 설치	• 발신기함, 소화전함 등에 내장 설치 • 각 Local기기별 1대씩 설치
전원공급사고	내장된 예비전원에 의해 정상 작동	중계기 전원선로의 고장 시 해당 계통 전체 시스템 마비
설치적용	• 전압 강하가 우려되는 장소 • 수신기와 거리가 먼 초고층빌딩	• 대규모 아파트 단지 • 아날로그감지기를 객실별로 설치하는 대상물

02 다음은 중계기 설치기준이다. (   ) 안에 알맞은 답을 쓰시오. (6점)

(1) 수신기에서 직접 감지기회로의 (①)을 하지 않는 것에 있어서는 수신기와 감지기 사이에 설치할 것

(2) 조작 및 점검에 편리하고 화재 및 침수 등의 재해로 인한 피해를 받을 우려가 없는 장소에 설치할 것

(3) 수신기에 따라 감시되지 아니하는 배선을 통하여 전력을 공급받는 것에 있어서는 전원입력측의 배선에 (②)를 설치하고 해당 전원의 정전이 즉시 수신기에 표시되는 것으로 하며, (③) 및 (④)의 시험을 할 수 있도록 할 것

답안
① 도통시험   ② 과전류차단기   ③ 상용전원   ④ 예비전원

해설
- 자동화재탐지설비의 중계기 설치기준
① 수신기에서 직접 감지기회로의 도통시험을 하지 않는 것에 있어서는 수신기와 감지기 사이에 설치할 것
② 조작 및 점검에 편리하고 화재 및 침수 등의 재해로 인한 피해를 받을 우려가 없는 장소에 설치할 것
③ 수신기에 따라 감시되지 아니하는 배선을 통하여 전력을 공급받는 것에 있어서는 전원입력측의 배선에 과전류차단기를 설치하고 해당 전원의 정전이 즉시 수신기에 표시되는 것으로 하며, 상용전원 및 예비전원의 시험을 할 수 있도록 할 것

7 음향장치

1 경보방식 분류

(1) 일제경보방식

(2) 우선경보방식

① 대상: 층수가 **11층(공동주택의 경우에는 16층)** 이상

② 경보방식

	경보층
2층 이상	발화층 및 그 직상 4개층
1층	발화층·그 직상 4개층 및 지하층
지하층	발화층·그 직상층 및 기타의 지하층

층						
7층	경보					
6층	경보	경보				
5층	경보	경보	경보			
4층	경보	경보	경보			
3층	발화	경보	경보			
2층		발화	경보			
1층			발화	경보		
지하1층			경보	발화	경보	경보
지하2층			경보	경보	발화	경보
지하3층			경보	경보	경보	발화

2 설치기준

① 주음향장치는 **수신기의 내부 또는 그 직근**에 설치할 것

② 지구음향장치는 특정소방대상물의 **층마다 설치**하되, 해당 특정소방대상물의 각 부분으로부터 하나의 음향장치까지의 **수평거리가 25m 이하**가 되도록 하고, 해당층의 각부분에 유효하게 경보를 발할 수 있도록 설치할 것. 다만, 비상방송설비 기준에 적합한 방송설비를 자동화재탐지설비의 감지기와 연동하여 작동하도록 설치한 경우에는 지구음향장치를 설치하지 아니할 수 있다.

③ ②에도 불구하고 ②의 기준을 초과하는 경우로서 기둥 또는 벽이 설치되지 아니한 대형공간의 경우 지구음향장치는 설치 대상 장소의 가장 가까운 장소의 벽 또는 기둥 등에 설치 할 것

3 구조 및 성능

① 정격전압의 **80% 전압**에서 음향을 발할 수 있는 것으로 할 것. 다만, 건전지를 주전원으로 사용하는 음향장치는 그렇지 않다.
② 음량은 부착된 음향장치의 중심으로부터 **1m 떨어진 위치**에서 **90dB 이상**이 되는 것으로 할 것
③ **감지기 및 발신기의 작동과 연동하여 작동할 수 있는 것으로 할 것**

연습문제 : 음향장치

01 지상15층, 지하5층인 특정소방대상물에 화재가 발생하였을 경우 우선적으로 경보를 발하여야 하는 층을 쓰시오. (5점)

(1) 지상11층에서 발화한 경우

(2) 지상1층에서 발화한 경우

(3) 지하1층에서 발화한 경우

답안

(1) 지상11층에서 발화한 경우 : 지상11층, 지상12층, 지상 13층, 지상 14층, 지상 15층

(2) 지상1층에서 발화한 경우
 : 지상1층, 지상2층, 지상3층, 지상4층, 지상5층, 지하1층, 지하2층, 지하3층, 지하4층, 지하5층

(3) 지하1층에서 발화한 경우 : 지상1층, 지하1층, 지하2층, 지하3층, 지하4층, 지하5층

해설
- 우선경보방식
① 대상: 층수가 11층(공동주택의 경우에는 16층) 이상
② 경보방식

	경보층
2층 이상	발화층 및 그 직상 4개층
1층	발화층·그 직상 4개층 및 지하층
지하층	발화층·그 직상층 및 기타의 지하층

02
지하3층, 지상11층인 어느 특정소방대상물에 설치된 자동화재탐지설비의 음향장치의 설치기준에 관한 사항이다. 다음의 표와 같이 화재가 발생하였을 경우 우선적으로 경보하여야 하는 층을 빈칸에 표시하시오.(11층 이상의 우선경보대상이며 경보표시는 ●를 사용한다.) (6점)

11층						
10층						
9층						
8층						
7층						
6층						
5층						
4층						
3층	화재					
2층		화재				
1층			화재			
지하1층				화재		
지하2층					화재	
지하3층						화재

답안

11층						
10층						
9층						
8층						
7층	●					
6층	●	●				
5층	●	●	●			
4층	●	●	●			
3층	화재(●)	●	●			
2층		화재(●)	●			
1층			화재(●)	●		
지하1층			●	화재(●)	●	●
지하2층			●	●	화재(●)	●
지하3층			●	●	●	화재(●)

해설

• **우선경보방식**
① 대상: 층수가 11층(공동주택의 경우에는 16층) 이상
② 경보방식

	경보층
2층 이상	발화층 및 그 직상 4개층
1층	발화층·그 직상 4개층 및 지하층
지하층	발화층·그 직상층 및 기타의 지하층

---

03 자동화재탐지설비의 화재안전기준 중 음향장치의 구조 및 성능기준을 3가지만 쓰시오.

(4점)

답안
① 정격전압의 80% 전압에서 음향을 발할 수 있는 것으로 할 것
② 음량은 부착된 음향장치의 중심으로부터 1m 떨어진 위치에서 90dB 이상이 되는 것으로 할 것
③ 감지기 및 발신기의 작동과 연동하여 작동할 수 있는 것으로 할 것

8 전원

1 설치기준

① 상용전원은 전기가 정상적으로 공급되는 **축전지, 전기저장장치**(외부 전기에너지를 저장해 두었다가 필요한 때 전기를 공급하는 장치) 또는 **교류전압의 옥내간선**으로 하고, 전원까지의 배선은 **전용**으로 할 것
② 개폐기에는 "자동화재탐지설비용"이라고 표시한 표지를 할 것
③ 자동화재탐지설비에는 그 설비에 대한 **감시상태를 60분간 지속**한 후 유효하게 **10분 이상 경보**할 수 있는 **축전지설비**(수신기에 내장하는 경우를 포함한다) **또는 전기저장장치**(외부 전기에너지를 저장해 두었다가 필요한 때 전기를 공급하는 장치)를 설치해야 한다. 다만, 상용전원이 축전지설비인 경우 또는 건전지를 주전원으로 사용하는 무선식 설비인 경우에는 그렇지 않다.

9 배선

1 감지기 배선

(1) 설기치준

① **전원회로의 배선**은 **내화배선**에 따르고, **그 밖의 배선**(감지기 상호간 또는 감지기로부터 수신기에 이르는 감지기회로의 배선을 제외한다)은 **내화배선 또는 내열배선**에 따를 것
② 감지기 상호간 또는 감지기로부터 수신기에 이르는 감지기회로의 배선은 다음 각목의 기준에 따라 설치할 것.
   ㄱ. 아날로그식, 다신호식 감지기나 R형수신기용으로 사용되는 것은 전자파 방해를 받지 않는 실드선 등을 사용해야 하며, 광케이블의 경우에는 전자파 방해를 받지 아니하고 내열성능이 있는 경우 사용할 것. 다만, 전자파 방해를 받지 않는 방식의 경우에는 그렇지 않다.
   ㄴ. ㄱ목외의 일반배선을 사용할 때는 내화배선 또는 내열배선으로 사용 할 것
③ 감지기회로의 도통시험을 위한 종단저항의 설치기준
   ㄱ. **점검 및 관리가 쉬운 장소**에 설치할 것
   ㄴ. 전용함을 설치하는 경우 그 설치 높이는 바닥으로부터 **1.5m 이내**로 할 것
   ㄷ. 감지기 회로의 끝부분에 설치하며, 종단감지기에 설치할 경우에는 구별이 쉽도록 해당감지기의 기판 및 감지기 외부 등에 **별도의 표시**를 할 것
④ 감지기 사이의 회로의 배선은 **송배선식**으로 할 것
⑤ 전원회로의 전로와 대지 사이 및 배선 상호간의 절연저항은 「전기사업법」에 따른 기술기준이 정하는 바에 의하고, 감지기회로 및 부속회로의 전로와 대지 사이 및 배선 상호간의 절연저항은 1경계구역마다 직류 250V의 절연저항측정기를 사용하여 측정한 절연저항이 **0.1MΩ 이상**이 되도록 할 것

⑥ 자동화재탐지설비의 배선은 다른 전선과 별도의 관·덕트(절연효력이 있는 것으로 구획한 때에는 그 구획된 부분은 별개의 덕트로 본다)·몰드 또는 풀박스 등에 설치할 것. 다만, 60V 미만의 약 전류회로에 사용하는 전선으로서 각각의 전압이 같을 때에는 그러하지 아니하다.

⑦ P형 수신기 및 G.P형 수신기의 감지기 회로의 배선에 있어서 하나의 공통선에 접속할 수 있는 경계구역은 **7개 이하**로 할 것

⑧ 자동화재탐지설비의 **감지기회로의 전로저항은 50Ω 이하**가 되도록 하여야 하며, 수신기의 각 회로별 종단에 설치되는 감지기에 접속되는 배선의 전압은 감지기 정격전압의 **80% 이상**이어야 할 것

(2) 연결방식 종류

① 송배선방식: **도통시험을 용이하기 위하여** 배선의 도중에 분기하지 않고 배선하는 방식

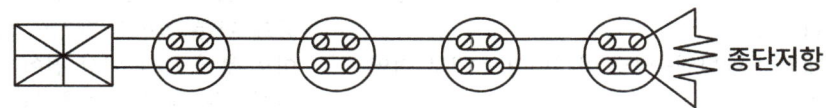

② 교차회로 방식: **감지기의 오동작 방지를 위하여** 하나의 방호구역 내에 2이상의 화재감지회로를 설치하고 인접한 2이상의 화재감지기가 동시에 감지되는 때에 설비가 작동되는 방식

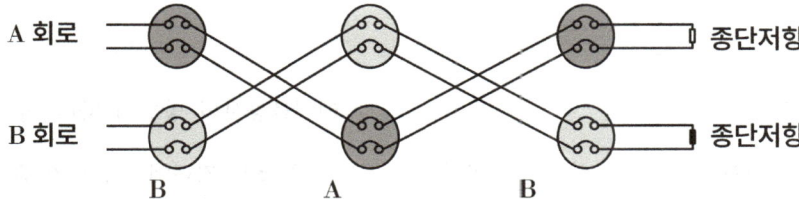

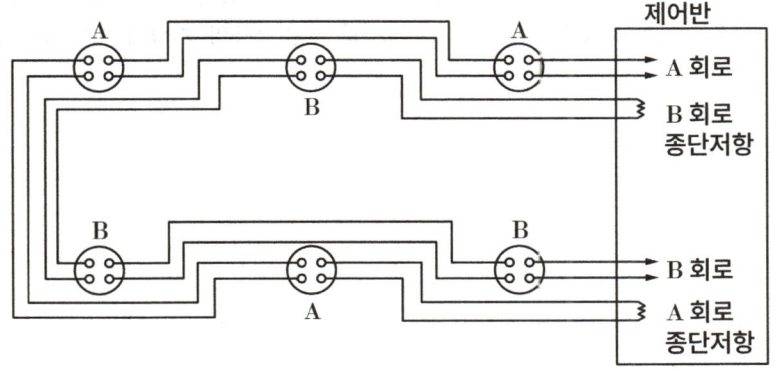

2 배선에 사용되는 전선의 종류 및 공사방법

(1) 내화배선

사용전선의 종류	공사방법
1. 450/750V 저독성 난연 가교 폴리올레핀 절연 전선 2. 0.6/1KV 가교 폴리에틸렌 절연 저독성 난연 폴리올레핀 시스 전력 케이블 3. 6/10kV 가교 폴리에틸렌 절연 저독성 난연 폴리올레핀 시스 전력용 케이블 4. 가교 폴리에틸렌 절연 비닐시스 트레이용 난연 전력 케이블 5. 0.6/1kV EP 고무절연 클로로프렌 시스 케이블 6. 300/500V 내열성 실리콘 고무 절연전선 (180℃) 7. 내열성 에틸렌-비닐 아세테이트 고무 절연 케이블 8. 버스덕트(Bus Duct) 9. 기타 전기용품안전관리법 및 전기설비기술기준에 따라 동등 이상의 내화성능이 있다고 주무부장관이 인정하는 것	금속관·2종 금속제 가요전선관 또는 합성 수지관에 수납하여 내화구조로 된 벽 또는 바닥 등에 벽 또는 바닥의 표면으로부터 25㎜ 이상의 깊이로 매설하여야 한다. 다만 다음 각목의 기준에 적합하게 설치하는 경우에는 그러하지 아니하다. 가. 배선을 내화성능을 갖는 배선전용실 또는 배선용 샤프트·피트·덕트 등에 설치하는 경우 나. 배선전용실 또는 배선용 샤프트·피트·덕트 등에 다른 설비의 배선이 있는 경우에는 이로 부터 15cm 이상 떨어지게 하거나 소화설비의 배선과 이웃하는 다른 설비의 배선사이에 배선지름(배선의 지름이 다른 경우에는 가장 큰 것을 기준으로 한다)의 1.5배 이상의 높이의 불연성 격벽을 설치하는 경우
내화전선	케이블공사의 방법에 따라 설치하여야 한다.

비고 : 내화전선의 내화성능은 버어너의 노즐에서 75㎜의 거리에서 온도가 750±5℃인 불꽃으로 3시간동안 가열한 다음 12시간 경과 후 전선 간에 허용전류용량 3A의 퓨우즈를 연결하여 내화시험 전압을 가한 경우 퓨우즈가 단선되지 아니하는 것. 또는 소방청장이 정하여 고시한「소방용전선의 성능인증 및 제품검사의 기술기준」에 적합할 것

(2) 내열배선

사용전선의 종류	공사방법
1. 450/750V 저독성 난연 가교 폴리올레핀 절연전선 2. 0.6/1KV 가교 폴리에틸렌 절연 저독성 난연 폴리올레핀 시스 전력 케이블 3. 6/10kV 가교 폴리에틸렌 절연 저독성 난연 폴리올레핀 시스 전력용 케이블 4. 가교 폴리에틸렌 절연 비닐시스 트레이용 난연 전력 케이블 5. 0.6/1kV EP 고무절연 클로로프렌 시스 케이블 6. 300/500V 내열성 실리콘 고무 절연전선 (180℃) 7. 내열성 에틸렌-비닐 아세테이트 고무 절연 케이블 8. 버스덕트(Bus Duct) 9. 기타 전기용품안전관리법 및 전기설비기술기준에 따라 동등 이상의 내열성능이 있다고 주무부장관이 인정하는 것	금속관·금속제 가요전선관·금속덕트 또는 케이블(불연성덕트에 설치하는 경우에 한한다.) 공사방법에 따라야 한다. 다만, 다음 각목의 기준에 적합하게 설치하는 경우에는 그러하지 아니하다. 가. 배선을 내화성능을 갖는 배선전용실 또는 배선용 샤프트·피트·덕트 등에 설치하는 경우 나. 배선전용실 또는 배선용 샤프트·피트·덕트 등에 다른 설비의 배선이 있는 경우에는 이로부터 15cm 이상 떨어지게 하거나 소화설비의 배선과 이웃하는 다른 설비의 배선사이에 배선지름(배선의 지름이 다른 경우에는 지름이 가장 큰 것을 기준으로 한다)의 1.5배 이상의 높이의 불연성 격벽을 설치하는 경우
내화전선·내열전선	케이블공사의 방법에 따라 설치하여야 한다.

비고 : 내열전선의 내열성능은 온도가 816±10℃인 불꽃을 20분간 가한 후 불꽃을 제거하였을 때 10초 이내에 자연소화가 되고, 전선의 연소된 길이가 180mm 이하이거나 가열온도의 값을 한국산업표준(KS F 2257-1)에서 정한 건축구조부분의 내화시험방법으로 15분 동안 380℃까지 가열한 후 전선의 연소된 길이가 가열로의 벽으로부터 150mm 이하일 것. 또는 소방청장이 정하여 고시한「소방용전선의 성능인증 및 제품검사의 기술기준」에 적합할 것

연습문제 : 전원 및 배선

01 감지기회로의 도통시험을 위한 종단저항의 설치기준 3가지를 쓰시오. (3점)

답안
① 점검 및 관리가 쉬운 장소에 설치할 것
② 전용함을 설치하는 경우 그 설치높이는 바닥으로부터 1.5m 이내로 할 것
③ 감지기회로의 끝부분에 설치하며, 종단감지기에 설치할 경우에는 구별이 쉽도록 해당 감지기의 기판 및 감지기 외부 등에 별도의 표시를 할 것

02 자동화재탐지설비에 사용되는 감지기의 절연저항을 시험하고자 한다. 다음 각 물음에 답하시오. (6점)

(1) 측정기기 :

(2) 판정(합격)기준 :

(3) 측정위치 :

답안
(1) 직류 500V의 절연저항계
(3) 50[MΩ] 이상
(3) 절연된 단자 간 및 단자와 외함 간 측정

해설
• 감지기의 형식승인 및 제품검사의 기술기준
감지기의 절연된 단자간의 절연저항 및 단자와 외함간의 절연저항은 직류 500 V의 절연저항계로 측정한 값이 50 ㏁(정온식감지선형감지기는 선간에서 1[m]당 1,000[㏁]) 이상이어야 한다.

03 다음은 자동화재탐지설비의 화재안전기준에서의 배선 관련사항이다. 각 물음에 답하시오. (6점)

(1) 감지기회로 및 부속회로의 전로와 대지 사이 및 배선 상호간의 절연저항은 1경계구역마다 직류 250V의 절연저항측정기를 사용하여 측정하였을 때 절연저항이 몇 MΩ 이상이 되도록 하여야 하는가?
(2) GP형 수신기의 감지기회로의 배선에 있어서 하나의 공통선에 접속할 수 있는 경계구역은 몇 개 이하이어야 하는가?
(3) 감지기회로의 종단저항 설치기준을 2가지만 쓰시오.

답안
(1) 0.1MΩ 이상
(2) 7개 이하
(3) ① 점검 및 관리가 쉬운 장소에 설치할 것
② 전용함을 설치하는 경우 그 설치 높이는 바닥으로부터 1.5m 이내로 할 것
③ 감지기회로의 끝부분에 설치하며, 종단감지기에 설치할 경우에는 구별이 쉽도록 해당 감지기의 기판 및 감지기 외부 등에 별도의 표시를 할 것

04 다음 각 물음에 답하시오. (6점)

(1) 자동화재탐지설비의 감지기 배선방식 중 송배선방식에 대하여 간단히 설명하시오.
(2) 자동식소화설비의 교차회로방식에 대하여 간단히 설명하시오.
(3) 교차회로방식으로 감지기를 설치하여야 하는 자동식소화설비를 5가지만 쓰시오.

답안
(1) 감지기회로의 도통시험을 용이하게 하기 위하여 배선의 도중에서 분기하지 않는 방식
(2) 하나의 방호구역 내에 2 이상의 화재감지기회로를 설치하고 인접한 2 이상의 화재감지기가 동시에 감지되는 때에 소화설비가 작동하여 소화약제가 방출되는 방식
(3) ① 준비작동식스프링클러설비　② 일제살수식스프링클러설비
③ 이산화탄소소화설비　④ 할론소화설비
⑤ 할로겐화합물 및 불활성기체소화설비

05
수위실에 설치된 수신기를 방재센터를 설치하여 이설하려고 한다. 수신기의 전원선은 배선전용실(EPS ROOM)을 이용하여 시공하고자 할 때 다음 각 물음에 답하시오.

(5점)

(1) 수신기의 전원선을 수납하여 사용할 수 있는 전선관의 종류 3가지 쓰시오.

(2) 배선전용실을 사용하여 전원선을 시공하는 경우 관련된 기준 3가지 쓰시오.

답안
(1) ① 금속관 ② 2종 금속제 가요전선관 ③ 합성수지관
(2) ① 배선전용실은 내화성능을 갖는 구조로 할 것
    ② 다른 설비의 배선이 있는 경우에는 이로부터 15[cm] 이상 떨어지게 설치할 것
    ③ 다른 설비의 배선이 있는 경우 이웃하는 다른 설비의 배선 사이에 배선지름(배선의 지름이 다른 경우에는 가장 큰 것을 기준)의 1.5배 이상의 높이의 불연성 격벽을 설치할

해설
• 배선에 사용되는 전선의 종류 및 공사방법
(1) 내화배선

사용전선의 종류	공사방법
1. 450/750V 저독성 난연 가교 폴리올레핀 절연 전선 2. 0.6/1KV 가교 폴리에틸렌 절연 저독성 난연 폴리올레핀 시스 전력 케이블 3. 6/10kV 가교 폴리에틸렌 절연 저독성 난연 폴리올레핀 시스 전력용 케이블 4. 가교 폴리에틸렌 절연 비닐시스 트레이용 난연 전력 케이블 5. 0.6/1kV EP 고무절연 클로로프렌 시스 케이블 6. 300/500V 내열성 실리콘 고무 절연전선(180℃) 7. 내열성 에틸렌-비닐 아세테이트 고무 절연 케이블 8. 버스덕트(Bus Duct) 9. 기타 전기용품안전관리법 및 전기설비기술기준에 따라 동등 이상의 내화성능이 있다고 주무부장관이 인정하는 것	금속관·2종 금속제 가요전선관 또는 합성 수지관에 수납하여 내화구조로 된 벽 또는 바닥 등에 벽 또는 바닥의 표면으로부터 25mm 이상의 깊이로 매설하여야 한다. 다만 다음 각목의 기준에 적합하게 설치하는 경우에는 그러하지 아니하다. 가. 배선을 내화성능을 갖는 배선전용실 또는 배선용 샤프트·피트·덕트 등에 설치하는 경우 나. 배선전용실 또는 배선용 샤프트·피트·덕트 등에 다른 설비의 배선이 있는 경우에는 이로부터 15cm 이상 떨어지게 하거나 소화설비의 배선과 이웃하는 다른 설비의 배선사이에 배선지름(배선의 지름이 다른 경우에는 가장 큰 것을 기준으로 한다)의 1.5배 이상의 높이의 불연성 격벽을 설치하는 경우
내화전선	케이블공사의 방법에 따라 설치하여야 한다.

(2) 내열배선

사용전선의 종류	공사방법
1. 450/750V 저독성 난연 가교 폴리올레핀 절연 전선 2. 0.6/1KV 가교 폴리에틸렌 절연 저독성 난연 폴리올레핀 시스 전력 케이블 3. 6/10kV 가교 폴리에틸렌 절연 저독성 난연 폴리올레핀 시스 전력용 케이블 4. 가교 폴리에틸렌 절연 비닐시스 트레이용 난연 전력 케이블 5. 0.6/1kV EP 고무절연 클로로프렌 시스 케이블 6. 300/500V 내열성 실리콘 고무 절연전선(180℃) 7. 내열성 에틸렌-비닐 아세테이트 고무 절연 케이블 8. 버스덕트(Bus Duct) 9. 기타 전기용품안전관리법 및 전기설비기술기준에 따라 동등 이상의 내열성능이 있다고 주무부장관이 인정하는 것	금속관 · 금속제 가요전선관 · 금속덕트 또는 케이블(불연성덕트에 설치하는 경우에 한한다.) 공사방법에 따라야 한다. 다만, 다음 각목의 기준에 적합하게 설치하는 경우에는 그러하지 아니하다. 가. 배선을 내화성능을 갖는 배선전용실 또는 배선용 샤프트·피트·덕트 등에 설치하는 경우 나. 배선전용실 또는 배선용 샤프트·피트·덕트 등에 다른 설비의 배선이 있는 경우에는 이로부터 15cm 이상 떨어지게 하거나 소화설비의 배선과 이웃하는 다른 설비의 배선사이에 배선지름(배선의 지름이 다른 경우에는 지름이 가장 큰 것을 기준으로 한다)의 1.5배 이상의 높이의 불연성 격벽을 설치하는 경우
내화전선·내열전선	케이블공사의 방법에 따라 설치하여야 한다.

06 소방용 케이블과 다른 용도의 케이블을 배선전용실에 함께 배선할 때 다음 각 물음에 답하시오. (4점)

(1) 소방용 케이블을 내화성능을 갖는 배선전용실등의 내부에 소방용이 아닌 케이블과 함께 노출하여 배선할 때 소방용 케이블과 다른 용도의 케이블간의 피복과 피복간의 이격거리는 몇 [cm]이상이어야 하는가?

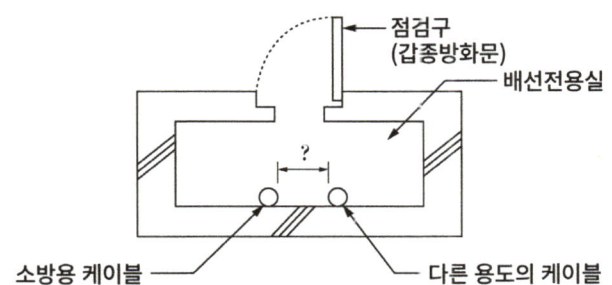

(2) 부득이하여 (1)과 같이 이격 시킬 수 없어 불연성 격벽을 설치한 경우에 격벽의 높이는 굵은 케이블 지름의 몇 배 이상이어야 하는가?

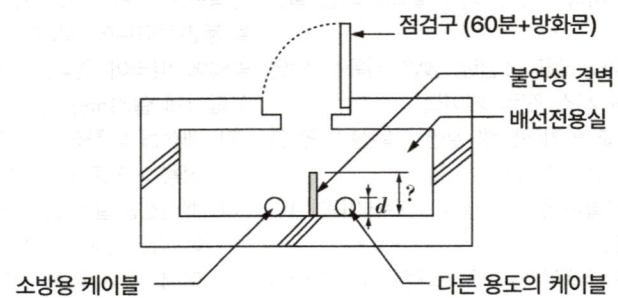

답안
(1) 15cm
(2) 가장 굵은 지름의 1.5배

해설
- 소방용 케이블과 다른 용도의 케이블을 배선전용실에 설치하는 경우
① 배선전용실 또는 배선용 샤프트·피트·덕트 등에 다른 설비의 배선이 있는 경우에는 이로부터 15cm 이상 떨어지게 설치할 것
② 소화설비의 배선과 이웃하는 다른 설비의 배선 사이에 배선지름(배선의 지름이 다른 경우에는 가장 큰 것을 기준)의 1.5배 이상의 높이의 불연성 격벽을 설치할 것

10 시각경보장치

자동화재탐지설비에서 발하는 화재신호를 시각경보기에 전달하여 **청각장애인에게 점멸형태의 시각경보**를 하는 것

1 설치기준

① 복도·통로·청각장애인용 객실 및 공용으로 사용하는 거실(로비, 회의실, 강의실, 식당, 휴게실, 오락실, 대기실, 체력단련실, 접객실, 안내실, 전시실, 기타 이와 유사한 장소를 말한다)에 설치하며, 각 부분으로부터 유효하게 경보를 발할 수 있는 위치에 설치할 것
② 공연장·집회장·관람장 또는 이와 유사한 장소에 설치하는 경우에는 시선이 집중되는 무대부 부분 등에 설치할 것
③ 설치높이는 바닥으로부터 **2m 이상 2.5m 이하**의 장소에 설치할 것 다만, 천장의 높이가 **2m 이하인 경우**에는 **천장으로부터 0.15m 이내**의 장소에 설치해야 한다.
④ 시각경보장치의 광원은 전용의 **축전지설비** 또는 **전기저장장치**(외부 전기에너지를 저장해 두었다가 필요한 때 전기를 공급하는 장치)에 의하여 점등되도록 할 것. 다만, 시각경보기에 작동전원을 공급할 수 있도록 형식승인을 얻은 수신기를 설치한 경우에는 그렇지 않다.

[참고] 하나의 특정소방대상물에 2 이상의 수신기가 설치된 경우 어느 수신기에서도 지구음향장치 및 시각경보장치를 작동할 수 있도록 해야 한다.

연습문제 : 시각경보장치

01 다음은 청각장애인용 시각경보장치에 대한 화재안전기술기준이다. ( ) 안에 알맞은 답을 쓰시오. (3점)

(1) 공연장·집회장·관람장 또는 이와 유사한 장소에 설치하는 경우에는 시선이 집중되는 (①) 부분 등에 설치할 것

(2) 설치높이는 바닥으로부터 (②)의 장소에 설치할 것. 다만, 천장의 높이가 2m 이하인 경우에는 천장으로부터 (③) 이내의 장소에 설치하여야 한다.

답안

① 무대부 ② 2m 이상 2.5m 이하 ③ 0.15m

해설

- 청각장애인용 시각경보장치 설치기준
① 복도·통로·청각장애인용 객실 및 공용으로 사용하는 거실(로비, 회의실, 강의실, 식당, 휴게실, 오락실, 대기실, 체력단련실, 접객실, 안내실, 전시실, 기타 이와 유사한 장소를 말한다)에 설치하며, 각 부분으로부터 유효하게 경보를 발할 수 있는 위치에 설치할 것
② 공연장·집회장·관람장 또는 이와 유사한 장소에 설치하는 경우에는 시선이 집중되는 무대부 부분 등에 설치할 것
③ 설치높이는 바닥으로부터 2m 이상 2.5m 이하의 장소에 설치할 것. 다만, 천장의 높이가 2m 이하인 경우에는 천장으로부터 0.15m 이내의 장소에 설치해야 한다.
④ 시각경보장치의 광원은 전용의 축전지설비 또는 전기저장장치에 의하여 점등되도록 할 것. 다만, 시각경보기에 작동전원을 공급할 수 있도록 형식승인을 얻는 수신기를 설치한 경우에는 그렇지 않다.

CHAPTER 02 비상경보설비 및 단독경보형감지기

1 정의

① 비상벨설비: 화재발생 상황을 **경종으로 경보**하는 설비
② 자동식사이렌설비: 화재발생 상황을 **사이렌으로 경보**하는 설비

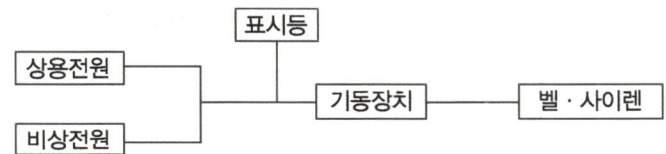

③ **단독경보형감지기**란 화재발생 상황을 단독으로 감지하여 자체에 내장된 음향장치로 경보하는 감지기를 말한다.
④ **발신기**란 화재발생 신호를 수신기에 수동으로 발신하는 장치를 말한다.
⑤ **수신기**란 발신기에서 발하는 화재신호를 직접 수신하여 화재의 발생을 표시 및 경보하여 주는 장치를 말한다.

2 비상경보설비

* 비상경보설비 설치기준의 경우 자동화재탐지설비의 수동 시스템 기준과 유사하다.

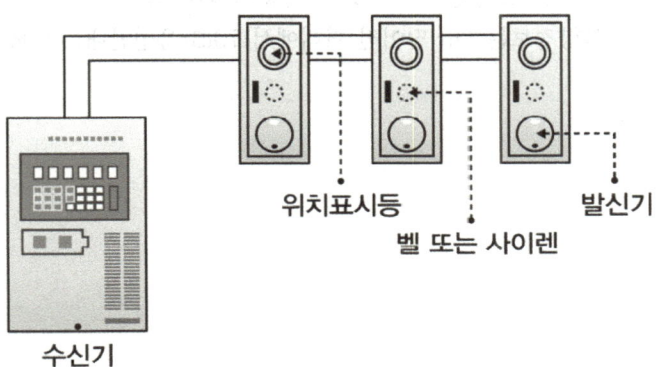

3 단독경보형감지기

화재발생상황을 단독으로 감지하여 자체에 내장된 음향장치로 경보하는 감지기

1 설치기준

① 각 실(이웃하는 실내의 바닥면적이 **각각 30㎡ 미만**이고 벽체의 상부의 전부 또는 일부가 개방되어 이웃하는 실내와 공기가 상호유통되는 경우에는 이를 1개의 실로 본다)마다 설치하되, 바닥면적이 150㎡를 초과하는 경우에는 **150㎡마다 1개 이상** 설치할 것
② 최상층의 계단실의 천장(외기가 상통하는 계단실의 경우를 제외한다)에 설치할 것
③ **건전지를 주전원**으로 사용하는 단독경보형감지기는 정상적인 작동상태를 유지할 수 있도록 **건전지**를 교환할 것
④ 상용전원을 주전원으로 사용하는 단독경보형감지기의 **2차전지**는 제품검사에 합격한 것을 사용할 것

2 형식승인 및 제품검사의 기술기준(일반기능)

① 자동복귀형 스위치(자동적으로 정위치에 복귀될 수 있는 스위치를 말한다)에 의하여 수동으로 작동시험을 할 수 있는 기능이 있어야 한다.
② 작동되는 경우 작동표시등에 의하여 화재의 발생을 표시하고, 내장된 음향장치의 명동에 의하여 화재경보음을 발할 수 있는 기능이 있어야 한다.
③ 주기적으로 섬광하는 전원표시등에 의하여 전원의 정상 여부를 감시할 수 있는 기능이 있어야 하며, 전원의 정상상태를 표시하는 전원표시등의 섬광주기는 1초 이내의 점등과 30초에서 60초 이내의 소등으로 이루어져야 한다.
④ 화재경보음은 감지기로부터 1m 떨어진 위치에서 **85dB 이상**으로 10분 이상 계속하여 경보할 수 있어야 한다.
⑤ 건전지를 주전원으로 하는 감지기는 건전지의 성능이 저하되어 건전지의 교체가 필요한 경우에는 음성안내를 포함한 음향 및 표시등에 의하여 **72시간 이상 경보**할 수 있어야 한다. 이 경우 음향경보는 1m 떨어진 거리에서 70dB(음성안내는 60dB) 이상이어야 한다.

연습문제 : 비상경보설비 및 단독경보형감지기

01 다음은 단독경보형감지기의 설치기준이다. (   ) 안에 알맞은 답을 쓰시오. (5점)

(1) 각 실(이웃하는 실내의 바닥면적이 각각 (①)m² 미만이고 벽체의 상부의 전부 또는 일부가 개방되어 이웃하는 실내와 공기가 상호유통되는 경우에는 이를 1개의 실로 본다)마다 설치하되, 바닥면적이 (②)m²를 초과하는 경우에는 (③)m²마다 1개 이상 설치할 것
(2) 최상층의 계단실의 천장(외기가 상통하는 계단실의 경우를 제외한다)에 설치할 것
(3) 건전지를 주전원으로 사용하는 단독경보형감지기는 정상적인 작동상태를 유지할 수 있도록 (④)를 교환할 것
(4) 상용전원을 주전원으로 사용하는 단독경보형감지기의 (⑤)는 제품검사에 합격한 것을 사용할 것

답안

① 30 ② 150 ③ 150 ④ 건전지 ⑤ 2차전지

해설

- 단독경보형감지기 설치기준
① 각 실(이웃하는 실내의 바닥면적이 각각 30㎡ 미만이고 벽체의 상부의 전부 또는 일부가 개방되어 이웃하는 실내와 공기가 상호유통되는 경우에는 이를 1개의 실로 본다)마다 설치하되, 바닥면적이 150㎡를 초과하는 경우에는 150㎡마다 1개 이상 설치할 것
② 최상층의 계단실의 천장(외기가 상통하는 계단실의 경우를 제외한다)에 설치할 것
③ 건전지를 주전원으로 사용하는 단독경보형감지기는 정상적인 작동상태를 유지할 수 있도록 건전지를 교환할 것
④ 상용전원을 주전원으로 사용하는 단독경보형감지기의 2차전지는 제품검사에 합격한 것을 사용할 것

CHAPTER 03 자동화재속보설비

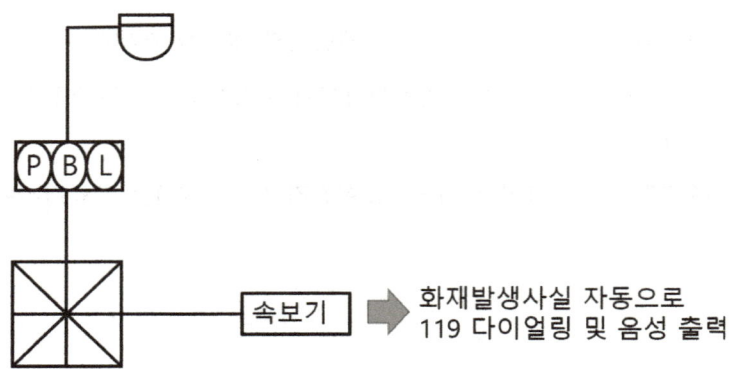

1 정의

(1) **속보기**란 화재신호를 통신망을 통하여 음성 등의 방법으로 소방관서에 통보하는 장치를 말한다.
(2) **통신망**이란 유선이나 무선 또는 유무선 겸용 방식을 구성하여 음성 또는 데이터 등을 전송할 수 있는 집합체를 말한다.
(3) **데이터전송방식**이란 전기·통신매체를 통해서 전송되는 신호에 의하여 어떤 지점에서 다른 수신 지점에 데이터를 보내는 방식을 말한다.
(4) **코드전송방식**이란 신호를 표본화하고 양자화하여, 코드화한 후에 펄스 혹은 주파수의 조합으로 전송하는 방식을 말한다.

2 설치기준

(1) **자동화재탐지설비와 연동**으로 작동하여 자동적으로 화재발생 상황을 소방관서에 전달되는 것으로 할 것. 이 경우 부가적으로 특정소방대상물의 관계인에게 화재발생상황을 전달되도록 할 수 있다.
(2) 조작스위치는 바닥으로부터 **0.8m 이상 1.5m 이하**의 높이에 설치할 것
(3) 속보기는 소방관서에 통신망으로 통보하도록 하며, 데이터 또는 코드전송방식을 부가적으로 설치할 수 있다.

(4) **문화재**에 설치하는 자동화재속보설비는 ①의 기준에도 불구하고 **속보기에 감지기를 직접 연결**하는 방식(자동화재탐지설비 1개의 경계구역에 한한다)으로 할 수 있다.

3 성능인증 및 제품검사의 기술기준

(1) 기능

① 작동신호를 수신하거나 수동으로 동작시키는 경우 **20초 이내**에 소방관서에 자동적으로 신호를 발하여 통보하되, **3회 이상 속보**할 수 있어야 한다.
② 주전원이 정지한 경우에는 자동적으로 예비전원으로 전환되고, 주전원이 정상상태로 복귀한 경우에는 자동적으로 예비전원에서 주전원으로 전환되어야 한다.
③ 예비전원은 자동적으로 충전되어야 하며 **자동과충전방지장치**가 있어야 한다.
④ 화재신호를 수신하거나 속보기를 수동으로 동작시키는 경우 자동적으로 적색 화재표시등이 점등되고 음향장치로 화재를 경보하여야 하며 화재표시 및 경보는 수동으로 복구 및 정지시키지 않는 한 지속되어야 한다.
⑤ 연동 또는 수동으로 소방관서에 화재발생 음성정보를 속보중인 경우에도 송수화장치를 이용한 통화가 우선적으로 가능하여야 한다.
⑥ 예비전원을 병렬로 접속하는 경우에는 **역충전 방지 등의 조치**를 하여야 한다.
⑦ 예비전원은 감시상태를 **60분간 지속**한 후 **10분 이상 동작**(화재속보후 화재표시 및 경보를 10분간 유지하는 것을 말한다)이 지속될 수 있는 용량이어야 한다.
⑧ 속보기는 연동 또는 수동 작동에 의한 다이얼링 후 소방관서와 전화접속이 이루어지지 않는 경우에는 최초 다이얼링을 포함하여 **10회 이상** 반복적으로 접속을 위한 다이얼링이 이루어져야 한다. 이 경우 매회 다이얼링 완료 후 호출은 **30초 이상** 지속되어야 한다.
⑨ 속보기의 송수화장치가 정상위치가 아닌 경우에도 연동 또는 수동으로 속보가 가능하여야 한다.
⑩ 음성으로 통보되는 속보내용을 통하여 당해 소방대상물의 위치, 화재발생 및 속보기에 의한 신고임을 확인할 수 있어야 한다.
⑪ 속보기는 음성속보방식 외에 데이터 또는 코드전송방식 등을 이용한 속보기능을 부가로 설치할 수 있다.
⑫ 소방관서 등에 구축된 접수시스템 또는 별도의 시험용 시스템을 이용하여 시험한다.

(2) 절연저항시험

① 절연된 충전부와 외함간의 절연저항은 직류 500V의 절연저항계로 측정한 값이 **5MΩ**(교류입력측과 외함간에는 **20MΩ**)**이상**이어야 한다.
② 절연된 선로간의 절연저항은 직류 500V의 절연저항계로 측정한 값이 **20MΩ 이상**이어야 한다.

■ 연습문제 : **자동화재속보설비**

01 다음은 자동화재속보설비의 속보기의 성능인증 및 제품검사의 기술기준이다. (   ) 안에 알맞은 답을 쓰시오. (4점)

(1) 절연된 (①)와 외함간의 절연저항은 직류 500V의 절연저항계로 측정한 값이 (②)MΩ (교류입력측과의 외함간에는 (③)MΩ) 이상이어야 한다.

(2) 절연된 선로간의 절연저항은 직류 500V의 절연저항계로 측정한 값이 (④)MΩ 이상이어야 한다.

답안

① 충전부   ② 5   ③ 20   ④ 20

해설

• 절연저항시험
① 절연된 충전부와 외함간의 절연저항은 직류 500V의 절연저항계로 측정한 값이 5MΩ(교류입력측과 외함간에는 20MΩ)이상이어야 한다.
② 절연된 선로간의 절연저항은 직류 500V의 절연저항계로 측정한 값이 20MΩ 이상이어야 한다.

CHAPTER 04 비상방송설비

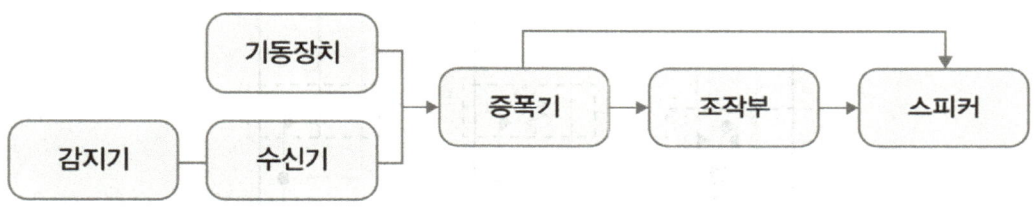

1 정의

(1) **확성기**란 소리를 크게 하여 멀리까지 전달될 수 있도록 하는 장치로써 일명 스피커를 말한다.
(2) **음량조절기**란 가변저항을 이용하여 전류를 변화시켜 음량을 크게 하거나 작게 조절할 수 있는 장치를 말한다.
(3) **증폭기**란 전압전류의 진폭을 늘려 감도를 좋게 하고 미약한 음성전류를 커다란 음성전류로 변화시켜 소리를 크게 하는 장치를 말한다.
(4) **기동장치**란 화재감지기, 발신기 등의 상태변화를 전송하는 장치를 말한다.

2 경보방식 분류

(1) 일제경보방식

(2) 우선경보방식(자동화재탐지설비와 동일)

① 대상: 층수가 11층(공동주택의 경우에는 16층) 이상
② 경보방식

	경보층
2층 이상	발화층 및 그 직상 4개층
1층	발화층·그 직상 4개층 및 지하층
지하층	발화층·그 직상층 및 기타의 지하층

3 설치기준

(1) 확성기의 음성입력은 3W(실내에 설치하는 것에 있어서는 1W) 이상일 것
(2) 확성기는 각 층마다 설치하되, 그 층의 각 부분으로부터 하나의 확성기까지의 수평거리가 25m 이하가 되도록 하고, 해당층의 각 부분에 유효하게 경보를 발할 수 있도록 설치할 것
(3) 음량조정기를 설치하는 경우 음량조정기의 배선은 3선식으로 할 것

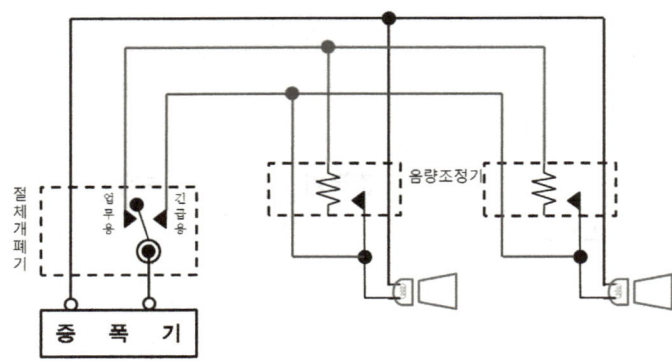

(4) 조작부의 조작스위치는 바닥으로부터 0.8m 이상 1.5m 이하의 높이에 설치할 것
(5) 조작부는 기동장치의 작동과 연동하여 해당 기동장치가 작동한 층 또는 구역을 표시할 수 있는 것으로 할 것
(6) 증폭기 및 조작부는 수위실 등 상시 사람이 근무하는 장소로서 점검이 편리하고 방화상 유효한 곳에 설치할 것
(7) 다른 방송설비와 공용하는 것에 있어서는 화재 시 비상경보외의 방송을 차단할 수 있는 구조로 할 것
(8) 다른 전기회로에 따라 유도장애가 생기지 아니하도록 할 것
(9) 하나의 특정소방대상물에 2 이상의 조작부가 설치되어 있는 때에는 각각의 조작부가 있는 장소 상호간에 동시통화가 가능한 설비를 설치하고, 어느 조작부에서도 해당 특정소방대상물의 전 구역에 방송을 할 수 있도록 할 것
(10) 기기동장치에 따른 화재신호를 수신한 후 필요한 음량으로 화재발생상황 및 피난에 유효한 방송이 자동으로 개시될 때까지의 소요시간은 10초 이내로 할 것

4 음향장치의 구조 및 성능

(1) 정격전압의 80% 전압에서 음향을 발할 수 있는 것을 할 것
(2) 자동화재탐지설비의 작동과 연동하여 작동할 수 있는 것으로 할 것

5 배선

(1) 화재로 인하여 하나의 층의 확성기 또는 배선이 단락 또는 단선되어도 다른 층의 화재통보에 지장이 없도록 할 것
(2) 전원회로의 배선은 내화배선에 따르고, 그 밖의 배선은 내화배선 또는 내열배선에 따라 설치할 것
(3) 전원회로의 전로와 대지 사이 및 배선상호간의 절연저항 기술기준이 정하는 바에 따르고, 부속회로의 전로와 대지 사이 및 배선 상호간의 절연저항은 1경계구역마다 직류 250V의 절연저항측정기를 사용하여 측정한 절연저항이 **0.1MΩ 이상**이 되도록 할 것
(4) 비상방송설비의 배선은 다른 전선과 별도의 관·덕트(절연효력이 있는 것으로 구획한 때에는 그 구획된 부분은 별개의 덕트로 본다) 몰드 또는 풀박스등에 설치할 것. 다만, 60V 미만의 약전류회로에 사용하는 전선으로서 각각의 전압이 같을 때에는 그러하지 아니하다.

6 전원

(1) 상용전원은 전기가 정상적으로 공급되는 축전지, 전기저장장치(외부 전기에너지를 저장해 두었다가 필요한 때 전기를 공급하는 장치) 또는 교류전압의 옥내간선으로 하고, 전원까지의 배선은 전용으로 할 것
(2) 개폐기에는 "비상방송설비용"이라고 표시한 표지를 할 것
(3) 비상방송설비에는 그 설비에 대한 **감시상태를 60분간 지속**한 후 유효하게 **10분 이상 경보**할 수 있는 축전지설비(수신기에 내장하는 경우를 포함한다) 또는 전기저장장치(외부 전기에너지를 저장해 두었다가 필요한 때 전기를 공급하는 장치)를 설치해야한다.

6 비상방송설비의 가닥수

(1) 일제경보방식의 경우(2선식인 경우, 비상방송 전용)

용도	가닥수 증감
공통선	1가닥(층수마다 추가)
비상방송선(스피커=확성기=긴급선)	1가닥(층수마다 추가)

(2) 일제경보방식의 경우(3선식인 경우, 비상방송과 업무용 방송을 겸용)

용도	가닥수 증감
공통선	1가닥(층수마다 추가)
비상방송선(=스피커=확성기=긴급선)	1가닥(층수마다 추가)
업무용선(=업무선)	1가닥

(3) 우선경보방식의 경우(2선식인 경우, 비상방송 전용)

용도	가닥수 증감
공통선	1가닥(층수마다 추가)
비상방송선(스피커=확성기=긴급선)	1가닥(층수마다 추가)

(4) 우선경보방식의 경우(3선식인 경우, 비상방송과 업무용 방송을 겸용)

용도	가닥수 증감
공통선	1가닥(층수마다 추가)
비상방송선(=스피커=확성기=긴급선)	1가닥(층수마다 추가)
업무용선(=업무선)	1가닥

연습문제: 비상방송설비

01 비상방송설비의 확성기(Speaker)회로에 음량조정기를 설치하고자 한다. 미완성 결선도를 완성하시오. (5점)

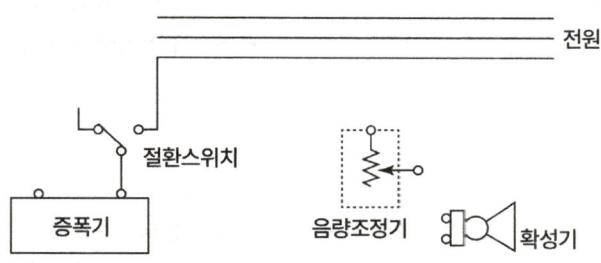

답안

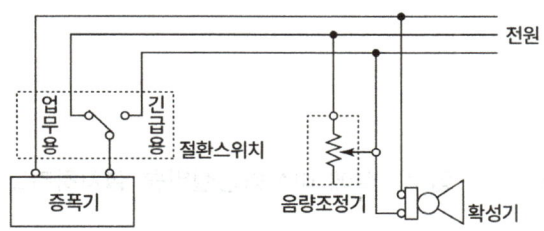

02 다음은 비상방송설비의 화재안전기준이다. ( ) 안에 알맞는 답을 쓰시오. (5점)

(1) 확성기의 음성입력은 3W(실내에 설치하는 것에 있어서는 (①)W) 이상일 것

(2) 확성기는 각 층마다 설치하되, 그 층의 각 부분으로부터 하나의 확성기까지의 수평거리가 (②)m 이하가 되도록 하고, 해당층의 각 부분에 유효하게 경보를 발할 수 있도록 설치할 것

(3) 음량조정기를 설치하는 경우 음량조정기의 배선은 (③)선식으로 할 것

(4) 조작부의 조작스위치는 바닥으로부터 (④)m 이상 (⑤)m 이하의 높이에 설치할 것

답안

① 1   ② 25   ③ 3   ④ 0.8   ⑤ 1.5

해설

• 비상방송설비의 음향장치 설치기준

① 확성기의 음성입력은 3W(실내에 설치하는 것에 있어서는 1W) 이상일 것
② 확성기는 각 층마다 설치하되, 그 층의 각 부분으로부터 하나의 확성기까지의 수평거리가 25m 이하가 되도록 하고, 해당층의 각 부분에 유효하게 경보를 발할 수 있도록 설치할 것
③ 음량조정기를 설치하는 경우 음량조정기의 배선은 3선식으로 할 것
④ 조작부의 조작스위치는 바닥으로부터 0.8m 이상 1.5m 이하의 높이에 설치할 것
⑤ 증폭기 및 조작부는 수위실 등 상시 사람이 근무하는 장소로서 점검이 편리하고 방화상 유효한 곳에 설치할 것
⑦ 다른 방송설비와 공용하는 것에 있어서는 화재 시 비상경보외의 방송을 차단할 수 있는 구조로 할 것
⑧ 다른 전기회로에 따라 유도장애가 생기지 아니하도록 할 것
⑨ 하나의 특정소방대상물에 2 이상의 조작부가 설치되어 있는 때에는 각각의 조작부가 있는 장소 상호간에 동시통화가 가능한 설비를 설치하고, 어느 조작부에서도 해당 특정소방대상물의 전 구역에 방송을 할 수 있도록 할 것
⑩ 기동장치에 따른 화재신고를 수신한 후 필요한 음량으로 화재발생 상황 및 피난에 유효한 방송이 자동으로 개시될 때까지의 소요시간은 10초 이내로 할 것

03 지상 11층인 내화구조의 업무시설에 비상방송설비를 설치하려고 한다. 다음 각 물음에 답하시오. (6점)

(1) 확성기의 음성입력은 실외인 경우 몇 [W] 이상으로 하여야 하는가?

(2) 기동장치에 따른 화재신고를 수신한 후 필요한 음량으로 화재발생상황 및 피난에 유효한 방송이 자동으로 개시될 때까지의 소요시간은 얼마 이하로 하여야 하는가?

(3) 화재 시 적용되어야 하는 경보방식의 종류를 쓰고 발화층에 따른 경보대상 층을 3가지로 구분하여 쓰시오.
   ① 경보방식의 종류 :
   ② 경보대상 층의 기준

답안

(1) 3W 이상
(2) 10초 이하
(3) ① 경보방식의 종류 : 우선경보방식
    ② 경보대상 층의 기준

	경보층
2층 이상	발화층 및 그 직상 4개층
1층	발화층·그 직상 4개층 및 지하층
지하층	발화층·그 직상층 및 기타의 지하층

04 비상방송설비의 음향장치는 정격전압의 몇 % 전압에서 음향을 발할 수 있는 것으로 하여야 하는가? (3점)

답안
80%

해설
• 음향장치의 구조 및 성능
① 정격전압의 80% 전압에서 음향을 발할 수 있는 것을 할 것
② 자동화재탐지설비의 작동과 연동하여 작동할 수 있는 것으로 할 것

05 다음은 우선경보방식의 비상방송설비의 회로계통도를 보여주고 있다. 각 층 사이의 ①~⑤까지의 배선수와 각 배선의 용도를 쓰시오.(단, 비상방송과 업무용방송을 겸용하는 설비이다.) (10점)

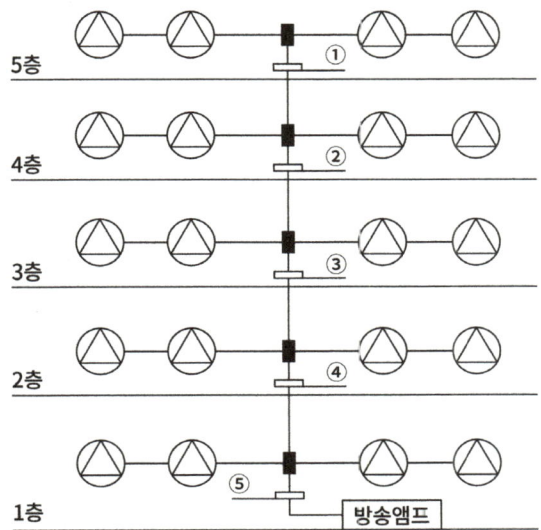

기호	배선 가닥수	배선의 용도
①		
②		
③		
④		
⑤		

답안

기호	배선 가닥수	배선의 용도
①	3	업무선1, 긴급선1, 공통선1
②	5	업무선1, 긴급선2, 공통선2
③	7	업무선1, 긴급선3, 공통선3
④	9	업무선1, 긴급선4, 공통선4
⑤	11	업무선1, 긴급선5, 공통선5

CHAPTER 05 가스누설경보기

보일러 등 가스연소기에서 액화석유가스(LPG), 액화천연가스(LNG) 등의 가연성가스가 새는 것을 탐지하여 관계자나 이용자에게 경보하여 주는 것을 말한다. 다만, 탐지소자 외의 방법에 의하여 가스가 새는 것을 탐지하는 것, 점검용으로 만들어진 휴대용탐지기 또는 연동기기에 의하여 경보를 발하는 것은 제외한다.

1 정의

(1) **탐지부**란 가스누설경보기(이하 "경보기"라 한다) 중 가스누설을 탐지하여 중계기 또는 수신부에 가스누설 신호를 발신하는 부분을 말한다.

(2) **수신부**란 경보기 중 탐지부에서 발하여진 가스누설 신호를 직접 또는 중계기를 통하여 수신하고 이를 관계자에게 음향으로서 경보하여 주는 것을 말한다.

(3) **분리형**이란 탐지부와 수신부가 분리되어 있는 형태의 경보기를 말한다.

(4) **단독형**이란 탐지부와 수신부가 일체로 되어 있는 형태의 경보기를 말한다.

(5) **가스연소기**란 가스레인지 또는 가스보일러 등 가연성가스를 이용하여 불꽃을 발생하는 장치를 말한다.

(6) **가연성가스 경보기**란 보일러 등 가스연소기에서 액화석유가스(LPG), 액화천연가스(LNG) 등의 가연성가스가 새는 것을 탐지하여 관계자나 이용자에게 경보하여 주는 것을 말한다. 다만, 탐지소자 외의 방법에 의하여 가스가 새는 것을 탐지하는 것, 점검용으로 만들어진 휴대용탐지기 또는 연동기기에 의하여 경보를 발하는 것은 제외한다.

(7) **일산화탄소 경보기**란 일산화탄소가 새는 것을 탐지하여 관계자나 이용자에게 경보하여 주는 것을 말한다. 다만, 탐지소자 외의 방법에 의하여 가스가 새는 것을 탐지하는 것, 점검용으로 만들어진 휴대용탐지기 또는 연동기기에 의하여 경보를 발하는 것은 제외한다.

2 가연성 가스 경보기

(1) 분리형 경보기

① 수신부 설치기준
- 가스연소기 주위의 경보기의 상태 확인 및 유지 관리에 용이한 위치에 설치할 것
- 가스누설 음향의 음량과 음색이 다른 기기의 소음 등과 명확히 구별될 것
- 가스누설 음향은 수신부로부터 1m 떨어진 위치에서 음압이 **70dB 이상**일 것
- 수신부의 조작 스위치는 바닥으로부터의 높이가 **0.8m 이상 1.5m 이하**인 장소에 설치할 것
- 수신부가 설치된 장소에는 관계자 등에게 신속히 연락할 수 있도록 비상연락 번호를 기재한 표를 비치할 것

② 탐지부 설치기준
- 탐지부는 가스연소기의 중심으로부터 직선거리 **8m**(공기보다 무거운 가스를 사용하는 경우에는 **4m**) 이내에 1개 이상 설치하여야 한다.
- 탐지부는 천정으로부터 탐지부 하단까지의 거리가 **0.3m 이하**가 되도록 설치한다. 다만, 공기보다 무거운 가스를 사용하는 경우에는 바닥면으로부터 탐지부 상단까지의 거리는 **0.3m 이하**로 한다.

(2) 단독형 경보기

① 설치기준
- 가스연소기 주위의 경보기의 상태 확인 및 유지 관리에 용이한 위치에 설치할 것
- 가스누설 음향의 음량과 음색이 다른 기기의 소음 등과 명확히 구별될 것
- 가스누설 음향장치는 수신부로부터 1m 떨어진 위치에서 음압이 **70dB 이상**일 것
- 단독형 경보기는 가스연소기의 중심으로부터 직선거리 **8m**(공기보다 무거운 가스를 사용하는 경우에는 **4m**) **이내**에 1개 이상 설치하여야 한다.
- 단독형 경보기는 천장으로부터 경보기 하단까지의 거리가 **0.3m 이하**가 되도록 설치한다. 다만, 공기보다 무거운 가스를 사용하는 경우에는 바닥면으로부터 단독형 경보기 상단까지의 거리는 **0.3m 이하**로 한다.
- 경보기가 설치된 장소에는 관계자 등에게 신속히 연락할 수 있도록 비상연락 번호를 기재한 표를 비치할 것

3 일산화탄소 경보기

(1) 분리형 경보기

① 수신부 설치기준
- 가스누설 음향의 음량과 음색이 다른 기기의 소음 등과 명확히 구별될 것
- 가스누설 음향은 수신부로부터 1m 떨어진 위치에서 음압이 **70dB 이상**일 것
- 수신부의 조작 스위치는 바닥으로부터의 높이가 **0.8m 이상 1.5m 이하**인 장소에 설치할 것
- 수신부가 설치된 장소에는 관계자 등에게 신속히 연락할 수 있도록 비상연락 번호를 기재한 표를 비치할 것

② 탐지부 설치기준
- 분리형 경보기의 탐지부는 천정으로부터 탐지부 하단까지의 거리가 **0.3m 이하**가 되도록 설치한다.

(2) 단독형 경보기

① 설치기준
- 가스누설 음향의 음량과 음색이 다른 기기의 소음 등과 명확히 구별될 것
- 가스누설 음향장치는 수신부로부터 1m 떨어진 위치에서 음압이 **70dB 이상**일 것
- 단독형 경보기는 천장으로부터 경보기 하단까지의 거리가 **0.3m 이하**가 되도록 설치한다.
- 경보기가 설치된 장소에는 관계자 등에게 신속히 연락할 수 있도록 비상연락 번호를 기재한 표를 비치할 것

4 분리형 경보기의 탐지부 및 단독형 경보기 설치제외장소

(1) 출입구 부근 등으로서 외부의 기류가 통하는 곳
(2) 환기구 등 공기가 들어오는 곳으로부터 1.5m 이내인 곳
(3) 연소기의 폐가스에 접촉하기 쉬운 곳
(4) 가구 · 보 · 설비 등에 가려져 누설가스의 유통이 원활하지 못한 곳
(5) 수증기, 기름 섞인 연기 등이 직접 접촉될 우려가 있는 곳

> **참고** 가스누설경보기의 형식승인 및 제품검사의 기술기준

(1) 분리형 경보기 수신부 설치기준

   수신개시부터 가스누설표시까지 소요시간은 60초 이내이어야 한다.

(2) 수신표시

   경보기는 가스누설신호를 수신한 경우 황색의 누설등 및 주음향장치에 의하여 가스의 발생을 자동적으로 표시하고 동시에 지구등에 의하여 당해 가스누설이 발생한 경계구역을 자동적으로 표시하여야 한다.

(3) 일반구조

   예비전원은 알칼리계 2차 축전지, 리튬계 2차 축전지 또는 무보수밀폐형연축전지로서 그 용량은 1회선용(단독형을 포함한다)의 경우 감시상태를 20분간 계속한 후 유효하게 작동되어 10분간 경보를 발할 수 있어야 하며, 2회로이상인 경보기의 경우에는 연결된 모든 회로에 대하여 감시상태를 10분간 계속한 후 2회선을 유효하게 작동시키고 10분간 경보를 발할 수 있는 용량이어야 한다.

(4) 절연저항시험

   ① 경보기의 절연된 충전부와 외함 간의 절연저항은 DC 500V의 절연저항계로 측정한 값이 5MΩ(교류입력측과 외함 간에는 20MΩ) 이상이어야 한다. 다만, 회선수가 10 이상인 것 또는 접속되는 중계기가 10 이상인 것은 교류입력측과 외함 간을 제외하고는 1회선당 50MΩ 이상이어야 한다.

   ② 절연된 선로 간의 절연저항은 DC 500V의 절연저항계로 측정한 값이 20MΩ 이상이어야 한다.

연습문제 : 가스누설경보기

01 가스누설경보기에 대한 다음 각 물음에 답하시오. (10점)

(1) 수신개시로부터 가스누설표시까지의 소요시간은 몇 초 이내이며, 지구등은 등이 켜질 때 어떤 색으로 표시되어야 하는가?
  ① 소요시간 :
  ② 가스누설표시등 색깔 :

(2) 예비전원으로 사용하는 축전지의 종류 3가지를 쓰시오.

(3) 예비전원 용량 기준에 대해 쓰시오.
  ① 1회선용 :
  ② 2회선용 이상 :

(4) 가스누설경보기의 충전부와 외함 간, 절연된 선로 간의 절연저항은 직류 500V의 절연저항계로 측정한 값[MΩ]이 얼마 이상이어야 하는지 쓰시오.
  ① 충전부와 외함 간 :
  ② 절연된 선로 간 :

답안
(1) ① 소요시간 : 60초 이내
　　② 가스누설표시등 색깔 : 황색
(2) 알칼리계 2차 축전지, 리튬계 2차 축전지 또는 무보수밀폐형연축전지
(3) ① 1회선용 : 감시상태를 20분간 계속한 후 유효하게 작동되어 10분간 경보를 발할 수 있는 용량
　　② 2회선용 이상 : 연결된 모든 회로에 대하여 감시상태를 10분간 계속한 후 2회선을 유효하게 작동시키고 10분간 경보를 발할 수 있는 용량
(4) ① 충전부와 외함 간 : 5[MΩ] 이상
　　② 절연된 선로 간 : 20[MΩ] 이상

CHAPTER 06 누전경보기

사용전압 600V 이하인 경계전로의 누설전류를 검출하여 당해 소방 대상물의 관계자에게 경보를 발하는 설비로서 변류기와 수신부로 구성된 것이다.

계약전류용량(같은 건축물에 계약 종류가 다른 전기가 공급되는 경우에는 그 중 최대계약전류용량을 말한다)이 **100암페어를 초과**하는 특정소방대상물(내화구조가 아닌 건축물로서 벽·바닥 또는 반자의 전부나 일부를 불연재료 또는 준불연재료가 아닌 재료에 철망을 넣어 만든 것만 해당한다)에 설치하여야 한다. 다만, 위험물 저장 및 처리 시설 중 가스시설, 지하가 중 터널 또는 지하구의 경우에는 그러하지 아니하다.

1 정의

(1) **누전경보기**란 내화구조가 아닌 건축물로서 벽, 바닥 또는 천장의 전부나 일부를 불연재료 또는 준불연재료가 아닌 재료에 철망을 넣어 만든 건물의 전기설비로부터 누설전류를 탐지하여 경보를 발하는 기기로서, 변류기와 수신부로 구성된 것을 말한다.
(2) **수신부**란 변류기로부터 검출된 신호를 수신하여 누전의 발생을 해당 특정소방대상물의 관계인에게 경보하여 주는 것(차단기구를 갖는 것을 포함한다)을 말한다.
(3) **변류기**란 경계전로의 누설전류를 자동적으로 검출하여 이를 누전경보기의 수신부에 송신하는 것을 말한다.
(4) **경계전로**란 누전경보기가 누설전류를 검출하는 대상 전선로를 말한다.

2 작동원리

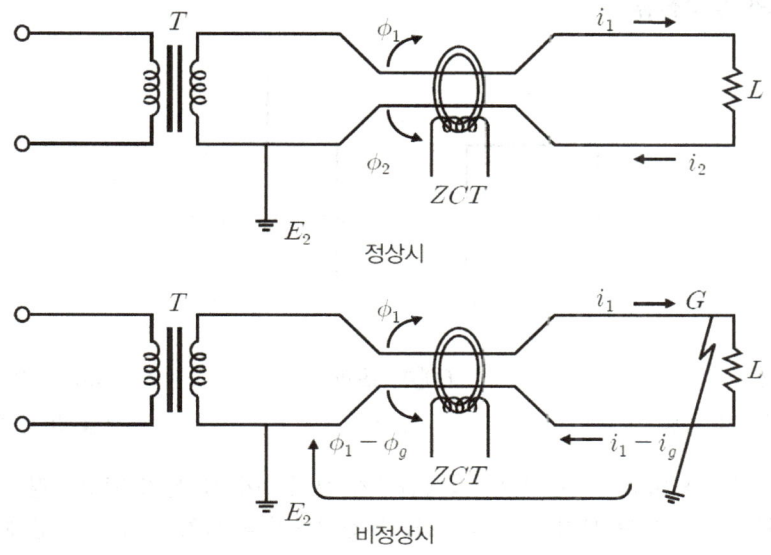

2 수신기 내부 구조 블록도

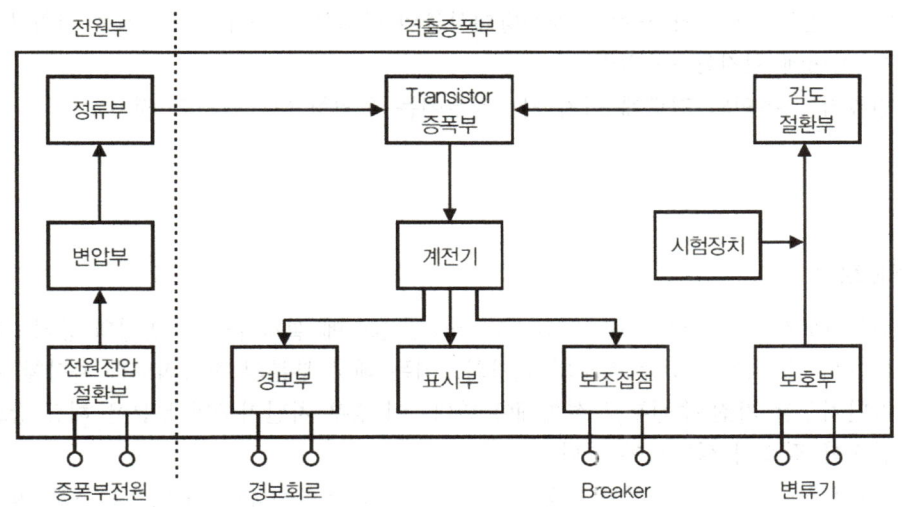

3 설치방법

(1) 경계전로의 정격전류

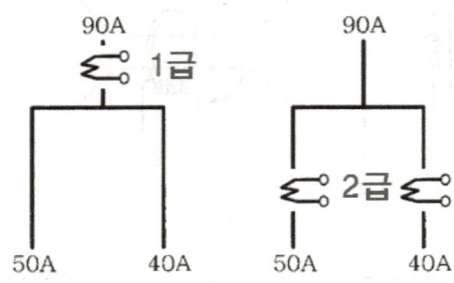

정격전류	60[A] 초과	60[A] 이하
경보기 종류	1급	1급 또는 2급

다만, 정격전류가 60A를 초과하는 경계전로가 분기되어 각 분기회로의 정격전류가 60A 이하로 되는 경우 당해 분기회로마다 2급 누전경보기를 설치한 때에는 당해 경계전로에 1급 누전경보기를 설치한 것으로 본다.

(2) 변류기

① **옥외 인입선의 제1지점의 부하측** 또는 **제2종 접지선측**의 점검이 쉬운 위치에 설치
② 다만, 인입선의 형태 또는 특정소방대상물의 구조상 부득이한 경우에는 인입구에 근접한 옥내에 설치할 수 있다.
③ 변류기를 옥외의 전로에 설치하는 경우에는 옥외형으로 설치할 것

4 수신부

(1) 설치장소

① 누전경보기의 **수신부는 옥내의 점검에 편리한 장소**에 설치하되, 가연성의 증기·먼지 등이 체류할 우려가 있는 장소의 전기회로에는 해당 부분의 전기회로를 차단할 수 있는 차단기구를 가진 수신부를 설치해야 한다. 이 경우 차단기구의 부분은 해당 장소 외의 안전한 장소에 설치해야 한다.
② **음향장치는 수위실 등 상시 사람이 근무하는 장소에 설치**해야 하며, 그 음량 및 음색은 다른 기기의 소음 등과 명확히 구별할 수 있는 것으로 해야 한다.

(2) **설치제외장소**(다만, 해당 누전경보기에 대하여 방폭·방식·방습·방온·방진 및 정전기 차폐 등의 방호조치를 한 것 제외)

① 가연성의 증기·먼지·가스 등이나 부식성의 증기·가스 등이 다량으로 체류하는 장소
② 화약류를 제조하거나 저장 또는 취급하는 장소
③ **습도가 높은** 장소
④ **온도의 변화가 급격한** 장소
⑤ 대전류회로·고주파 발생회로 등에 따른 영향을 받을 우려가 있는 장소

5 전원

(1) 전원은 분전반으로부터 전용회로로 하고, 각 극에 **개폐기** 및 **15A 이하의 과전류차단기**(**배선용 차단기**에 있어서는 **20A 이하**의 것으로 각 극을 개폐할 수 있는 것)를 설치할 것
(2) 전원을 분기할 때에는 다른 차단기에 따라 전원이 차단되지 않도록 할 것
(3) 전원의 개폐기에는 누전경보기용이라고 표시한 표지를 할 것

6 형식승인 및 제품검사의 기술기준

(1) 공칭작동전류치

① 누전경보기의 공칭작동전류치: **200 mA 이하**
② 제1항의 규정은 감도조정장치를 가지고 있는 누전경보기에 있어서도 그 조정범위의 최소치에 대하여 이를 적용한다.

(2) 감도조정장치

① 감도조정장치를 갖는 누전경보기에 있어서 감도조정장치의 조정범위는 **최대치가 1A**이어야 한다.

(3) 절연저항시험

① 변류기는 DC 500V의 절연저항계로 다음에 의한 시험을 하는 경우 **5MΩ 이상**이어야 한다.
  • 절연된 1차권선과 2차권선간의 절연저항
  • 절연된 1차권선과 외부금속부간의 절연저항
  • 절연된 2차권선과 외부금속부간의 절연저항
② 수신부는 절연된 충전부와 외함간 및 차단기구의 개폐부(열린 상태에서는 같은 극의 전원단자와 부하측단자와의 사이, 닫힌 상태에서는 충전부와 손잡이 사이)의 절연저항을 DC 500V의 절연저항계로 측정하는 경우 **5MΩ 이상**이어야 한다.

연습문제 : 누전경보기

01 누전경보기의 구성요소 4가지 및 각각의 기능에 대해 답하시오. (4점)

구성요소	기능

답안

구성요소	기능
영상변류기	누설전류 검출
수신부	누설전류 신호 수신
음향장치	누전 시 경보발령
차단기구(차단릴레이 포함)	누설전류 발생 시 전원차단

02 다음은 누전경보기에서 사용되는 용어에 대한 정의이다. (　) 안에 알맞은 용어를 쓰시오. (5점)

(1) (①)란, 내화구조가 아닌 건축물로서 벽, 바닥 또는 천장의 전부나 일부를 불연재료 또는 준불연재료가 아닌 재료에 철망을 넣어 만든 건물의 전기설비로부터 누설전류를 탐지하여 경보를 발하며 변류기와 수신부로 구성된 것을 말한다.

(2) (②)란, 변류기로부터 검출된 신호를 수신하여 누전의 발생을 해당 특정소방대상물의 관계인에게 경보하여 주는 것(차단기구를 갖는 것을 포함한다)을 말한다.

(3) (③)란, 경계전로의 누설전류를 자동적으로 검출하여 이를 누전경보기의 수신부에 송신하는 것을 말한다.

답안

① 누전경보기　② 수신부　③ 변류기

03 누전경보기에 관한 다음 각 물음에 답하시오. (6점)

(1) 누전경보기는 경계전로의 정격전류값에 따라 1급과 2급으로 구분된다. 경계전로의 기준값이 되는 전류값(A)을 쓰시오.
(2) 전원은 분전반으로부터 전용으로 하고 각 극에 개폐기 및 20A 이하의 무엇을 설치하는가?
(3) 영상변류기의 기능은 무엇인가?

답안
(1) 60A   (2) 배선용 차단기   (3) 누설전류 검출

해설
(1) 경계전로의 정격전류

정격전류	60[A] 초과	60[A] 이하
경보기 종류	1급	1급 또는 2급

다만, 정격전류가 60A를 초과하는 경계전로가 분기되어 각 분기회로의 정격전류가 60A 이하로 되는 경우 당해 분기회로마다 2급 누전경보기를 설치한 때에는 당해 경계전로에 1급 누전경보기를 설치한 것으로 본다.

(2) 전원
① 전원은 분전반으로부터 전용회로로 하고, 각 극에 개폐기 및 15A 이하의 과전류차단기(배선용 차단기에 있어서는 20A 이하의 것으로 각 극을 개폐할 수 있는 것)를 설치 할 것
② 전원을 분기할 때에는 다른 차단기에 따라 전원이 차단되지 않도록 할 것
③ 전원의 개폐기에는 누전경보기용이라고 표시한 표지를 할 것

04 다음 그림은 3상 교류회로에 설치된 누전경보기의 결선도이다. 정상상태와 누전 발생시 a점, b점 및 c점에서 키르히호프의 제1법칙을 적용하여 선전류 I_1, I_2, I_3 및 선전류의 벡터합 계산과 관련된 각 물음에 답하시오. (8점)

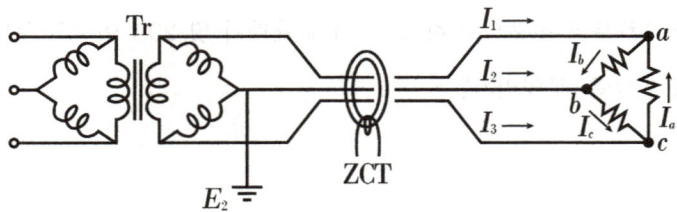

(1) 정상상태시 선전류
    a점 : I_1=(   ), b점 : I_2=(   ), c점 : I_3=(   )

(2) 정상상태시 선전류의 벡터합
    $I_1 + I_2 + I_3$=(   )

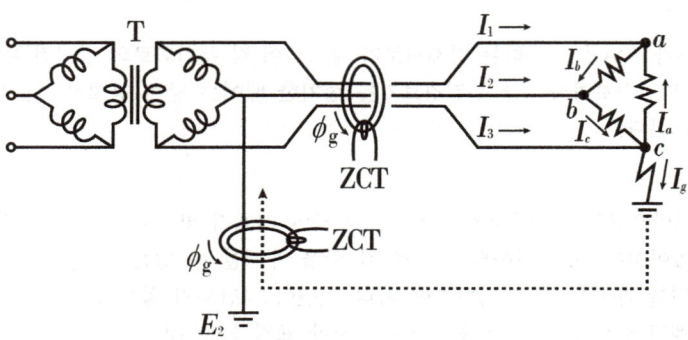

(3) 누전시 선전류
    a점 : I_1=(   ), b점 : I_2=(   ), c점 : I_3=(   )

(4) 누전시 선전류의 벡터합
    $I_1 + I_2 + I_3$=(   )

답안
(1) a점 : $I_1 = (I_b - I_a)$, b점 : $I_2 = (I_c - I_b)$, c점 : $I_3 = (I_a - I_c)$
(2) 0
(3) a점 : $I_1 = (I_b - I_a)$, b점 : $I_2 = (I_c - I_b)$, c점 : $I_3 = (I_a - I_c + I_g)$
(4) I_g

해설

- 정상상태

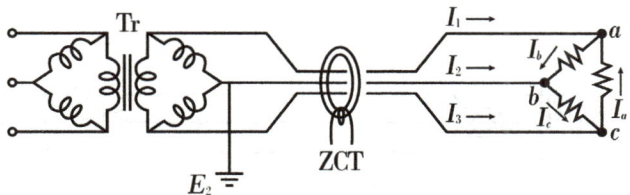

a점 : $I_1 = I_b - I_a (I_1 + I_a - I_b = 0)$
b점 : $I_2 = I_c - I_b (I_2 + I_b - I_c = 0)$
c점 : $I_3 = I_a - I_c (I_3 + I_c - I_a = 0)$
벡터합 : $I_1 + I_2 + I_3 = 0$

- 누전상태

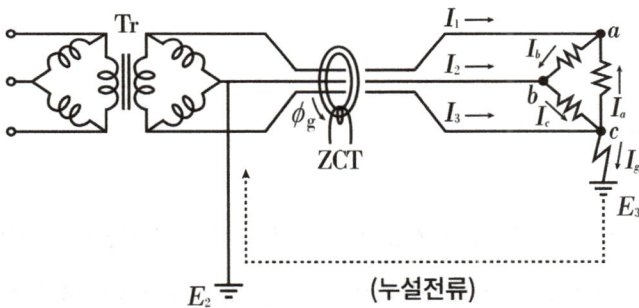

a점 : $I_1 = I_b - I_a (I_1 + I_a - I_b = 0)$
b점 : $I_2 = I_c - I_b (I_2 + I_b - I_c = 0)$
c점 : $I_3 = I_a - I_c + I_g (I_3 + I_c - I_a - I_g = 0)$
벡터합 : $I_1 + I_2 + I_3 = I_g$

05 도면은 누전경보기의 설치 회로도이다. 이 회로를 보고 다음 각 물음에 답하시오.(단, 도면의 잘못된 부분은 모두 정상회로로 수정한 것으로 가정하고 물음에 답하시오.)

(10점)

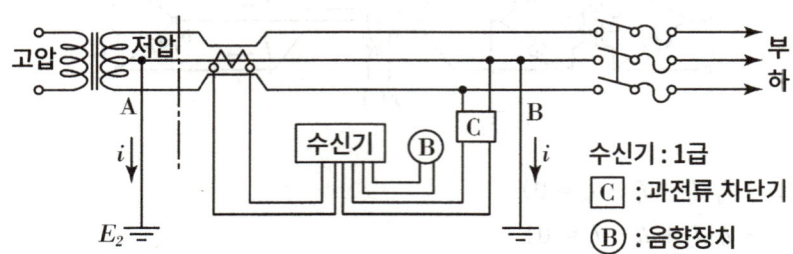

(1) 회로에서 잘못된 부분으로 중요한 것 3가지를 지적하여 올바른 방법으로 설명하시오.
   ① 잘못된 부분 :
      바른 방법 :
   ② 잘못된 부분 :
      바른 방법 :
   ③ 잘못된 부분 :
      바른 방법 :
(2) A의 접지선에 접지하여야 할 접지공사는 어떤 종류의 접지공사를 하여야 하는가?
(3) 회로에서 C에 사용되는 과전류차단기의 용량은 몇 [A] 이하이어야 하는가?
(4) 회로의 음향장치는 정격전압의 최소 몇 [%] 전압에서 음향을 발할 수 있어야 하는가?
(5) 회로에서 변류기의 절연저항을 측정하였을 경우 절연저항값은 몇 [MΩ] 이상이어야 하는가?(단, 1차 코일 또는 2차 코일과 외부 금속부와의 사이로 차단기의 개폐부에 DC 500[V]의 절연저항계를 사용한다고 한다.)
(6) 누전경보기의 공칭작동 전류치는 몇 [mA] 이하이어야 하는가?

답안

(1) ① 잘못된 부분 : 영상변류기의 부하측(B측)에 제2종 접지선이 설치
       바른 방법 : 영상변류기의 부하측(B측)에 설치된 제2종 접지선을 제거
   ② 잘못된 부분 : 변압기 2차측의 전로 중 1선만 영상변류기에 관통
       바른 방법 : 변압기 2차측의 전로 중 3선 모두 영상변류기에 관통
   ③ 잘못된 부분 : 개폐기 2차측 중성선에 퓨즈 설치
       바른 방법 : 개폐기 2차측 중성선에 동선으로 직결

(2) 제2종 접지공사
(3) 15[A] 이하
(4) 80[%]
(5) 5[MΩ] 이상
(6) 200[mA] 이하

해설

(1) 정상적인 회로

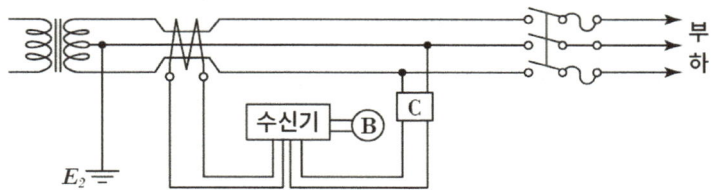

PART 02

피난구조설비

제1장   유도등 및 유도표지

제2장   비상조명등 및 휴대용비상조명등

유도등 및 유도표지

"유도등"이란 화재 시에 피난을 유도하기 위한 등으로서 정상상태에서는 상용전원에 따라 켜지고 상용전원이 정전되는 경우에는 비상전원으로 자동전환되어 켜지는 등을 말한다.

1 정의

① **피난구유도등**이란 피난구 또는 피난경로로 사용되는 출입구를 표시하여 피난을 유도하는 등을 말한다.
② **통로유도등**이란 피난통로를 안내하기 위한 유도등으로 **복도통로유도등, 거실통로유도등, 계단통로유도등**을 말한다.
③ **복도통로유도등**이란 피난통로가 되는 복도에 설치하는 통로유도등으로서 피난구의 방향을 명시하는 것을 말한다.
④ **거실통로유도등**이란 거주, 집무, 작업, 집회, 오락 그 밖에 이와 유사한 목적을 위하여 계속적으로 사용하는 거실, 주차장 등 개방된 통로에 설치하는 유도등으로 피난의 방향을 명시하는 것을 말한다.
⑤ **계단통로유도등**이란 피난통로가 되는 계단이나 경사로에 설치하는 통로유도등으로 바닥면 및 디딤 바닥면을 비추는 것을 말한다.
⑥ **객석유도등**이란 객석의 통로, 바닥 또는 벽에 설치하는 유도등을 말한다.
⑦ **피난구유도표지**란 피난구 또는 피난경로로 사용되는 출입구를 표시하여 피난을 유도하는 표지를 말한다.
⑧ **통로유도표지**란 피난통로가 되는 복도, 계단등에 설치하는 것으로서 피난구의 방향을 표시하는 유도표지를 말한다.
⑨ **피난유도선**이란 햇빛이나 전등불에 따라 축광(이하 "축광방식"이라 한다)하거나 전류에 따라 빛을 발하는(이하 "광원점등방식"이라 한다) 유도체로서 어두운 상태에서 피난을 유도할 수 있도록 띠 형태로 설치되는 피난유도시설을 말한다.
⑩ **입체형**이란 유도등 표시면을 2면 이상으로 하고 각 면마다 피난유도표시가 있는 것을 말한다.
⑪ **3선식 배선**이란 평상시에는 유도등을 소등 상태로 유도등의 비상전원을 충전하고, 화재 등 비상시 점등 신호를 받아 유도등을 자동으로 점등되도록 하는 방식의 배선을 말한다.

2 피난구유도등

(1) 설치장소
① 옥내로부터 직접 지상으로 통하는 **출입구** 및 그 부속실의 **출입구**
② 직통계단·직통계단의 계단실 및 그 부속실의 **출입구**
③ ①와 ②에 따른 출입구에 이르는 복도 또는 통로로 통하는 **출입구**
④ 안전구획된 거실로 통하는 **출입구**

(2) 설치기준
① 유도등의 표시면 색상: **녹색바탕, 백색문자**
② 피난구유도등은 피난구의 바닥으로부터 높이 **1.5m 이상**으로서 출입구에 인접하도록 설치해야 한다.
③ 피난층으로 향하는 피난구의 위치를 안내할 수 있도록 출입구 인근 천장에 기준에 따라 설치된 피난구유도등의 면과 수직이 되도록 피난구유도등을 추가로 설치해야 한다. 다만, 설치된 피난구유도등이 입체형인 경우에는 그러하지 아니하다.

(3) 형식승인 및 제품검사의 기술기준(식별도시험)
① **상용전원**: 주위조도 $10\ell x$에서 $30\ell x$로 직선거리 30m의 위치에서 보통시력으로 피난유도표시에 대한 식별이 가능할 것
② **비상전원**: 주위조도 $0\ell x$에서 $1\ell x$로 직선거리 20m의 위치에서 보통시력으로 피난유도표시에 대한 식별이 가능할 것

3 통로유도등

(1) 복도통로유도등 설치기준
① **복도에 설치**하되 피난구유도등이 설치된 출입구의 맞은편 복도에는 입체형으로 설치하거나, 바닥에 설치할 것
② 구부러진 모퉁이 및 ①에 따라 설치된 통로유도등을 기점으로 **보행거리 20m 마다 설치**할 것
③ 바닥으로부터 높이 **1m 이하**의 위치에 설치할 것. 다만, 지하층 또는 무창층의 용도가 도매시장·소매시장·여객자동차터미널·지하역사 또는 지하상가인 경우에는 복도·통로 중앙부분의 바닥에 설치해야 한다.
④ 바닥에 설치하는 통로유도등은 하중에 따라 파괴되지 않는 강도의 것으로 할 것

(2) 거실통로유도등 설치기준

① **거실의 통로에 설치**할 것. 다만, 거실의 통로가 벽체 등으로 구획된 경우에는 복도통로유도등을 설치할 것
② 구부러진 모퉁이 및 **보행거리 20m 마다** 설치할 것
③ 바닥으로부터 높이 **1.5m 이상**의 위치에 설치할 것. 다만, 거실통로에 기둥이 설치된 경우에는 기둥부분의 바닥으로부터 높이 1.5m 이하의 위치에 설치할 수 있다.

(3) 계단통로유도등 설치기준

① 각층의 경사로 참 또는 **계단참마다**(1개층에 경사로 참 또는 계단참이 2 이상 있는 경우에는 2개의 계단참마다)설치할 것
② 바닥으로부터 높이 **1m 이하**의 위치에 설치할 것

(4) 공통 설치기준

① 유도등의 표시면 색상: **백색바탕, 녹색문자**
② 통행에 지장이 없도록 설치할 것
③ 주위에 이와 유사한 등화광고물·게시물 등을 설치하지 않을 것

(5) 거실통로유도등 형식승인 및 제품검사의 기술기준(식별도시험)

① **상용전원**: 주위조도 10㏓에서 30㏓로 직선거리 30m의 위치에서 보통시력으로 피난유도표시에 대한 식별이 가능할 것
② **비상전원**: 주위조도 0㏓에서 1㏓로 직선거리 20m의 위치에서 보통시력으로 피난유도표시에 대한 식별이 가능할 것

(6) 복도통로유도등 형식승인 및 제품검사의 기술기준(식별도시험)

① **상용전원**: 직선거리 20m의 위치에서 보통시력에 의하여 표시면의 화살표가 쉽게 식별 가능
② **비상전원**: 직선거리 15m의 위치에서 보통시력에 의하여 표시면의 화살표가 쉽게 식별 가능

4 객석유도등

① 객석유도등은 객석의 **통로**, **바닥** 또는 **벽**에 설치해야 한다.
② 객석 내의 통로가 경사로 또는 수평로로 되어 있는 부분은 **다음의 식에 따라 산출한 수**(소수점 이하의 수는 1로 본다)**의 유도등을 설치**해야 한다.

$$설치개수 = \frac{객석의\ 통로의\ 직선부분의\ 길이(m)}{4} - 1$$

③ 객석 내의 통로가 옥외 또는 이와 유사한 부분에 있는 경우에는 해당 통로 전체에 미칠 수 있는 수의 유도등을 설치해야 한다.

5 유도표지

(1) 설치기준

① 계단에 설치하는 것을 제외하고는 각 층마다 복도 및 통로의 각 부분으로부터 하나의 유도표지까지의 **보행거리가 15m 이하**가 되는 곳과 구부러진 모퉁이의 벽에 설치할 것
② 피난구유도표지는 출입구 상단에 설치하고, 통로유도표지는 **바닥으로부터 높이 1m 이하의 위치에 설치**할 것
③ 주위에는 이와 유사한 등화·광고물·게시물 등을 설치하지 않을 것
④ 유도표지는 부착판 등을 사용하여 쉽게 떨어지지 않도록 설치할 것
⑤ 축광방식의 유도표지는 외광 또는 조명장치에 의하여 상시 조명이 제공되거나 비상조명등에 의한 조명이 제공되도록 설치할 것

(2) 성능인증 및 제품검사의 기술기준(식별도 시험)

① **식별도시험**: 200㏓밝기의 광원으로 20분간 조사시킨 상태에서 다시 주위조도를 0㏓로 하여 60분간 발광시킨 후 직선거리 20m(축광위치표지의 경우 10m)떨어진 위치에서 유도표지 또는 위치표지가 있다는 것이 식별되어야 하고, 유도표지는 직선거리 3m의 거리에서 표시면의 표시중 주체가 되는 문자 또는 주체가 되는 화살표등이 쉽게 식별되어야 한다.
② **휘도시험**: 0㏓ 상태에서 1시간 이상 방치한 후 200㏓ 밝기의 광원으로 20분간 조사시킨 상태에서 다시 주위조도를 0㏓로 하여 60분간 발광시킨 후의 휘도는 1㎡당 7m㏅ 이상이어야 한다.

6 피난유도선

(1) 축광방식의 피난유도선 설치기준

① **구획된 각 실로부터 주출입구 또는 비상구까지 설치**할 것
② 바닥으로부터 높이 **50㎝ 이하**의 위치 또는 바닥 면에 설치할 것
③ 피난유도 표시부는 **50㎝ 이내**의 간격으로 연속되도록 설치
④ 부착대에 의하여 견고하게 설치할 것
⑤ 외부의 빛 또는 조명장치에 의하여 상시 조명이 제공되거나 비상조명등에 의한 조명이 제공되도록 설치 할 것

(2) 광원점등방식의 피난유도선 설치기준

① **구획된 각 실로부터 주출입구 또는 비상구까지 설치**할 것
② 피난유도 표시부는 바닥으로부터 높이 **1m 이하**의 위치 또는 바닥 면에 설치할 것
③ 피난유도 표시부는 **50㎝ 이내**의 간격으로 연속되도록 설치하되 실내장식물 등으로 설치가 곤란할 경우 1m 이내로 설치할 것
④ 수신기로부터의 화재신호 및 수동조작에 의하여 광원이 점등되도록 설치할 것
⑤ 비상전원이 상시 충전상태를 유지하도록 설치할 것
⑥ 바닥에 설치되는 피난유도 표시부는 매립하는 방식을 사용할 것
⑦ 피난유도 제어부는 조작 및 관리가 용이하도록 바닥으로부터 **0.8m 이상 1.5m 이하**의 높이에 설치할 것

7 유도등의 전원

(1) 상용전원

① 유도등의 전원은 **축전지, 전기저장장치**(외부 전기에너지를 저장해 두었다가 필요한 때 전기를 공급하는 장치) 또는 **교류전압의 옥내간선**으로 하고, 전원까지의 배선은 전용으로 하여야 한다.

(2) 비상전원

① **축전지**로 할 것
② 유도등을 **20분 이상** 유효하게 작동시킬 수 있는 용량으로 할 것. 다만, 다음 각 목의 특정소방대상물의 경우에는 그 부분에서 피난층에 이르는 부분의 유도등을 **60분 이상** 유효하게 작동시킬 수 있는 용량으로 하여야 한다.
 • 지하층을 제외한 층수가 11층 이상의 층
 • 지하층 또는 무창층으로서 용도가 도매시장·소매시장·여객자동차터미널·지하역사 또는 지하상가

8 유도등의 배선

① 유도등의 인입선과 옥내배선은 직접 연결할 것
② 유도등은 전기회로에 점멸기를 설치하지 아니하고 **항상 점등상태를 유지**할 것. 다만, 특정소방대상물 또는 그 부분에 사람이 없거나 다음 각 목의 어느 하나에 해당하는 장소로서 **3선식 배선**에 따라 상시 충전되는 구조인 경우에는 그러하지 아니하다.
 • 외부광에 따라 피난구 또는 피난방향을 쉽게 식별할 수 있는 장소
 • 공연장, 암실 등으로서 어두워야 할 필요가 있는 장소
 • 특정소방대상물의 관계인 또는 종사원이 주로 사용하는 장소

③ 3선식 배선은 내화배선 또는 내열배선으로 사용할 것
④ 3선식 배선으로 상시 충전되는 유도등의 전기회로에 점멸기를 설치하는 경우에는 다음 각 호의 어느 하나에 해당되는 경우에 점등되도록 하여야 한다.
- 자동화재탐지설비의 감지기 또는 발신기가 작동되는 때
- 비상경보설비의 발신기가 작동되는 때
- 상용전원이 정전되거나 전원선이 단선되는 때
- 방재업무를 통제하는 곳 또는 전기실의 배전반에서 수동으로 점등하는 때
- 자동소화설비가 작동되는 때

9 유도등 및 유도표지의 제외

(1) 피난구유도등 제외

① 바닥면적이 1,000㎡ 미만인 층으로서 옥내로부터 직접 지상으로 통하는 출입구(외부의 식별이 용이한 경우에 한한다)
② 대각선 길이가 15m 이내인 구획된 실의 출입구
③ 거실 각 부분으로부터 하나의 출입구에 이르는 보행거리가 20m 이하이고 비상조명등과 유도표지가 설치된 거실의 출입구
④ 출입구가 3 이상 있는 거실로서 그 거실 각 부분으로부터 하나의 출입구에 이르는 보행거리가 30m 이하인 경우에는 주된 출입구 2개소 외의 출입구(유도표지가 부착된 출입구를 말한다). 다만, 공연장·집회장·관람장·전시장·판매시설·운수시설·숙박시설·노유자시설·의료시설·장례식장의 경우에는 그러하지 아니하다.

(2) 통로유도등 제외

① 구부러지지 아니한 복도 또는 통로로서 길이가 30m 미만인 복도 또는 통로
② ①에 해당하지 않는 복도 또는 통로로서 보행거리가 20m 미만이고 그 복도 또는 통로와 연결된 출입구 또는 그 부속실의 출입구에 피난구유도등이 설치된 복도 또는 통로

(3) 객석유도등 제외

① 주간에만 사용하는 장소로서 채광이 충분한 객석
② 거실 등의 각 부분으로부터 하나의 거실출입구에 이르는 보행거리가 20m 이하인 객석의 통로로서 그 통로에 통로유도등이 설치된 객석

(4) 유도표지 제외

① 유도등이 적합하게 설치된 출입구·복도·계단 및 통로

연습문제 : 유도등 및 유도표지

01 다음은 통로유도등에 대한 내용이다. 각 물음에 답하시오. (6점)

(1) 빈칸의 번호에 알맞은 답을 쓰시오.

구분	복도통로유도등	거실통로유도등	계단통로유도등
설치장소	복도	①	계단
설치방법	구부러진 모퉁이 및 보행거리 20[m]마다	②	각 층의 경사로 참 또는 계단참마다
설치높이	③	바닥에서부터 1.5[m] 이상	바닥으로부터 높이 1[m] 이하에 설치

(2) 벽면에 설치하는 통로유도등과 바닥에 설치하는 통로유도등의 조도와 조도측정방법에 대하여 쓰시오.
   ① 벽면 설치:
   ② 바닥 설치:

(3) 통로유도등의 표시면의 바탕색은 무엇인지 쓰시오.

답안

(1) ① 거실의 통로
   ② 구부러진 모퉁이 및 보행거리 20[m]마다
   ③ 바닥으로부터 높이 1[m] 이하
(2) ① 벽면 설치 : 유도등의 중앙으로부터 0.5m 떨어진 위치의 바닥면 조도와 유도등의 전면 중앙으로부터 0.5m 떨어진 위치의 조도가 $1lx$ 이상
   ② 바닥 설치 : 유도등의 바로 윗부분 1m의 높이에서 법선조도가 $1lx$ 이상
(3) 백색

해설

• 조도시험
① 계단통로유도등은 바닥면 또는 디딤바닥 면으로부터 높이 2.5 m의 위치에 그 유도등을 설치하고 그 유도등의 바로 밑으로부터 수평거리로 10 m 떨어진 위치에서의 법선조도가 0.5 lx 이상이어야 한다.
② 복도통로유도등은 바닥면으로부터 1 m 높이에, 거실통로유도등은 바닥면으로부터 2 m 높이에 설치하고 그 유도등의 중앙으로부터 0.5 m 떨어진 위치의 바닥면 조도와 유도등의 전면 중앙으로부터 0.5 m 떨어진 위치의 조도가 1 lx 이상이어야 한다. 다만, 바닥면에 설치하는 통로유도등은 그 유도등의 바로 윗부분 1 m의 높이에서 법선조도가 1 lx 이상이어야 한다.

③ 객석유도등은 바닥면 또는 디딤 바닥면에서 높이 0.5 m의 위치에 설치하고 그 유도등의 바로 밑에서 0.3 m 떨어진 위치에서의 수평조도가 0.2 ℓx 이상이어야 한다.

• 유도등의 표시면 색상

피난구유도등	통로유도등
녹색바탕에 백색문자	백색바탕에 녹색문자

02 다음은 통로유도등에 대한 설치기준이다. 각 물음에 답하시오. (6점)

(1) 복도통로유도등은 구부러진 모퉁이 및 보행거리 몇 m마다 설치하여야 하는가?

(2) 복도통로유도등은 바닥으로부터 높이 몇 m 이하의 위치에 설치하여야 하는가?(단, 복도, 통로 중앙부분의 바닥에 설치하는 것은 제외한다.)

(3) 거실통로유도등의 설치높이는 바닥으로부터 높이 몇 m 이상의 위치에 설치하여야 하는가?(단, 거실통로에 기둥이 없는 경우이다.)

답안

(1) 20m마다 (2) 1m 이하 (3) 1.5m 이상

해설

• 복도통로유도등 설치기준
① 복도에 설치하되 피난구유도등이 설치된 출입구의 맞은편 복도에는 입체형으로 설치하거나, 바닥에 설치할 것
② 구부러진 모퉁이 및 ①목에 따라 설치된 통로유도등을 기점으로 보행거리 20m 마다 설치할 것
③ 바닥으로부터 높이 1m 이하의 위치에 설치할 것. 다만, 지하층 또는 무창층의 용도가 도매시장·소매시장·여객자동차터미널·지하역사 또는 지하상가인 경우에는 복도·통로 중앙부분의 바닥에 설치해야 한다.
④ 바닥에 설치하는 통로유도등은 하중에 따라 파괴되지 않는 강도의 것으로 할 것

• 거실통로유도등의 설치기준
① 거실의 통로에 설치할 것. 다만, 거실의 통로가 벽체 등으로 구획된 경우에는 복도통로유도등을 설치할 것
② 구부러진 모퉁이 및 보행거리 20m 마다 설치할 것
③ 바닥으로부터 높이 1.5m 이상의 위치에 설치할 것. 다만, 거실통로에 기둥이 설치된 경우에는 기둥부분의 바닥으로부터 높이 1.5m 이하의 위치에 설치할 수 있다.

03 복도통로유도등의 설치기준을 4가지만 쓰시오. (4점)

답안
① 복도에 설치하되 피난구유도등이 설치된 출입구의 맞은편 복도에는 입체형으로 설치하거나, 바닥에 설치할 것
② 구부러진 모퉁이 및 ①목에 따라 설치된 통로유도등을 기점으로 보행거리 20m 마다 설치할 것
③ 바닥으로부터 높이 1m 이하의 위치에 설치할 것. 다만, 지하층 또는 무창층의 용도가 도매시장·소매시장·여객자동차터미널·지하역사 또는 지하상가인 경우에는 복도·통로 중앙부분의 바닥에 설치해야한다.
④ 바닥에 설치하는 통로유도등은 하중에 따라 파괴되지 아니하는 강도의 것으로 할 것

04 그림과 같은 사무실 용도로 사용되는 복도에 통로유도등을 설치하고자 한다. 다음 각 물음에 답하시오. (6점)

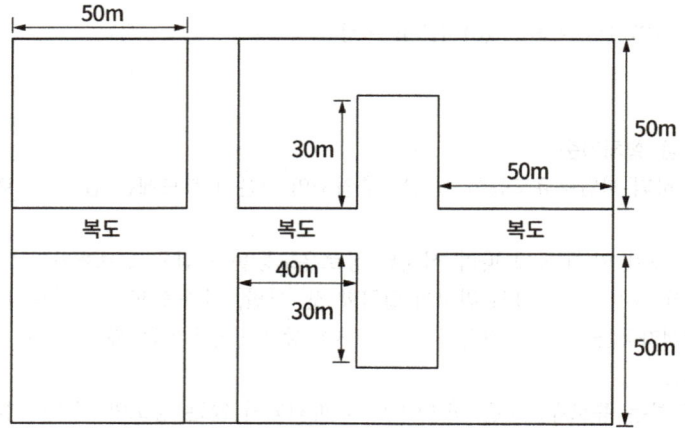

(1) 필요한 통로유도등의 총 소요개수를 쓰시오.
(2) 평면도에 통로유도등을 설치하여야 하는 곳에 작은 점(•)을 표시하시오.

답안

(1) 13개

(2)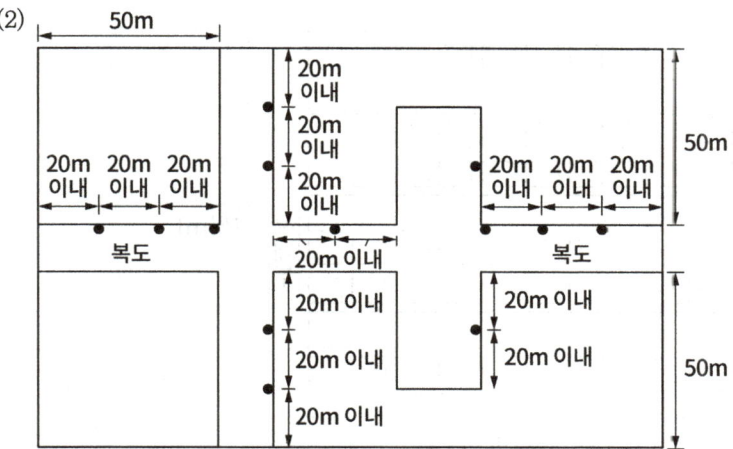

---

05 길이가 50m의 통로에 객석유도등을 설치하려고 한다. 이때 필요한 객석유도등의 개수는 몇 개인가? (3점)

답안

- 계산과정 : $N = \dfrac{50}{4} - 1 = 11.5$개 ∴ 12개
- 답 : 12개

해설

- 객석통로유도등의 설치개수

$$N = \dfrac{객석의 통로의 직선부분의 길이(m)}{4} - 1$$

06 다음 그림과 같은 강당의 중앙 및 좌우통로에 객석유도등을 설치하고자 한다. 다음 각 물음에 답하시오.

(6점)

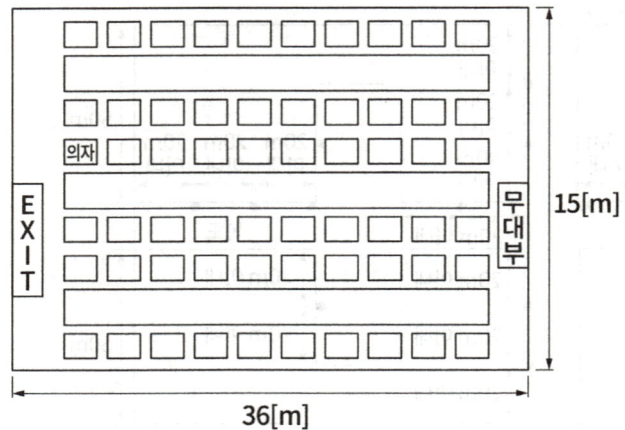

(1) 설치하여야 하는 객석유도등의 수량은 몇 개인가?
   - 계산과정
   - 답

(2) (1)에서 산출된 수량의 객석유도등을 도면상에 표시하시오.(단, 객석유도등의 도시기호는 ●을 사용한다.)

답안

(1) • 계산과정 : 통로 1개당 객석유도등 설치개수 $N = \dfrac{36}{4} - 1 = 8$개

통로가 3개이므로 $N_T = 8개 \times 3 = 24$개

• 답 : 24개

(2)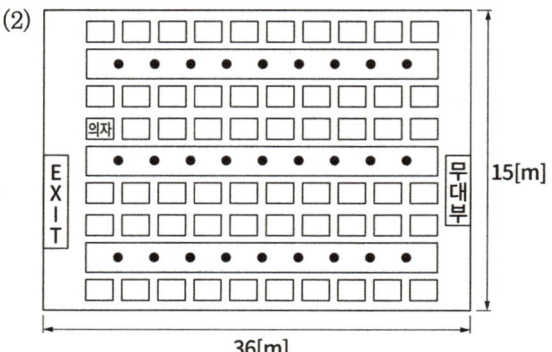

07 다음은 피난구 유도등을 설치하지 아니하여도 되는 경우이다. ( ) 안에 알맞은 답을 쓰시오. (6점)

(1) 바닥면적이 (①)m² 미만인 층으로서 옥내로부터 직접 지상으로 통하는 출입구(외부의 식별이 용이한 경우에 한한다)
(2) 거실 각 부분으로부터 쉽게 도달할 수 있는 출입구
(3) 거실 각 부분으로부터 하나의 출입구에 이르는 보행거리가 (②)m 이하이고 비상조명등과 유도표지가 설치된 거실의 출입구
(4) 출입구가 3개소 이상 있는 거실로서 그 거실 각 부분으로부터 하나의 출입구에 이르는 보행거리가 (③)m 이하인 경우에는 주된 출입구 2개소 외의 출입구(유도표지가 부착된 출입구를 말한다). 다만, 공연장·집회장·관람장·전시장·판매시설·운수시설·숙박시설·노유자시설·의료시설·장례식장의 경우에는 그렇지 않다.

답안
① 1,000 ② 20 ③ 30

08 통로유도등의 설치제외 장소의 경우를 2가지만 쓰시오. (5점)

답안
① 구부러지지 아니한 복도 또는 통로로서 길이가 30m 미만인 복도 또는 통로
② ①에 해당하지 않는 복도 또는 통로로서 보행거리가 20m 미만이고 그 복도 또는 통로와 연결된 출입구 또는 그 부속실의 출입구에 피난구 유도등이 설치된 복도 또는 통로

09 객석유도등을 설치하지 않아도 되는 경우를 2가지만 쓰시오. (6점)

답안
① 주간에만 사용하는 장소로서 채광이 충분한 객석
② 거실 등의 각 부분으로부터 하나의 거실출입구에 이르는 보행거리가 20m 이하인 객석의 통로로서 그 통로에 통로유도등이 설치된 객석

10 지하층으로서 용도가 지하상가인 경우 다음 각 물음에 답하시오. (4점)

(1) 유도등의 비상전원의 종류를 쓰시오.

(2) 비상전원의 용량은 유도등을 유효하게 몇 분 이상 작동시킬 수 있어야 하는가?

답안
(1) 축전지 (2) 60분 이상

해설
- **유도등의 전원**
(1) 상용전원
　① 유도등의 전원은 축전지, 전기저장장치(외부 전기에너지를 저장해 두었다가 필요한 때 전기를 공급하는 장치) 또는 교류전압의 옥내간선으로 하고, 전원까지의 배선은 전용으로 하여야 한다.
(2) 비상전원
　① 축전지로 할 것
　② 유도등을 20분 이상 유효하게 작동시킬 수 있는 용량으로 할 것. 다만, 다음 각 목의 특정소방대상물의 경우에는 그 부분에서 피난층에 이르는 부분의 유도등을 60분 이상 유효하게 작동시킬 수 있는 용량으로 해야 한다.
　　ㄱ. 지하층을 제외한 층수가 11층 이상의 층
　　ㄴ. 지하층 또는 무창층으로서 용도가 도매시장·소매시장·여객자동차터미널·지하역사 또는 지하상가

11 피난구 유도등의 2선식 배선방식과 3선식 배선방식의 미완성 결선도를 완성하고, 2선식 배선과 3선식 배선의 차이점을 2가지만 쓰시오. (6점)

(1) 미완성 결선도

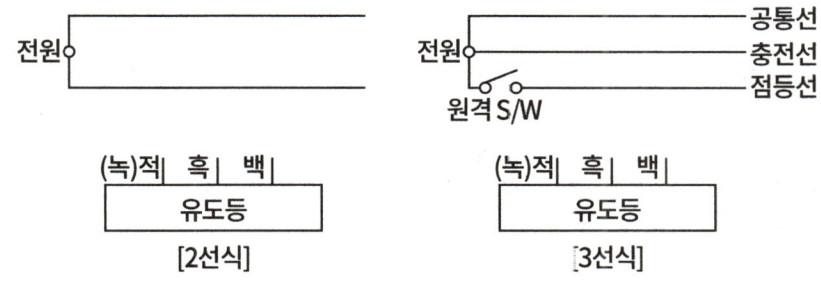

(2) 배선방식의 차이점

구분	2선식	3선식
점등상태		
충전상태		

답안

(1) 완성된 결선도

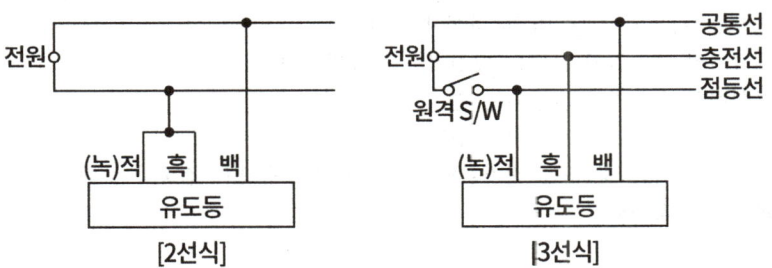

(2) 배선방식의 차이점

구분	2선식	3선식
점등상태	상시점등	평상시 소등, 화재시 점등상태
충전상태	예비전원 상시충전상태	예비전원 상시충전상태

12. 3선식 배선에 의하여 상시 충전되는 유도등의 전기회로에 점멸기를 설치하는 경우 어떤 때에 점등되도록 하여야 하는지 그 기준을 5가지 쓰시오. (5점)

답안
① 자동화재탐지설비의 감지기 또는 발신기가 작동되는 때
② 비상경보설비의 발신기가 작동되는 때
③ 상용전원이 정전되거나 전원선이 단선되었을 때
④ 방재업무를 통제하는 곳 또는 전기실의 배전반에서 수동으로 점등하는 때
⑤ 자동소화설비가 작동되는 때

해설
- 유도등의 배선
① 유도등의 인입선과 옥내배선은 직접 연결할 것
② 유도등은 전기회로에 점멸기를 설치하지 아니하고 항상 점등상태를 유지할 것. 다만, 특정소방대상물 또는 그 부분에 사람이 없거나 다음 각 목의 어느 하나에 해당하는 장소로서 3선식 배선에 따라 상시 충전되는 구조인 경우에는 그러하지 아니하다.
  - 외부광에 따라 피난구 또는 피난방향을 쉽게 식별할 수 있는 장소
  - 공연장, 암실 등으로서 어두워야 할 필요가 있는 장소
  - 특정소방대상물의 관계인 또는 종사원이 주로 사용하는 장소
③ 3선식 배선은 내화배선 또는 내열배선으로 사용할 것
④ 3선식 배선으로 상시 충전되는 유도등의 전기회로에 점멸기를 설치하는 경우에는 다음 각 호의 어느 하나에 해당되는 경우에 점등되도록 하여야 한다.
  - 자동화재탐지설비의 감지기 또는 발신기가 작동되는 때
  - 비상경보설비의 발신기가 작동되는 때
  - 상용전원이 정전되거나 전원선이 단선되는 때
  - 방재업무를 통제하는 곳 또는 전기실의 배전반에서 수동으로 점등하는 때
  - 자동소화설비가 작동되는 때

CHAPTER 02 비상조명등 및 휴대용비상조명등

1 정의

(1) **비상조명등**이란 화재발생 등에 따른 정전시에 안전하고 원활한 피난활동을 할 수 있도록 거실 및 피난통로 등에 설치되어 자동 점등되는 조명등을 말한다.

(2) **휴대용비상조명등**이란 화재발생 등으로 정전시 안전하고 원할 한 피난을 위하여 피난자가 휴대할 수 있는 조명등을 말한다.

2 비상조명등

(1) 설치기준

① 특정소방대상물의 각 거실과 그로부터 지상에 이르는 복도·계단 및 그 밖의 통로에 설치할 것
② 조도는 비상조명등이 설치된 장소의 각 부분의 바닥에서 **1lx 이상**이 되도록 할 것
③ 예비전원을 내장하는 비상조명등에는 평상시 점등여부를 확인할 수 있는 **점검스위치를 설치**하고 해당 조명등을 유효하게 작동시킬 수 있는 용량의 축전지와 예비전원 충전장치를 내장할 것
④ 예비전원을 내장하지 아니하는 비상조명등의 비상전원은 **자가발전설비**, **축전지설비** 또는 **전기저장장치**(외부 전기에너지를 저장해 두었다가 필요한 때 전기를 공급하는 장치)를 다음 각 목의 기준에 따라 설치해야 한다.
  • 점검에 편리하고 화재 및 침수 등의 재해로 인한 피해를 받을 우려가 없는 곳에 설치할 것
  • 상용전원으로부터 전력의 공급이 중단된 때에는 자동으로 비상전원으로부터 전력을 공급받을 수 있도록 할 것
  • 비상전원의 설치장소는 다른 장소와 방화구획 할 것. 이 경우 그 장소에는 비상전원의 공급에 필요한 기구나 설비외의 것(열병합발전설비에 필요한 기구나 설비는 제외한다)을 두어서는 아니 된다.
  • 비상전원을 실내에 설치하는 때에는 그 실내에 비상조명등을 설치할 것

(2) 비상전원 용량

① 예비전원과 비상전원은 비상조명등을 20분 이상 유효하게 작동시킬 수 있는 용량으로 할 것. 다만, 다음의 특정소방대상물의 경우에는 그 부분에서 피난층에 이르는 부분의 비상조명등을 60분 이상 유효하게 작동시킬 수 있는 용량으로 해야 한다
- 지하층을 제외한 층수가 11층 이상의 층
- 지하층 또는 무창층으로서 용도가 도매시장·소매시장·여객자동차터미널·지하역사 또는 지하상가

(3) 비상조명등 설치 면제기준

① 피난구유도등 또는 통로유도등을 화재안전기준에 적합하게 설치하는 경우에는 그 유도등의 유효범위에서 설치 면제가 된다. 유도등의 유효범위 안의 부분이란 유도등의 조도가 바닥에서 1㎕ 이상이 되는 부분을 말한다.

(4) 비상조명등 설치제외

① 거실의 각 부분으로부터 하나의 출입구에 이르는 보행거리가 15m 이내인 부분
② 의원·경기장·공동주택·의료시설·학교의 거실

2 휴대용비상조명등

(1) 설치장소

① **숙박시설 또는 다중이용업소**에는 **객실 또는 영업장안의 구획된** 실마다 잘 보이는 곳(외부에 설치시 출입문 손잡이로부터 1m 이내 부분)에 **1개 이상** 설치
② 대규모점포(지하상가 및 지하역사는 제외)와 영화상영관에는 **보행거리 50m 이내마다 3개 이상** 설치
③ 지하상가 및 지하역사에는 **보행거리 25m 이내마다 3개 이상** 설치

(2) 설치기준

① 설치높이는 바닥으로부터 **0.8m 이상 1.5m 이하**의 높이에 설치할 것
② 어둠속에서 위치를 확인할 수 있도록 할 것
③ 사용 시 **자동**으로 점등되는 구조일 것
④ 외함은 난연성능이 있을 것
⑤ 건전지를 사용하는 경우에는 방전방지조치를 해야 하고, 충전식 배터리의 경우에는 상시 충전되도록 할 것
⑥ 건전지 및 충전식 밧데리의 용량은 **20분 이상** 유효하게 사용할 수 있는 것으로 할 것

(3) 휴대용비상조명등 제외

① 지상 1층 또는 피난층으로서 복도·통로 또는 창문 등의 개구부를 통하여 피난이 용이한 경우
② 숙박시설로서 복도에 비상조명등을 설치한 경우

연습문제 : 비상조명등 및 휴대용비상조명등

01 화재안전기준 중 비상조명등의 설치기준을 3가지만 쓰시오. (6점)

답안
① 특정소방대상물과 각 거실과 그로부터 지상에 이르는 복도·계단 및 그 밖의 통로에 설치할 것
② 조도는 비상조명등이 설치된 장소의 각 부분의 바닥에서 $1lx$ 이상이 되도록 할 것
③ 예비전원을 내장하는 비상조명등에는 평상시 점등여부를 확인할 수 있는 점검스위치를 설치하고 해당 조명등을 유효하게 작동시킬 수 있는 용량의 축전지와 예비전원 충전장치를 내장할 것

해설
• 비상조명등의 설치기준
① 특정소방대상물의 각 거실과 그로부터 지상에 이르는 복도·계단 및 그 밖의 통로에 설치할 것
② 조도는 비상조명등이 설치된 장소의 각 부분의 바닥에서 $1lx$ 이상이 되도록 할 것
③ 예비전원을 내장하는 비상조명등에는 평상시 점등여부를 확인할 수 있는 점검스위치를 설치하고 해당 조명등을 유효하게 작동시킬 수 있는 용량의 축전지와 예비전원 충전장치를 내장할 것
④ 예비전원을 내장하지 아니하는 비상조명등의 비상전원은 자가발전설비, 축전지설비 또는 전기저장장치(외부 전기에너지를 저장해 두었다가 필요한 때 전기를 공급하는 장치)를 다음 각 목의 기준에 따라 설치하여야 한다.
  - 점검에 편리하고 화재 및 침수 등의 재해로 인한 피해를 받을 우려가 없는 곳에 설치할 것
  - 상용전원으로부터 전력의 공급이 중단된 때에는 자동으로 비상전원으로부터 전력을 공급받을 수 있도록 할 것
  - 비상전원의 설치장소는 다른 장소와 방화구획 할 것. 이 경우 그 장소에는 비상전원의 공급에 필요한 기구나 설비외의 것(열병합발전설비에 필요한 기구나 설비는 제외한다)을 두어서는 아니된다.
  - 비상전원을 실내에 설치하는 때에는 그 실내에 비상조명등을 설치할 것

02 다음은 비상조명등의 화재안전기준 중 설치기준이다. ( ) 안에 알맞은 답을 쓰시오.
(5점)

(1) 예비전원을 내장하는 비상조명등에는 평상시 점등여부를 확인할 수 있는 (①)를 설치하고 해당 조명등을 유효하게 작동시킬 수 있는 용량의 (②)와 (③)를 내장할 것

(2) 예비전원과 비상전원은 비상조명등을 (④) 이상 유효하게 작동시킬 수 있는 용량으로 할 것. 다만, 다음 각 목의 특정소방대상물의 경우에는 그 부분에서 피난층에 이르는 부분의 비상조명등을 (⑤) 이상 유효하게 작동시킬 수 있는 용량으로 해야 한다.
  가. 지하층을 제외한 층수가 11층 이상의 층
  나. 지하층 또는 무창층으로서 용도가 도매시장·소매시장·여객자동차터미널·지하역사 또는 지하상가

답안
① 점검스위치   ② 축전지   ③ 예비전원 충전장치   ④ 20분   ⑤ 60분

03 휴대용비상조명등을 설치하여야 하는 특정소방대상물이다. ( ) 안에 알맞은 답을 쓰시오.
(6점)

(1) (①)시설
(2) 수용인원 (②)명 이상의 영화상영관, 판매시설 중 (③), 철도 및 도시철도시설 중 지하역사, 지하가 중 (④)

답안
① 숙박   ② 100   ③ 대규모점포   ④ 지하상가

해설
• 휴대용 비상조명등을 설치하여야 하는 특정소방대상물

설치대상	조건
숙박시설	전부 해당
영화상영관, 판매시설 중 대규모점포, 철도 및 도시철도 시설중 지하역사, 지하가 중 지하상가	수용인원 100명 이상

쉽고 빠르게 합격하는 소방설비(산업)기사 전기분야 실기

PART
03

소화활동설비

제1장 비상콘센트설비
제2장 무선통신보조설비
제3장 소방시설용 비상전원수전설비

1 정의

(1) **비상전원**이란 상용전원으로부터 전력의 공급이 중단된 때에는 자동으로 공급되는 전원을 말한다.
(2) **비상콘센트설비**란 화재 시 소화활동 등에 필요한 전원을 전용회선으로 공급하는 설비를 말한다.
(3) **저압**이란 직류는 1.5 kV 이하, 교류는 1 kV 이하인 것을 말한다.
(4) **고압**이란 직류는 1.5 kV를, 교류는 1 kV를 초과하고, 7 kV 이하인 것을 말한다.
(5) **특고압**이란 7 kV를 초과하는 것을 말한다.

2 전원

(1) 상용전원회로의 배선

① **저압수전인 경우: 인입개폐기의 직후**

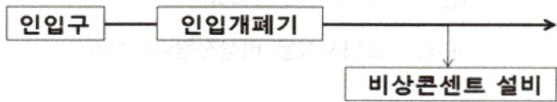

② **고압수전 또는 특고압수전인 경우: 전력용변압기 2차측의 주차단기 1차측** 또는 **2차측에서 분기**하여 전용배선으로 할 것

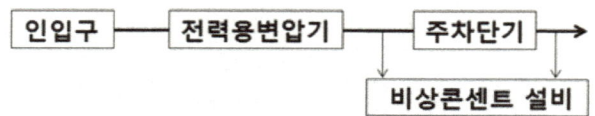

(2) 비상전원

① 설치대상
- 지하층을 제외한 층수가 **7층 이상**으로서 **연면적이 2,000㎡ 이상**
- **지하층**의 바닥면적의 합계가 **3,000㎡ 이상**

② 비상전원 종류: **자가발전설비, 비상전원수전설비, 축전지설비, 전기저장장치**

③ 비상전원 중 자가발전설비 설치기준
- 점검에 편리하고 화재 및 침수 등의 재해로 인한 피해를 받을 우려가 없는 곳에 설치할 것
- 비상콘센트설비를 유효하게 **20분 이상** 작동시킬 수 있는 용량으로 할 것
- 상용전원으로부터 전력의 공급이 중단된 때에는 자동으로 비상전원으로부터 전력을 공급받을 수 있도록 할 것
- 비상전원의 설치장소는 다른 장소와 방화구획 할 것. 이 경우 그 장소에는 비상전원의 공급에 필요한 기구나 설비외의 것(열병합발전설비에 필요한 기구나 설비는 제외한다)을 두어서는 안된다.
- 비상전원을 실내에 설치하는 때에는 그 실내에 비상조명등을 설치할 것

④ 비상전원 설치 제외
- **둘 이상의 변전소**에서 **전력을 동시에 공급**받을 수 있는 경우
- **하나의 변전소**로부터 **전력의 공급이 중단**되는 때에는 **자동으로 다른 변전소**로부터 **전력을 공급**받을 수 있도록 **상용전원을 설치**한 경우

3 비상콘센트설비의 전원회로(비상콘센트에 전력을 공급하는 회로)

① 비상콘센트설비의 전원회로는 **단상교류 220V**인 것으로서, 그 공급용량은 **1.5kVA 이상**인 것으로 할 것
② **전원회로는 각 층에 2 이상**이 되도록 설치할 것. 다만, 설치해야할 층의 비상콘센트가 1개인 때에는 하나의 회로로 할 수 있다.
③ 전원회로는 주배전반에서 **전용회로**로 할 것. 다만, 다른 설비의 회로의 사고에 따른 영향을 받지 않도록 되어 있는 것은 그렇지 않다.
④ 전원으로부터 각 층의 비상콘센트에 분기되는 경우에는 **분기배선용 차단기**를 보호함안에 설치할 것
⑤ 콘센트마다 **배선용 차단기**를 설치하여야 하며, 충전부가 노출되지 않도록 할 것
⑥ 개폐기에는 "**비상콘센트**"라고 표시한 표지를 할 것
⑦ 비상콘센트용의 풀박스 등은 방청도장을 한 것으로서, 두께 **1.6mm 이상의 철판**으로 할 것
⑧ 하나의 전용회로에 설치하는 비상콘센트는 **10개 이하**로 할 것. 이 경우 전선의 용량은 각 비상콘센트(**비상콘센트가 3개 이상인 경우에는 3개**)의 공급용량을 합한 용량 이상의 것으로 해야 한다.

⑨ 비상콘센트의 플러그접속기는 **접지형 2극 플러그접속기**를 사용해야 한다.
⑩ 비상콘센트의 플러그접속기의 칼받이의 접지극에는 접지공사를 해야 한다.

4 비상콘센트 설치기준

① 바닥으로부터 높이 **0.8m 이상 1.5m 이하**의 위치에 설치할 것
② 비상콘센트의 배치는 바닥면적이 1,000㎡ 미만인 층은 계단의 출입구(계단의 부속실을 포함하며 계단이 2 이상 있는 경우에는 그중 1개의 계단을 말한다)로부터 **5m 이내**에, 바닥면적 1,000㎡ 이상인 층은 각 계단의 출입구 또는 계단부속실의 출입구(계단의 부속실을 포함하며 계단이 3 이상 있는 층의 경우에는 그중 2개의 계단을 말한다)로부터 **5m 이내**에 설치하되, 그 비상콘센트로부터 그 층의 각 부분까지의 거리가 다음의 기준을 초과하는 경우에는 그 기준 이하가 되도록 비상콘센트를 추가하여 설치할 것
ㄱ. 지하상가 또는 지하층의 바닥면적의 합계가 3,000㎡ 이상인 것은 **수평거리 25m**
ㄴ. ㄱ에 해당하지 아니하는 것은 **수평거리 50m**

5 비상콘센트설비의 전원부와 외함 사이의 절연저항 및 절연내력

① **절연저항**: 전원부와 외함 사이를 500V 절연저항계로 측정할 때 **20MΩ 이상**일 것
② **절연내력**: 전원부와 외함 사이
ㄱ. 정격전압이 150V 이하인 경우: **1,000V의 실효전압**
ㄴ. 정격전압이 150V 초과인 경우: 그 **정격전압에 2를 곱하여 1,000을 더한 실효전압**
ㄷ. 측정값: 실효전압을 가하는 시험에서 1분 이상 견디는 것으로 할 것

6 비상콘센트보호함의 설치기준

① 보호함에는 쉽게 개폐할 수 있는 **문**을 설치할 것
② 보호함 표면에 "**비상콘센트**"라고 표시한 표지를 할 것
③ 보호함 상부에 **적색**의 **표시등**을 설치할 것. 다만, 비상콘센트의 보호함을 **옥내소화전함 등**과 접속하여 설치하는 경우에는 **옥내소화전함 등**의 **표시등과 겸용**할 수 있다.

7 비상콘센트설비의 배선

① 전원회로의 배선: 내화배선
② 그 밖의 배선: 내화배선 또는 내열배선

연습문제 : 비상콘센트설비

01 비상콘센트설비의 설치대상 3가지를 쓰시오. (6점)

답안
① 층수가 11층 이상인 특정소방대상물의 경우에는 11층 이상의 층
② 지하층의 층수가 3층 이상이고 지하층의 바닥면적의 합계가 1,000㎡ 이상인 것은 지하층의 모든 층
③ 지하가 중 터널로서 길이가 500m 이상인 것

02 지하4층, 지상11층인 특정소방대상물에 비상콘센트설비를 설치하려고 한다. 다음 각 물음에 답하시오.(단, 지하층의 층별 바닥면적은 300㎡, 각 층의 계단의 출입구는 1개소이고, 계단에서 가장 먼 부분까지의 수평거리는 20m이다.) (6점)

(1) 다음은 비상콘센트를 설치하여야 하는 특정소방대상물의 기준이다. ( ) 안에 알맞은 답을 쓰시오.
 - 지하층의 층수가 (①) 이상이고 지하층의 바닥면적의 합계가 (②)㎡ 이상인 것은 지하층의 모든 층

(2) 이 건물에 설치하여야 하는 비상콘센트는 몇 개인가?

답안
(1) ① 3층   ② 1,000
(2) 5개

해설
• 비상콘센트의 필요개수
① 층수가 11층 이상인 특정소방대상물의 경우에는 11층 이상의 층 : 1개(지상11층)
② 지하층의 층수가 3층 이상이고 지하층의 바닥면적의 합계가 1천㎡ 이상인 것은 지하층의 모든 층: 4개(지하1층, 지하2층, 지하3층, 지하4층)

03 비상콘센트설비의 상용전원 및 비상전원에 대한 다음 각 물음에 답하시오. (6점)

(1) 상용전원회로의 배선은 저압수전인 경우에는 어디의 직후에서 분기하여 전용배선으로 하여야 하는가?

(2) 비상전원은 비상콘센트설비를 유효하게 몇 분 이상 작동할 수 있어야 하는가?

(3) 비상전원을 실내에 설치한 때에는 그 실내에 무엇을 설치하여야 하는가?

답안
(1) 인입개폐기 (2) 20분 (3) 비상조명등

해설
- 전원설치기준
(1) 상용전원회로의 배선
   ① 저압수전인 경우: 인입개폐기의 직후
   ② 고압수전 또는 특고압수전인 경우: 전력용변압기 2차측의 주차단기 1차측 또는 2차측에서 분기하여 전용배선으로 할 것
(2) 비상전원
   ① 설치대상
      - 지하층을 제외한 층수가 7층 이상으로서 연면적이 2,000㎡ 이상
      - 지하층의 바닥면적의 합계가 3,000㎡ 이상
   ② 비상전원 종류: 자가발전설비, 비상전원수전설비 또는 전기저장장치
   ③ 비상전원 중 자가발전설비 설치기준
      - 점검에 편리하고 화재 및 침수 등의 재해로 인한 피해를 받을 우려가 없는 곳에 설치할 것
      - 비상콘센트설비를 유효하게 20분 이상 작동시킬 수 있는 용량으로 할 것
      - 상용전원으로부터 전력의 공급이 중단된 때에는 자동으로 비상전원으로부터 전력을 공급받을 수 있도록 할 것
      - 비상전원의 설치장소는 다른 장소와 방화구획 할 것. 이 경우 그 장소에는 비상전원의 공급에 필요한 기구나 설비외의 것(열병합발전설비에 필요한 기구나 설비는 제외한다)을 두어서는 안된다.
      - 비상전원을 실내에 설치하는 때에는 그 실내에 비상조명등을 설치할 것

04 비상콘센트설비의 비상전원으로 자가발전설비 또는 비상전원수전설비를 설치하지 아니할 수 있는지 2가지의 경우를 쓰시오. (5점)

답안
① 둘 이상의 변전소에서 전력을 동시에 공급받을 수 있는 경우
② 하나의 변전소로부터 전력의 공급이 중단되는 때에는 자동으로 다른 변전소로부터 전력을 공급받을 수 있도록 상용전원을 설치한 경우

05 비상콘센트설비의 전원회로에 대한 다음 각 물음에 답하시오. (3점)

(1) 전원회로는 단상교류 몇 V인가?
(2) 공급용량은 몇 kVA 이상인가?

답안
(1) 220V (2) 1.5kVA 이상

해설
• 비상콘센트설비의 전원회로
① 비상콘센트설비의 전원회로는 단상교류 220V인 것으로서, 그 공급용량은 1.5kVA 이상인 것으로 할 것
② 전원회로는 각 층에 2 이상이 되도록 설치할 것. 다만, 설치하여야 할 층의 비상콘센트가 1개인 때에는 하나의 회로로 할 수 있다.
③ 전원회로는 주배전반에서 전용회로로 할 것. 다만, 다른 설비의 회로의 사고에 따른 영향을 받지 아니하도록 되어 있는 것은 그렇지 않다.
④ 전원으로부터 각 층의 비상콘센트에 분기되는 경우에는 분기배선용 차단기를 보호함안에 설치할 것
⑤ 콘센트마다 배선용 차단기를 설치하여야 하며, 충전부가 노출되지 않도록 할 것
⑥ 개폐기에는 "비상콘센트"라고 표시한 표지를 할 것
⑦ 비상콘센트용의 풀박스 등은 방청도장을 한 것으로서, 두께 1.6mm 이상의 철판으로 할 것
⑧ 하나의 전용회로에 설치하는 비상콘센트는 10개 이하로 할 것. 이 경우 전선의 용량은 각 비상콘센트(비상콘센트가 3개 이상인 경우에는 3개)의 공급용량을 합한 용량 이상의 것으로 해야 한다.
⑨ 비상콘센트의 플러그접속기는 접지형 2극 플러그접속기를 사용해야 한다.
⑩ 비상콘센트의 플러그접속기의 칼받이의 접지극에는 접지공사를 해야 한다.

06 비상콘센트설비의 전원회로 설치기준으로 ( ) 안에 알맞은 답을 쓰시오. (4점)

(1) 전원회로는 각 층에 (①) 이상이 되도록 설치할 것. 다만, 설치하여야 할 층의 비상콘센트가 1개인 때에는 하나의 회로로 할 수 있다.

(2) 전원회로는 (②)에서 전용회로로 할 것. 다만, 다른 설비의 회로의 사고에 따른 영향을 받지 아니하도록 되어 있는 것은 그렇지 않다.

(3) 콘센트마다 (③)를 설치해야 하며, 충전부가 노출되지 않도록 할 것

(4) 하나의 전용회로에 설치하는 비상콘센트는 (④)개 이하로 할 것. 이 경우 전선의 용량은 각 비상콘센트(비상콘센트가 3개 이상인 경우에는 3개)의 공급용량을 합한 용량 이상의 것으로 해야 한다.

답안
① 2   ② 주배전반   ③ 배선용 차단기   ④ 10

07 다음은 소화활동설비 중 비상콘센트설비에 대한 설치기준이다. 각 물음에 답하시오. (6점)

(1) 하나의 전용회로에 설치하는 비상콘센트는 8개이다. 이 경우 전선의 용량은 비상콘센트 몇 개의 공급용량을 합한 용량 이상의 것으로 하여야 하는가?

(2) 비상콘센트의 보호함 상부에 설치하는 표시등의 색은 무슨 색인가?

(3) 비상콘센트설비의 전원부와 외함 사이를 500V 절연저항계로 측정할 때 30MΩ으로 측정되었다. 절연저항의 적합여부와 그 이유를 쓰시오.

답안
(1) 3개
(2) 적색
(3) 적합여부 : 적합하다.
    그 이유 : 절연저항이 20MΩ 이상이므로

해설
• 비상콘센트설비의 전원부와 외함 사이의 절연저항 및 절연내력 기준
① 절연저항은 전원부와 외함 사이를 500V 절연저항계로 측정할 때 20MΩ 이상일 것
② 절연내력: 전원부와 외함 사이
  ㄱ. 정격전압이 150V 이하인 경우: 1,000V의 실효전압
  ㄴ. 정격전압이 150V 초과인 경우: 그 정격전압에 2를 곱하여 1,000을 더한 실효전압
  ㄷ. 측정값: 실효전압을 가하는 시험에서 1분 이상 견디는 것으로 할 것

• 비상콘센트 보호함의 설치기준
① 보호함에는 쉽게 개폐할 수 있는 문을 설치할 것
② 보호함 표면에 "비상콘센트"라고 표시한 표지를 할 것
③ 보호함 상부에 적색의 표시등을 설치할 것. 다만, 비상콘센트의 보호함을 옥내소화전함 등과 접속하여 설치하는 경우에는 옥내소화전함 등의 표시등과 겸용할 수 있다.

08 비상콘센트설비에 대한 다음 각 물음에 답하시오. (7점)

(1) 전원회로의 종류와 전압 및 그 공급용량의 기준에 대하여 쓰시오.

종류	전압	공급용량

(2) 전원부와 외함 사이의 절연저항 및 절연내력시험 방법 및 각각의 기준을 설명하시오.
  ① 절연저항 값 :
  ② 절연내력 방법(150[V]이상):

답안
(1)

종류	전압	공급용량
단상교류	220[V]	1.5[kVA] 이상

(2) ① 절연저항 : 500[V] 절연저항계로 전원부와 외함 사이를 측정 시 절연저항값이 20[MΩ] 이상일 것
    ② 절연내력 : 정격전압에 2를 곱하여, 1,000[V]를 더한 실효전압을 인가하여 1분 이상 견딜 수 있을 것

해설
• 비상콘센트설비의 전원부와 외함 사이의 절연저항 및 절연내력 기준
① 절연저항은 전원부와 외함 사이를 500V 절연저항계로 측정할 때 20MΩ 이상일 것

② 절연내력: 전원부와 외함 사이
　ㄱ. 정격전압이 150V 이하인 경우: 1,000V의 실효전압
　ㄴ. 정격전압이 150V 초과인 경우: 그 정격전압에 2를 곱하여 1,000을 더한 실효전압

09 다음은 비상콘센트 보호함에 대한 설치기준이다. (　) 안에 알맞은 답을 쓰시오.
(5점)

(1) 보호함에는 쉽게 개폐할 수 있는 (①)을 설치할 것
(2) 보호함 (②)에 "비상콘센트"라고 표시한 표지를 할 것
(3) 보호함 상부에 (③)색의 (④)을 설치할 것. 다만, 비상콘센트의 보호함을 옥내소화전함 등과 접속하여 설치하는 경우에는 (⑤) 등의 표시등과 겸용할 수 있다.

답안
① 문　② 표면　③ 적　④ 표시등　⑤ 옥내소화전함

10 비상콘센트 플러그접속기의 칼받이 접지극에 시행하여야 할 접지공사의 종류와 접지저항 값을 쓰시오.
(3점)

(1) 접지공사의 종류
(2) 접지저항 값

답안
(1) 접지공사의 종류 : 제3종 접지공사
(2) 접지저항 값 : 100[Ω] 이하

CHAPTER 02 무선통신보조설비

1 정의

① **누설동축케이블**이란 동축케이블의 외부도체에 가느다란 홈을 만들어서 전파가 외부로 새어나 갈 수 있도록 한 케이블을 말한다.
② **분배기**란 신호의 전송로가 분기되는 장소에 설치하는 것으로 임피던스 매칭(Matching)과 신호 균등분배를 위해 사용하는 장치를 말한다.
③ **분파기**란 서로 다른 주파수의 합성된 신호를 분리하기 위해서 사용하는 장치를 말한다.
④ **혼합기**란 2 이상의 입력신호를 원하는 비율로 조합한 출력이 발생하도록 하는 장치를 말한다.
⑤ **증폭기**란 전압·전류의 진폭을 늘려 감도 등을 개선하는 장치를 말한다.
⑥ **무선중계기**란 안테나를 통하여 수신된 무전기 신호를 증폭한 후 음영지역에 재방사하여 무전기 상호 간 송수신이 가능하도록 하는 장치를 말한다.
⑦ **옥외안테나**란 감시제어반 등에 설치된 무선중계기의 입력과 출력포트에 연결되어 송수신 신호를 원활하게 방사·수신하기 위해 옥외에 설치하는 장치를 말한다.

2 무선통신보조설비 설치제외

지하층으로서 특정소방대상물의 바닥부분 **2면 이상이 지표면과 동일**하거나 **지표면으로부터의 깊이가 1 m 이하인 경우**에는 해당 층에 한해 무선통신보조설비를 설치하지 아니할 수 있다.

3 무선통신보조설비 설치기준

① 누설동축케이블 또는 동축케이블과 이에 접속하는 안테나가 설치된 층은 모든 부분(계단실, 승강기, 별도 구획된 실 포함)에서 유효하게 통신이 가능할 것
② 옥외안테나와 연결된 무전기와 건축물 내부에 존재하는 무전기 간의 상호통신, 건축물 내부에 존재하는 무전기 간의 상호통신, 옥외안테나와 연결된 무전기와 방재실 또는 건축물 내부에 존재하는 무전기와 방재실 간의 상호통신이 가능할 것

4 누설동축케이블 설치기준

① 소방전용주파수대에서 전파의 전송 또는 복사에 적합한 것으로서 소방전용의 것으로 할 것. 다만, 소방대 상호 간의 무선연락에 지장이 없는 경우에는 다른 용도와 겸용할 수 있다.
② 누설동축케이블과 이에 접속하는 안테나 또는 동축케이블과 이에 접속하는 안테나로 구성할 것
③ 누설동축케이블 및 동축케이블은 불연 또는 난연성의 것으로 습기 등의 환경조건에 따라 전기의 특성이 변질되지 않는 것으로 하고, 노출하여 설치한 경우에는 피난 및 통행에 장애가 없도록 할 것
④ 누설동축케이블 및 동축케이블은 화재에 따라 해당 케이블의 피복이 소실된 경우에 케이블 본체가 떨어지지 않도록 **4m 이내마다 금속제 또는 자기제등의 지지금구**로 벽·천장·기둥 등에 견고하게 고정할 것. 다만, 불연재료로 구획된 반자 안에 설치하는 경우에는 그렇지 않다.
⑤ 누설동축케이블 및 안테나는 금속판 등에 따라 전파의 복사 또는 특성이 현저하게 저하되지 않는 위치에 설치할 것
⑥ 누설동축케이블 및 안테나는 고압의 전로로부터 **1.5m 이상** 떨어진 위치에 설치할 것. 다만, 해당 전로에 정전기 차폐장치를 유효하게 설치한 경우에는 그렇지 않다.
⑦ 누설동축케이블의 끝부분에는 무반사 종단저항을 견고하게 설치할 것
⑧ 누설동축케이블 또는 동축케이블의 **임피던스는 50Ω**으로 하고, 이에 접속하는 안테나·분배기 기타의 장치는 해당 임피던스에 적합한 것으로 해야 한다.

5 옥외안테나 설치기준

① 건축물, 지하가, 터널 또는 공동구의 출입구 및 출입구 인근에서 통신이 가능한 장소에 설치할 것
② 다른 용도로 사용되는 안테나로 인한 **통신장애가 발생하지 않도록** 설치할 것
③ 옥외안테나는 **견고하게 설치**하며 **파손의 우려가 없는 곳**에 설치하고 그 가까운 곳의 보기 쉬운 곳에 "무선통신보조설비 안테나"라는 표시와 함께 통신 가능거리를 표시한 표지를 설치할 것
④ 수신기가 설치된 장소 등 사람이 상시 근무하는 장소에는 옥외안테나의 위치가 모두 표시된 옥외안테나 위치표시도를 비치할 것

6 분배기·분파기 및 혼합기 설치기준

① 먼지·습기 및 부식 등에 따라 기능에 이상을 가져오지 않도록 할 것
② 임피던스는 50Ω의 것으로 할 것
③ 점검에 편리하고 화재 등의 재해로 인한 피해의 우려가 없는 장소에 설치할 것

7 증폭기 및 무선중계기 설치기준

① 상용전원은 전기가 정상적으로 공급되는 **축전지, 전기저장장치**(외부 전기에너지를 저장해 두었다가 필요한 때 전기를 공급하는 장치) 또는 **교류전압 옥내간선**으로 하고, 전원까지의 배선은 전용으로 할 것
② 증폭기의 전면에는 주 회로의 전원이 정상인지의 여부를 표시할 수 있는 **표시등 및 전압계**를 설치할 것
③ 증폭기에는 비상전원이 부착된 것으로 하고 해당 비상전원 용량은 무선통신보조설비를 유효하게 **30분 이상** 작동시킬 수 있는 것으로 할 것
④ 증폭기 및 무선중계기를 설치하는 경우에는 「전파법」에 따른 적합성평가를 받은 제품으로 설치하고 임의로 변경하지 않도록 할 것
⑤ 디지털 방식의 무전기를 사용하는데 지장이 없도록 설치할 것

연습문제 : 무선통신보조설비

01 소화활동설비인 무선통신보조설비에 설치장치 중 분배기, 분파기, 혼합기의 용어에 대하여 간단히 쓰시오. (6점)

(1) 분배기
(2) 분파기
(3) 혼합기

답안

① 분배기 : 신호의 전송로가 분기되는 장소에 설치하는 것으로 임피던스 매칭과 신호균등분배를 위해 사용하는 장치
② 분파기 : 서로 다른 주파수의 합성된 신호를 분리하기 위해서 사용하는 장치
③ 혼합기 : 두 개 이상의 입력신호를 원하는 비율로 조합한 출력이 발생하도록 하는 장치

해설

- **무선통신보조설비의 정의**
① 누설동축케이블: 동축케이블의 외부도체에 가느다란 홈을 만들어서 전파가 외부로 새어나갈 수 있도록 한 케이블
② 분배기: 신호의 전송로가 분기되는 장소에 설치하는 것으로 임피던스 매칭과 신호 균등분배를 위해 사용하는 장치
③ 분파기: 서로 다른 주파수의 합성된 신호를 분리하기 위해서 사용하는 장치
④ 혼합기: 두 개 이상의 입력신호를 원하는 비율로 조합한 출력이 발생하도록 하는 장치
⑤ 증폭기: 신호 전송 시 신호가 약해져 수신이 불가능해지는 것을 방지하기 위해서 증폭하는 장치
⑥ 무선중계기: 안테나를 통하여 수신된 무전기 신호를 증폭한 후 음영지역에 재방사하여 무전기 상호 간 송수신이 가능하도록 하는 장치
⑦ 옥외안테나: 감시제어반 등에 설치된 무선중계기의 입력과 출력포트에 연결되어 송수신 신호를 원활하게 방사·수신하기 위해 옥외에 설치하는 장치

02 무선통신보조설비의 누설동축케이블에 표기되어있는 기호의 의미를 보기에서 찾아 "예"를 참조하여 쓰시오. (6점)

LCX - FR - SS - 20 D - 14 6
 ①   ② ③   ④⑤   ⑥⑦
[예] ⑦ : 결합손실표시수

[보기]
절연체 외경, 자기지지, 누설동축케이블, 특성임피던스, 사용주파수, 내열성

답안
① 누설동축케이블 ② 내열성
③ 자기지지   ④ 절연체 외경
⑤ 특성임피던스   ⑥ 사용주파수

03 옥외안테나의 설치기준을 3가지만 쓰시오. (6점)

답안
① 건축물, 지하가, 터널 또는 공동구의 출입구 및 출입구 인근에서 통신이 가능한 장소에 설치할 것
② 다른 용도로 사용되는 안테나로 인한 통신장애가 발생하지 않도록 설치할 것
③ 옥외안테나는 견고하게 설치하며 파손의 우려가 없는 곳에 설치하고 그 가까운 곳의 보기 쉬운 곳에 "무선통신보조설비 안테나"라는 표시와 함께 통신 가능거리를 표시한 표지를 설치할 것
④ 수신기가 설치된 장소 등 사람이 상시 근무하는 장소에는 옥외안테나의 위치가 모두 표시된 옥외안테나 위치표시도를 비치할 것

04 무선통신보조설비의 화재안전기준 중 분배기 등 설치기준을 3가지만 쓰시오. (6점)

답안
① 먼지·습기 및 부식 등에 따라 기능에 이상을 가져오지 않도록 할 것
② 임피던스는 50Ω의 것으로 할 것
③ 점검에 편리하고 화재 등의 재해로 인한 피해의 우려가 없는 장소에 설치할 것

CHAPTER 03 소방시설용 비상전원수전설비

1 정의

(1) 과전류차단기란 「전기설비기술기준의 판단기준」 제38조와 제39조에 따른 것을 말한다.
(2) 방화구획형이란 수전설비를 다른 부분과 건축법상 방화구획을 하여 화재 시 이를 보호하도록 조치하는 방식을 말한다.
(3) 변전설비란 전력용변압기 및 그 부속장치를 말한다.
(4) 배전반이란 전력생산시설 등으로부터 직접 전력을 공급받아 분전반에 전력을 공급해주는 것으로서 다음의 배전반을 말한다.
　① "공용배전반"이란 소방회로 및 일반회로 겸용의 것으로서 개폐기, 과전류차단기, 계기와 그 밖의 배선용기기 및 배선을 금속제 외함에 수납한 것을 말한다.
　② "전용배전반"이란 소방회로 전용의 것으로서 개폐기, 과전류차단기, 계기와 그 밖의 배선용기기 및 배선을 금속제 외함에 수납한 것을 말한다.
(5) 분전반이란 배전반으로부터 전력을 공급받아 부하에 전력을 공급해주는 것으로서 다음의 배전반을 말한다.
　① "공용분전반"이란 소방회로 및 일반회로 겸용의 것으로서 분기개폐기, 분기과전류차단기와 그 밖의 배선용기기 및 배선을 금속제 외함에 수납한 것을 말한다.
　② "전용분전반"이란 소방회로 전용의 것으로서 분기 개폐기, 분기과전류차단기와 그 밖의 배선용기기 및 배선을 금속제 외함에 수납한 것을 말한다.
(6) 비상전원수전설비란 화재 시 상용전원이 공급되는 시점까지만 비상전원으로 적용이 가능한 설비로서 상용전원의 안전성과 내화성능을 향상시킨 설비를 말한다.
(7) 소방회로란 소방부하에 전원을 공급하는 전기회로를 말한다.
(8) 수전설비란 전력수급용 계기용변성기·주차단장치 및 그 부속기기를 말한다.
(9) 옥외개방형이란 건물의 옥외 또는 건물의 옥상에 울타리를 설치하고 그 내부에 수전설비를 설치하는 방식을 말한다.
(10) 인입개폐기란 「전기설비기술기준의 판단기준」 제169조에 따른 것을 말한다.
(11) 인입구배선이란 인입선의 연결점으로부터 특정소방대상물내에 시설하는 인입개폐기에 이르는 배선을 말한다.

(12) 인입선이란 「전기설비기술기준」 제3조제1항 제9호에 따른 것을 말한다.
(13) 일반회로란 소방회로 이외의 전기회로를 말한다.
(14) 전기사업자란 「전기사업법」 제2조제2호에 따른 자를 말한다.
(15) 큐비클형이란 수전설비를 큐비클 내에 수납하여 설치하는 방식으로서 다음의 형식을 말한다.
   ① 공용큐비클식이란 소방회로 및 일반회로 겸용의 것으로서 수전설비, 변전설비와 그 밖의 기기 및 배선을 금속제 외함에 수납한 것을 말한다.
   ② 전용큐비클식이란 소방회로용의 것으로 수전설비, 변전설비와 그 밖의 기기 및 배선을 금속제 외함에 수납한 것을 말한다.

2 특별고압 또는 고압으로 수전하는 경우

(1) 종류
① 방화구획형
② 옥외개방형
③ 큐비클형

(2) 설치기준
① 방화구획형
  ㄱ. 전용의 방화구획 내에 설치할 것
  ㄴ. 소방회로배선은 일반회로배선과 불연성 벽으로 구획할 것. 다만, 소방회로배선과 일반회로배선을 **15cm 이상** 떨어져 설치한 경우는 그렇지 않다.
  ㄷ. 일반회로에서 과부하, 지락사고 또는 단락사고가 발생한 경우에도 이에 영향을 받지 아니하고 계속하여 소방회로에 전원을 공급시켜 줄 수 있어야 할 것
  ㄹ. 소방회로용 개폐기 및 과전류차단기에는 "소방시설용"이라 표시할 것

② 옥외개방형
  ㄱ. 건축물의 옥상에 설치하는 경우에는 그 건축물에 화재가 발생할 경우에도 화재로 인한 손상을 받지 않도록 설치할 것
  ㄴ. 공지에 설치하는 경우에는 인접 건축물에 화재가 발생한 경우에도 화재로 인한 손상을 받지 않도록 설치할 것

③ 큐비클형
  ㄱ. 전용큐비클 또는 공용큐비클식으로 설치할 것
  ㄴ. 외함은 두께 2.3mm 이상의 강판과 이와 동등 이상의 강도와 내화성능이 있는 것으로 제작하여야 하며, 개구부에는 60분+방화문, 60분 방화문 또는 30분 방화문으로 설치할 것
  ㄷ. 외함은 건축물의 바닥 등에 견고하게 고정할 것

ㄹ. 전선 인입구 및 인출구에는 금속관 또는 금속제 가요전선관을 쉽게 접속할 수 있도록 할 것
ㅁ. 공용큐비클식의 소방회로와 일반회로에 사용되는 배선 및 배선용기기는 불연재료로 구획할 것

(3) 결선방법

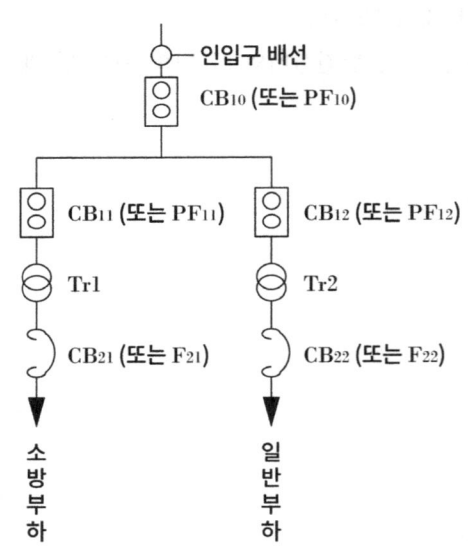

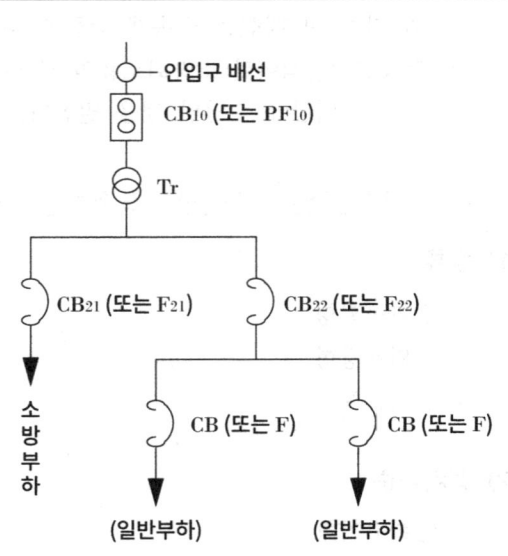

(가) 전용의 전력용변압기에서 소방부하에 전원을 공급하는 경우
1. 일반회로의 과부하 또는 단락사고시에 CB_{10}(또는 PF_{10})이 CB_{12}(또는 PF_{12}) 및 CB_{22}(또는 F_{22})보다 먼저 차단되어서는 아니된다.
2. CB_{11}(또는 PF_{11})은 CB_{12}(또는 PF_{12})와 동등이상의 차단용량일 것

약호	명칭
CB	전력차단기
PF	전력퓨즈(고압 또는 특별고압용)
F	퓨즈(저압용)
Tr	전력용변압기

(나) 공용의 전력용변압기에서 소방부하에 전원을 공급하는 경우
주 1. 일반회로의 과부하 또는 단락사고시에 CB_{10}(또는 PF_{10})이 CB_{22}(또는 F_{22}) 및 CB(또는 F)보다 먼저 차단되어서는 아니된다.
2. CB_{21}(또는 F_{21})은 CB_{22}(또는 F_{22})와 동등이상의 차단용량일 것

약호	명칭
CB	전력차단기
PF	전력퓨즈(고압 또는 특별고압용)
F	퓨즈(저압용)
Tr	전력용변압기

3 저압으로 수전하는 경우

(1) 종류
① 전용배전반 (1·2종)
② 전용분전반(1·2종)
③ 공용분전반(1·2종)

(2) 설치기준
① 제1종 배전반 및 제1종 분전반
  ㄱ. 외함은 두께 1.6mm(전면판 및 문은 2.3mm) 이상의 강판과 이와 동등 이상의 강도와 내화성능이 있는 것으로 제작할 것
  ㄴ. 외함의 내부는 외부의 열에 의해 영향을 받지 않도록 내열성 및 단열성이 있는 재료를 사용하여 단열할 것. 이 경우 단열부분은 열 또는 진동에 따라 쉽게 변형되지 않아야 한다.
  ㄷ. 다음 각 목에 해당하는 것은 **외함에 노출하여 설치할 수 있다.**
  • 표시등(불연성 또는 난연성재료로 덮개를 설치한 것에 한한다)
  • 전선의 인입구 및 입출구
  ㄹ. 외함은 금속관 또는 금속제 가요전선관을 쉽게 접속할 수 있도록 하고, 당해 접속부분에는 단열조치를 할 것
  ㅁ. 공용배전반 및 공용분전반의 경우 소방회로와 일반회로에 사용하는 배선 및 배선용 기기는 불연재료로 구획되어야 할 것

② 제2종 배전반 및 제2종 분전반
  ㄱ. 외함은 두께 1mm(함 전면의 면적이 1,000㎠를 초과하고 2,000㎠ 이하인 경우에는 1.2mm, 2,000㎠를 초과하는 경우에는 1.6mm) 이상의 강판과 이와 동등 이상의 강도와 내화성능이 있는 것으로 제작할 것
  ㄴ. 제①항 ㄷ 각 목에 정한 것과 120℃의 온도를 가했을 때 이상이 없는 전압계 및 전류계는 외함에 노출하여 설치할 것
  ㄷ. 단열을 위해 배선용 불연전용실 내에 설치할 것

③ 기타 배전반 및 분전반
  ㄱ. 일반회로에서 과부하·지락사고 또는 단락사고가 발생한 경우에도 이에 영향을 받지 아니하고 계속하여 소방회로에 전원을 공급시켜 줄 수 있어야 할 것
  ㄴ. 소방회로용 개폐기 및 과전류차단기에는 "소방시설용"이라는 표시를 할 것

(3) 결선방법

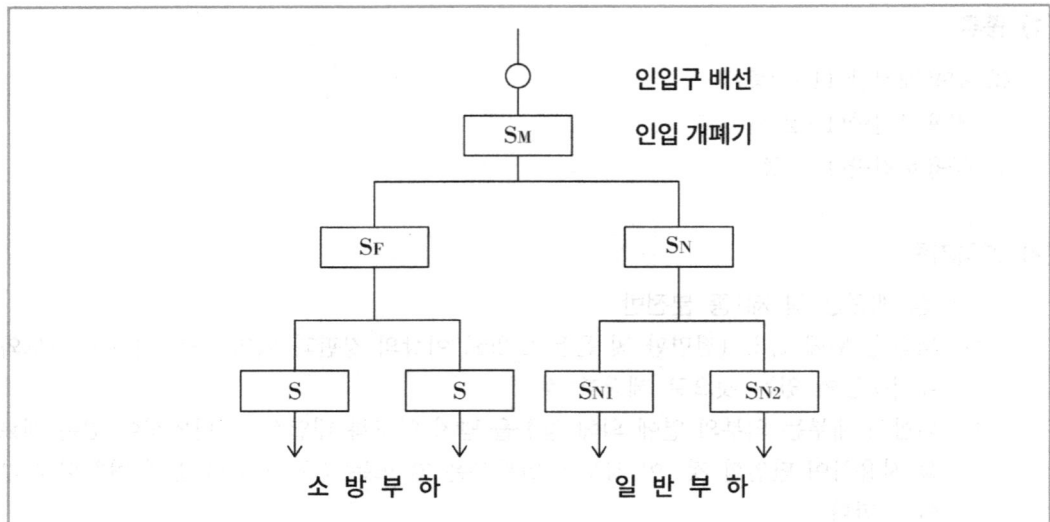

1. 일반회로의 과부하 또는 단락사고시 SM이 SN, SN_1 및 SN_2보다 먼저차단 되어서는 아니된다.
2. SF는 SN과 동등 이상의 차단용량일 것.

약호	명칭
S	저압용개폐기 및 과전류차단기

■ 연습문제 : **비상전원수전설비**

01 다음은 소방시설용 비상전원 수전설비로서 고압 또는 특고압으로 수전하는 도면이다. 각 물음에 답하시오.
(6점)

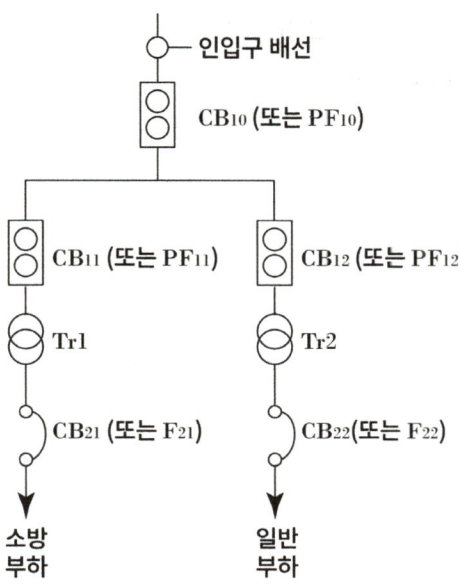

(1) 도면에 표시된 약호에 대한 명칭을 쓰시오.

약호	명칭
CB	
PF	
F	
Tr	

(2) 일반회로의 과부하 또는 단락사고 시에 CB_{10}(또는 PF_{10})은 무엇보다 먼저 차단되어서는 안 되는지 쓰시오.

(3) CB_{11}(또는 PF_{11})의 차단용량은 어느 것과 동등 이상이어야 하는지 쓰시오.

답안

(1)

약호	명칭
CB	전력차단기
PF	전력퓨즈(고압 또는 특별고압용)
F	퓨즈(저압용)
Tr	전력용 변압기

(2) CB_{12}(또는 PF_{12}) 및 CB_{22}(또는 F_{22})

(3) CB_{12}(또는 PF_{12})

쉽고 빠르게 합격하는 소방설비(산업)기사 전기분야 실기

PART
04

소방배선

제1장 자동화재탐지설비
제2장 옥내소화전설비
제3장 스프링클러설비
제4장 가스계 소화설비
제5장 제연설비

자동화재탐지설비

1 **일제경보방식**(기본 6가닥+회로선 1가닥 추가(경계구역 추가시))

```
                    발신기      표시등    경종
         5층        A B D       1 2      2 3
         
         4층        A B D       1 2      2 3
         
         3층        A B D       1 2      2 3
         
         2층        A B D       1 2      2 3
         
         1층        A B D       1 2      2 3
         
              공 응  지 지 지 지 지  표   경 종 경 경 경 경
              통 답  구 구 구 구 구  시   종 표 종 종 종 종
                   (1)(2)(3)(4)(5) 등   공 시 (1)(2)(3)(4)(5)
                                       통 등
                                         공
                                         통
                         수신기 내부
```

(1) 가닥수 산정 방법(경종과 표시등 공통선을 하나로 보고, 하나의 층의 지구음향장치 배선이 단락이 되어도 다른 층의 화재통보에 지장이없도록 각층 배선상에 유효한 조치를 했을 경우로 한다.)

지구선 (=회로선)	1가닥, 경계구역 추가시 추가
공통선(=회로공통선)	지구선 7가닥 초과시 1가닥 추가
응답선 (=발신기선)	1가닥, 추가없음
경종선 (=벨선)	지상층: 1가닥, 추가없음(일제경보방식)
	지하층: 1가닥, 추가없음(일제경보방식)
표시등선	1가닥, 추가없음
경종 및 표시등 공통선	1가닥, 추가없음

(모든 추가선은 문제 조건에 달라질 수 있음을 유의 바랍니다.)

[수신기 조건]
화재로 인하여 **하나의 층의 지구음향장치 또는 배선이 단락**되어도 **다른 층의 화재통보에 지장이 없도록 각 층 배선 상에 유효한 조치를** 할 것

2 우선경보방식(11층 이상[공동주택의 경우 16층])

[기본 6가닥+회로선 1가닥 추가(경계구역 추가시)+경종선 1가닥 추가(지하층 제외)]

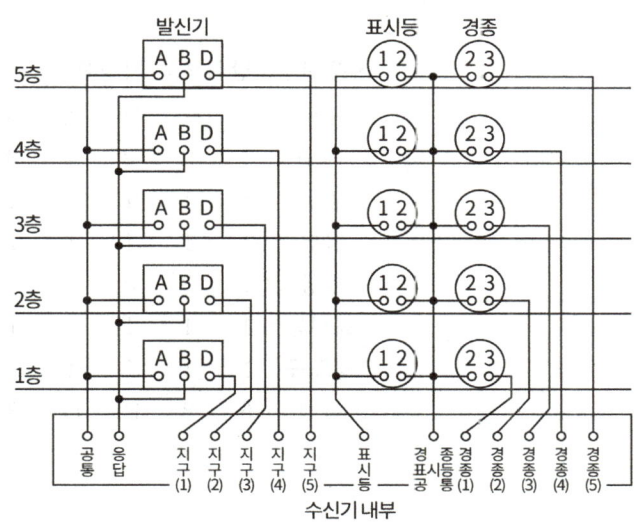

(1) 가닥수 산정 방법(경종과 표시등 공통선을 하나로 보고, 하나의 층의 지구음향장치 배선이 단락이 되어도 다른 층의 화재통보에 지장이없도록 각층 배선상에 유효한 조치를 했을 경우로 한다.)

지구선 (=회로선)	1가닥, 경계구역 추가시 추가
공통선(=회로공통선)	지구선 7가닥 초과시 1가닥 추가
응답선 (=발신기선)	1가닥, 추가없음
경종선 (=벨선)	지상층: 층수마다 1가닥씩 추가
	지하층: 1가닥, 추가없음 (일제경보방식)
표시등선	1가닥, 추가없음
경종 및 표시등 공통선	1가닥, 추가없음

(모든 추가선은 문제 조건에 달라질 수 있음을 유의 바랍니다.)

[수신기 조건]
화재로 인하여 **하나의 층의 지구음향장치 또는 배선이 단락**되어도 **다른 층의 화재통보에 지장이 없도록 각 층 배선 상에 유효한 조치를** 할 것

(2) 도면으로 연습하기(경종과 표시등 공통선을 하나로 보고, 하나의 층의 지구음향장치 배선이 단락이 되어도 다른 층의 화재통보에 지장이없도록 각층 배선상에 유효한 조치를 했을 경우로 한다.)

- 우선경보방식으로 가정함

구분	①	②	③	④	⑤	⑥	⑦	⑧
지구	1	2	3	4	3	2	1	8
공통	1	1	1	1	1	1	1	2
응답	1	1	1	1	1	1	1	1
경종	1	2	3	4	1	1	1	6
표시등	1	1	1	1	1	1	1	1
경표공	1	1	1	1	1	1	1	1
합계	6	8	10	12	8	7	6	19

3 감지기 배선(송배선방식)

도통시험을 용이하기 위하여 배선의 도중에 분기하지 않고 배선하는 방식

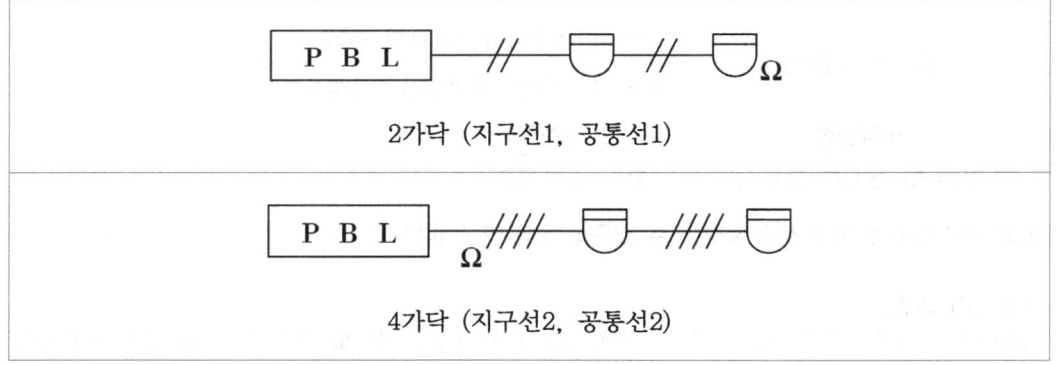

4 도시기호

설비명	도시기호
발신기셋트 단독형	⊕Ⓑ🄻
발신기셋트 옥내소화전내장형	⊕Ⓑ🄻 (빗금 포함 사각형)
수신기	◿◺
차동식스포트형감지기	⌒
보상식스포트형감지기	⌒
정온식스포트형감지기	⌒
연기감지기	S
차동식분포형 감지기의검출기	⋈
종단저항	Ω
부수신기	▥
중계기	▯
감지기간선, HIV1.2mm×4(22C)	─ F ⫽⫽
감지기간선, HIV1.2mm×8(22C)	─ F ⫽⫽ ⫽⫽
감지선	⊙
공기관	───
열전대	▬

연습문제: 자동화재탐지설비 가닥수

01 다음 그림은 자동화재탐지설비의 평면도이다. ①~⑤까지의 배선가닥수를 쓰시오.

(5점)

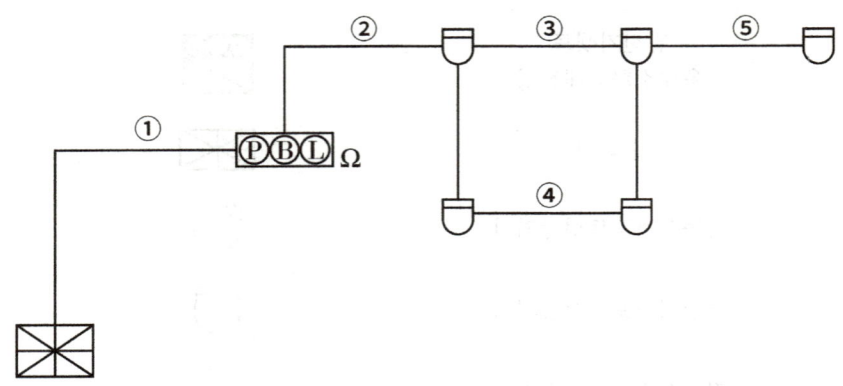

구분	①	②	③	④	⑤
배선가닥수					

답안

구분	①	②	③	④	⑤
배선가닥수	6	4	2	2	4

해설

• 배선의 가닥수 및 용도

번호	지구선	공통선	응답선	경종선	표시등선	경종 및 표시등 공통선
①	1	1	1	1	1	1
②	2	2	–	–	–	–
③	1	1	–	–	–	–
④	1	1	–	–	–	–
⑤	2	2	–	–	–	–

02 다음과 같은 자동화재탐지설비의 평면도이다. 도면을 보고 각 물음에 답하시오. (경종과 표시등 공통선을 하나로 보고, 하나의 층의 지구음향장치 배선이 단락이 되어도 다른 층의 화재통보에 지장이없도록 각층 배선상에 유효한 조치를 했을 경우로 한다.)

(5점)

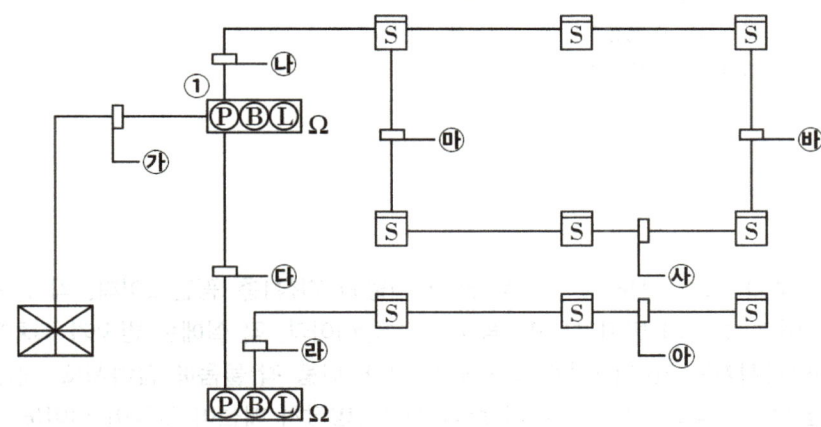

(1) 도면의 각 배선에 전선 가닥수를 표기하시오.

기호	㉮	㉯	㉰	㉱	㉲	㉳	㉴	㉵
배선가닥수								

(2) P형 수동발신기세트 ①과 접속된 감지기 사이의 전선관은 최소 몇 [mm]인지 쓰시오.
(3) P형 수동발신기세트 ①에 내장된 것 4가지를 쓰시오.

답안

(1)
기호	㉮	㉯	㉰	㉱	㉲	㉳	㉴	㉵
배선가닥수	7	4	7	4	2	2	2	4

(2) 16 [mm]
(3) 발신기, 경종, 표시등, 종단저항

해설

• 배선의 가닥수 및 용도

기호	배선수	용도
㉮	8	지구선2, 공통선1, 응답선1, 경종선1, 표시등선1, 경종 및 표시등 공통선1
㉯	4	지구선2, 공통선2

기호	배선수	용도
㉤	6	지구선1, 공통선1, 응답선1, 경종선1, 표시등선1, 경종 및 표시등 공통선1
㉣	4	지구선2, 공통선2
㉰	2	지구선1, 공통선1
㉱	2	지구선1, 공통선1
㉺	2	지구선1, 공통선1
㉲	4	지구선2, 공통선2

03

다음은 내화구조인 지하1층, 지상5층인 건물의 지상1층 평면도이다. 각 층의 층고는 4.3[m]이고, 천장과 반자 사이의 높이는 0.5[m]이다. 각 실에는 반자가 설치되어 있으며, 계단감지기는 3층과 5층에 설치되어 있다. 다음 각 물음에 답하시오. (경종과 표시등 공통선을 하나로 보고, 하나의 층의 지구음향장치 배선이 단락이 되어도 다른 층의 화재통보에 지장이없도록 각층 배선상에 유효한 조치를 했을 경우로 한다.) (7점)

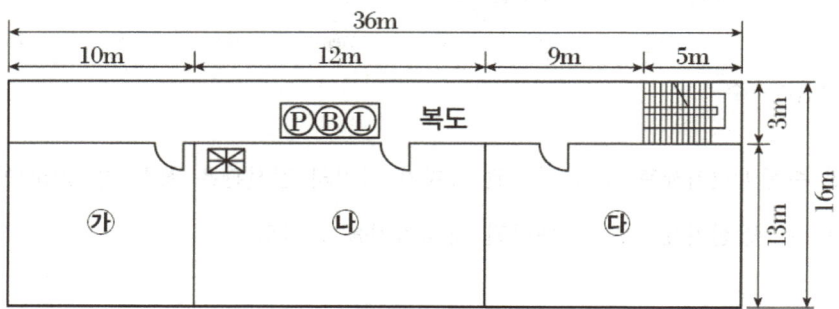

(1) 아래의 빈칸에 당해 개소에 설치하여야 하는 감지기의 수량을 산출식과 함께 쓰시오.

개소	적용 감지기의 종류	산출식	수량(개)
㉮실	차동식스포트형 2종		
㉯실	연기감지기 2종		
㉰실	정온식스포트형 1종		
복도	연기감지기 2종		

(2) 물음 (1)에서 구한 감지기 수량을 위 평면도상에 각 감지기의 도시기호를 이용하여 그려 놓고 각 기기 간을 배선하되 배선수를 명시하시오.(배선수 명시의 예 : ─//─)

답안

(1)

개소	적용 감지기의 종류	산출식	수량(개)
㉮실	차동식스포트형 2종	$\dfrac{13 \times 10}{70} = 1.86$	2
㉯실	연기감지기 2종	$\dfrac{13 \times 12}{150} = 1.04$	2
㉰실	정온식스포트형 1종	$\dfrac{13 \times (9+5)}{60} = 3.03$	4
복도	연기감지기 2종	$\dfrac{(10+12-9)}{30} = 1.03$	2

(2)

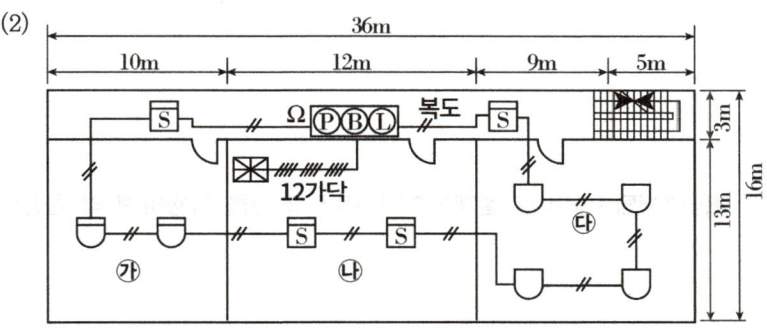

해설

- **스포트형 감지기 설치기준**

(단위: [m²])

부착높이 및 특정소방대상물의 구분		감지기의 종류						
		차동식 스포트형		보상식 스포트형		정온식 스포트형		
		1종	2종	1종	2종	특종	1종	2종
4[m] 미만	내화구조	90	70	90	70	70	60	20
	기타구조	50	40	50	40	40	30	15
4[m] 이상 8[m] 미만	내화구조	45	35	45	35	35	30	
	기타구조	30	25	30	25	25	15	

- **연기감지기 설치기준**

① 감지기의 부착높이에 따라 다음 표에 따른 바닥면적마다 1개 이상으로 할 것

(단위: [m²])

부착높이	감지기의 종류	
	1종 및 2종	3종
4[m] 미만	150	50
4[m] 이상 20[m] 미만	75	−

② 감지기는 복도 및 통로에 있어서는 보행거리 30m(3종에 있어서는 20m)마다, 계단 및 경사로에 있어서는 수직거리 15m(3종에 있어서는 10m)마다 1개 이상으로 할 것
③ 천장 또는 반자가 낮은 실내 또는 좁은 실내에 있어서는 출입구의 가까운 부분에 설치할 것
④ 천장 또는 반자부근에 배기구가 있는 경우에는 그 부근에 설치할 것
⑤ 감지기는 벽 또는 보로부터 0.6m 이상 떨어진 곳에 설치할 것

(2) 감지기 내역
① 2가닥: 지구선1, 공통선1
② 12가닥: 지구선7 (각 층별 1회로로 6개층 + 계단 지구선1), 공통선1, 응답선1, 경종선1, 표시등선1, 경종 및 표시등 공통선1

04 공장의 건축평면도에 자동화재탐지설비를 설계하고자 한다. 조건을 이용하여 각 물음에 답하시오. (8점)

[조건]
① 바닥으로부터 천장의 높이는 10 [m]이다.
② 하나의 경계구역은 600 [㎡] 이내로 한다.
③ 방재실에 사용되는 감지기는 공장 내의 감지기와 연결한다.
④ 벽의 철판의 양측 사이에 보온재를 채운다.
⑤ 각 수동발신기세트에 연결되는 공장 내의 감지기는 같은 수로 한다.
⑥ 감지기는 연기감지기를 사용하고 심벌은 □ 로 표시하며, 전선 가닥수 표기는 다음 예와 같이 표시한다. 예) ──////──
⑦ 감지기 설치도면을 작성할 때 축적은 무시하고 작성한다.

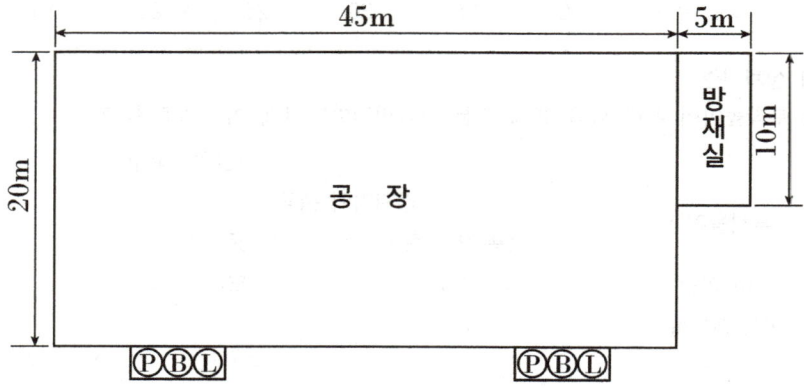

(1) 연기감지기를 제외하고 설치 가능한 감지기를 2가지를 쓰시오.

(2) 연기감지기(2종)를 설치하는 경우 필요한 감지기의 개수를 계산하시오.

(3) 상기 도면에 감지기를 배치하고 발신기와 감지기를 연결한 후 가닥수를 명시하시오.

답안

(1) ① 차동식분포형감지기   ② 불꽃감지기

(2) • 계산과정

① 공장: $N = \dfrac{45m \times 20m}{75m^2} = 12$

② 방재실: $N = \dfrac{5m \times 10m}{75m^2} = 0.666 ≒ 1$

• 답 : 13개

(3)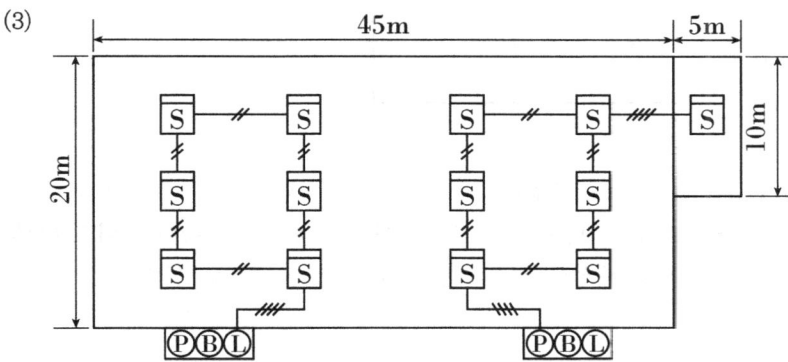

05

P형 1급 수신기와 수동발신기, 경종, 표시등 사이의 결선도를 완성하시오.(단, 건축물은 지하1층, 지상4층이며 일제경보방식을 적용한다.) (8점)

[조건]
경종과 표시등 공통선을 하나로 보고, 하나의 층의 지구음향장치 배선이 단락이 되어도 다른 층의 화재통보에 지장이없도록 각층 배선상에 유효한 조치를 했을 경우로 한다.

답안

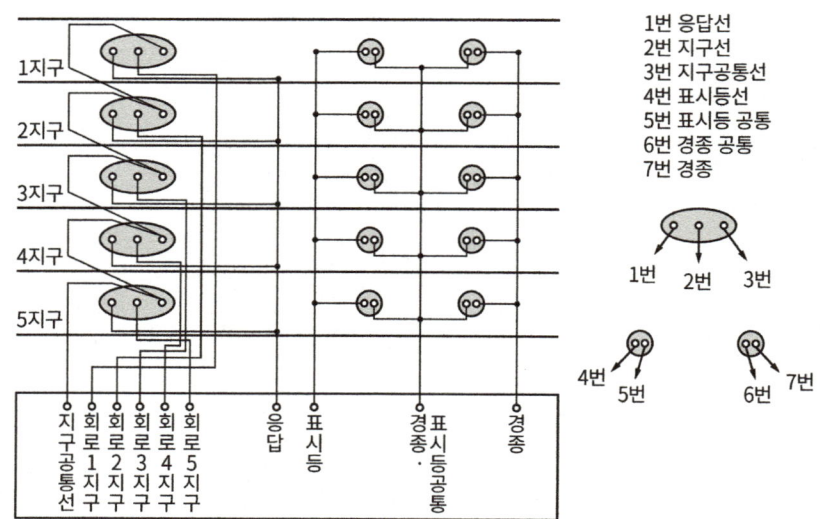

06 다음은 지하1층, 지상8층인 내화구조의 특정소방대상물의 지상1층의 평면도이다. 다음 각 물음에 답하시오. (경종과 표시등 공통선을 하나로 보고, 하나의 층의 지구음향장치 배선이 단락이 되어도 다른 층의 화재통보에 지장이없도록 각층 배선상에 유효한 조치를 했을 경우로 한다.) (8점)

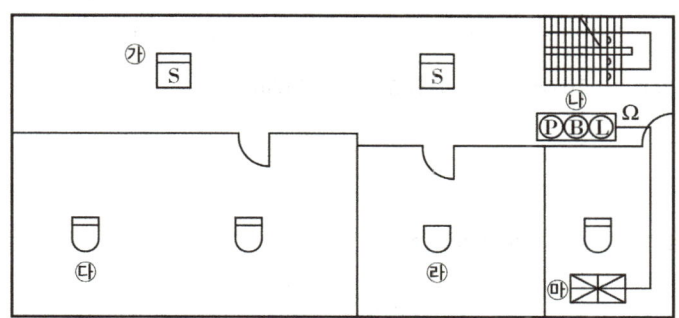

(1) 위의 도면에 표시된 감지기를 루프식 배선방식을 사용하여 발신기에 연결하고 배선가닥수를 표시하시오.

(2) ㉮~㉺에 표시된 도시기호에 대한 명칭과 형별을 쓰시오.

항목	명칭	형별
㉮		
㉯	발신기	P형
㉰		
㉱		
㉲	수신기	P형

(3) 발신기와 수신기 사이의 배관길이가 20[m]일 경우 전선은 몇 [m]가 필요한지 소요량을 산출하시오. (단, 전선의 할증률은 10[%]로 계산한다.)
• 계산과정　　　　　　　　　　　　　• 답

답안
(1)

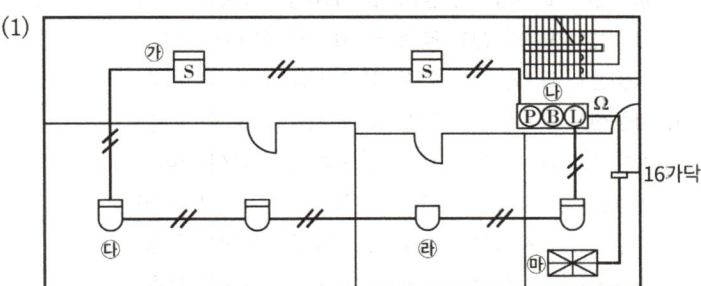

16가닥

(2)

항목	명칭	형별
㉮	연기감지기	스포트형
㉯	발신기	P형
㉰	차동식감지기	스포트형
㉱	정온식감지기	스포트형
㉲	수신기	P형

(3) • 계산과정 : 20m × 16가닥 × 1.1(할증률) = 352m
   • 답 : 352m

해설

• 계통도, 전선 가닥수 및 용도 (일제경보방식)

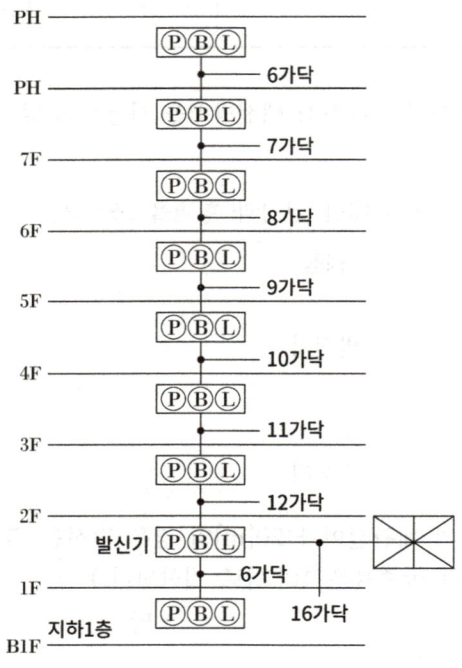

가닥수	전선의 사용용도
6	지구선1, 공통선1, 응답선1, 경종선1, 표시등선1, 경종 및 표시등 공통선1 (PH층, 지하층)
7	지구선2, 공통선1, 응답선1, 경종선1, 표시등선1, 경종 및 표시등 공통선1 (7층)
8	지구선3, 공통선1, 응답선1, 경종선1, 표시등선1, 경종 및 표시등 공통선1 (6층)
9	지구선4, 공통선1, 응답선1, 경종선1, 표시등선1, 경종 및 표시등 공통선1 (5층)
10	지구선5, 공통선1, 응답선1, 경종선1, 표시등선1, 경종 및 표시등 공통선1 (4층)
11	지구선6, 공통선1, 응답선1, 경종선1, 표시등선1, 경종 및 표시등 공통선1 (3층)
12	지구선7, 공통선1, 응답선1, 경종선1, 표시등선1, 경종 및 표시등 공통선1 (2층)
16	지구선9, 공통선2, 응답선1, 경종선1, 표시등선1, 경종 및 표시등 공통선1 (1층)

07 도면은 지하2층, 지상6층인 건물에 설치된 자동화재탐지설비의 계통도이다. ①∼⑥까지의 배선의 최소가닥수를 산출하시오. (경종과 표시등 공통선을 하나로 보고, 하나의 층의 지구음향장치 배선이 단락이 되어도 다른 층의 화재통보에 지장이없도록 각층 배선상에 유효한 조치를 했을 경우로 한다. 우선경보방식을 적용하여 문제를 풀고 지하1층과 지하2층의 경종선은 1가닥으로 한다.) (8점)

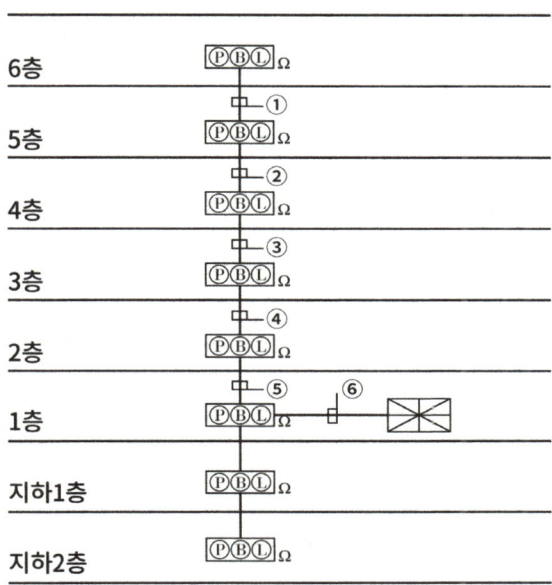

번호	①	②	③	④	⑤	⑥
전선가닥수						

답안

번호	①	②	③	④	⑤	⑥
전선가닥수	6	8	10	12	14	20

해설

번호	가닥수	배선의 용도
①	6	지구선1, 공통선1, 응답선1, 경종선1, 표시등선1, 경종 및 표시등 공통선1
②	8	지구선2, 공통선1, 응답선1, 경종선2, 표시등선1, 경종 및 표시등 공통선1
③	10	지구선3, 공통선1, 응답선1, 경종선3, 표시등선1, 경종 및 표시등 공통선1
④	12	지구선4, 공통선1, 응답선1, 경종선4, 표시등선1, 경종 및 표시등 공통선1
⑤	14	지구선5, 공통선1, 응답선1, 경종선5, 표시등선1, 경종 및 표시등 공통선1
⑥	20	지구선8, 공통선2, 응답선1, 경종선7, 표시등선1, 경종 및 표시등 공통선1

08 아래의 도면은 지하3층, 지상7층인 특정소방대상물에 자동화재탐지설비를 설치하고자 설계한 계통도이다. 다음 각 물음에 답하시오. (경종과 표시등 공통선을 하나로 보고, 하나의 층의 지구음향장치 배선이 단락이 되어도 다른 층의 화재통보에 지장이없도록 각층 배선상에 유효한 조치를 했을 경우로 한다. 지상층의 각 층고는 3[m]이고, 지하층의 각 층고는 3.5[m]이다. 우선경보방식을 적용하여 문제를 푼다.)

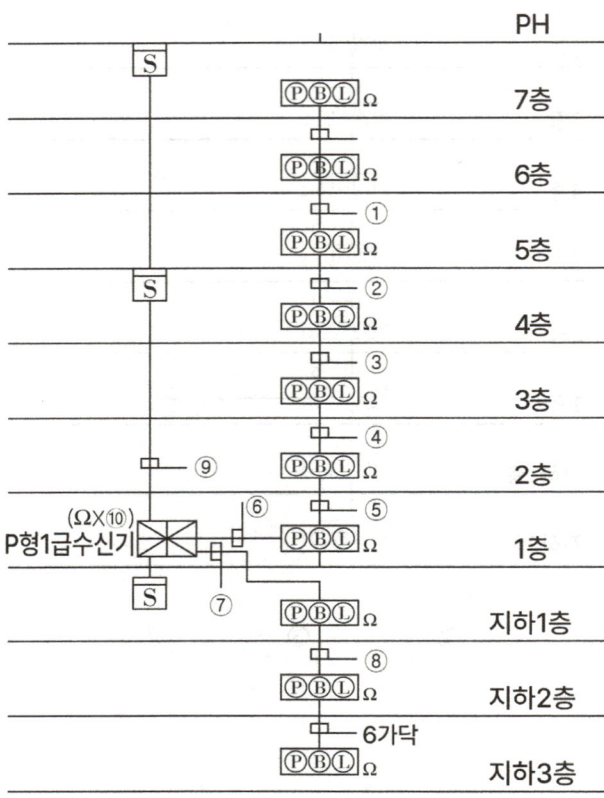

(1) ①~⑨까지의 배선되는 전선의 가닥수는 최소 몇 가닥이 필요한가?

번호	①	②	③	④	⑤	⑥	⑦	⑧	⑨
전선가닥수									

(2) ⑩에는 종단저항이 최소 몇 개 필요한가?

(3) ⓟⒷⓛ 의 명칭은 무엇인가?

답안

(1)

번호	①	②	③	④	⑤	⑥	⑦	⑧	⑨
전선가닥수	8	10	12	14	16	18	8	7	4

(2) 2개

(3) 발신기세트 단독형

해설

(1)

번호	가닥수	전선의 사용용도
①	8	지구선2, 공통선1, 응답선1, 경종선2, 표시등선1, 경종 및 표시등 공통선1
②	10	지구선3, 공통선1, 응답선1, 경종선3, 표시등선1, 경종 및 표시등 공통선1
③	12	지구선4, 공통선1, 응답선1, 경종선4, 표시등선1, 경종 및 표시등 공통선1
④	14	지구선5, 공통선1, 응답선1, 경종선5, 표시등선1, 경종 및 표시등 공통선1
⑤	16	지구선6, 공통선1, 응답선1, 경종선6, 표시등선1, 경종 및 표시등 공통선1
⑥	18	지구선7, 공통선1, 응답선1, 경종선7, 표시등선1, 경종 및 표시등 공통선1
⑦	8	지구선3, 공통선1, 응답선1, 경종선1, 표시등선1, 경종 및 표시등 공통선1
⑧	7	지구선2, 공통선1, 응답선1, 경종선1, 표시등선1, 경종 및 표시등 공통선1
⑨	4	지구선2, 공통선2

(2) 종단저항 2개 내역 : 지상층 계단감지기 종단저항 1개, 지하층 계단감지기 종단저항 1개

(3) ① ⓟⒷⓛ : 발신기세트 옥내소화전내장형

② ⓟⒷⓛ : 발신기세트 단독형

09 그림과 같은 자동화재탐지설비의 계통도와 조건을 참조하여 다음 각 물음에 답하시오.

(12점)

[조건]
① 경종과 표시등 공통선을 하나로 보고, 하나의 층의 지구음향장치 배선이 단락이 되어도 다른 층의 화재통보에 지장이없도록 각층 배선상에 유효한 조치를 했을 경우로 한다.
② 종단저항은 감지기의 말단에 설치한다.
③ 경보방식은 우선경보방식이다.

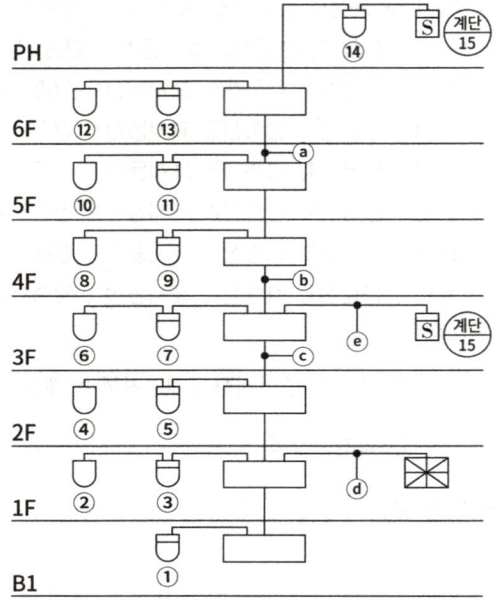

(1) ⓐ~ⓓ의 전선의 가닥수를 쓰시오.

기호	ⓐ	ⓑ	ⓒ	ⓓ
가닥수				

(2) ⓓ의 전선가닥수에 대한 전선내역을 쓰시오.

(3) ⓔ의 전선가닥수와 전선내역을 쓰시오.

(4) 전체 경계구역의 회로수를 쓰시오.

(5) 계단/15 의 의미는 무엇인가?

(6) 감지기 도시기호 의 명칭을 쓰시오.

답안

(1)

기호	ⓐ	ⓑ	ⓒ	ⓓ
가닥수	10	17	20	29

(2) 지구선15, 공통선3, 응답선1, 표시등선1, 경종선7, 경종 및 표시등 공통선1
(3) 지구선2, 공통선2
(4) 15회로
(5) 경계구역의 번호가 15인 계단
(6) 정온식 스포트형 감지기(방수형)

해설

• 전선의 가닥수

번호	가닥수	전선의 사용용도					
		지구선	공통선	응답선	경종선	표시등선	경종 및 표시등 공통선
ⓐ	9	4	1	1	1	1	1
ⓑ	16	8	2	1	3	1	1
ⓒ	19	10	2	1	4	1	1
ⓓ	28	15	3	1	7	1	1
ⓔ	4	2	2				

10 도면은 어느 사무실 건물의 1층 자동화재탐지설비의 미완성 평면도를 나타낸 것이다. 이 건물은 지상3층으로 각 층의 평면은 1층과 동일하며, 연면적은 2000㎡이다. 평면도 및 주어진 조건을 이용하여 다음 각 물음에 답하시오. (9점)

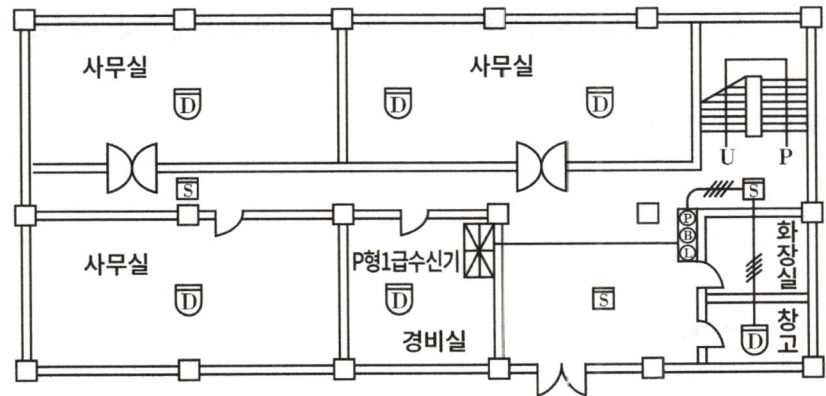

[조건]
① 계통도 작성 시 각 층 수동발신기는 1개씩 설치하는 것으로 한다.
② 계단실의 감지기는 설치를 제외한다.
③ 간선의 사용전선은 HFIX 2.5[mm²]이며, 공통선은 발신기 공통1선, 경종·표시등 공통1선을 각각 사용한다.
④ 계통도 작성 시 전선수는 최소로 한다.
⑤ 전선관 공사는 후강전선관으로 콘크리트 내 매입 시행한다.
⑥ 각 실은 이중천장이 없는 구조이며, 천장에 감지기를 바로 취부한다.
⑦ 각 실의 바닥에서 천장까지 높이는 2.8[m]이다.
⑧ 후강전선관의 굵기 표는 다음과 같다.

도체단면적 [mm²]	전선본수									
	1	2	3	4	5	6	7	8	9	10
	전선관의 최소 굵기[mm]									
2.5	16	16	16	16	22	22	22	28	28	28
4	16	16	16	22	22	22	28	28	28	28
6	16	16	22	22	22	28	28	28	36	36
10	16	22	22	28	28	36	36	36	36	36

⑨ 하나의 층의 지구음향장치 배선이 단락이 되어도 다른 층의 화재통보에 지장이없도록 각 층 배선상에 유효한 조치를 했을 경우로 한다.

(1) 도면의 P형 1급 수신기는 최소 몇 회로용을 사용하여야 하는가?

(2) 수신기에서 발신기 세트까지의 배선가닥수는 몇 가닥이며, 여기에 사용되는 후강전선관은 몇 [mm]를 사용하는가?
  • 전선가닥수 :
  • 후강전선관 :

(3) 배관 및 배선을 하여 자동화재탐지설비의 도면을 완성하고 배선가닥수도 표기하도록 하시오.

(4) 간선계통도를 그리시오.

답안
(1) 5회로용
(2) • 전선가닥수 : 8가닥
   • 후강전선관 : 28mm

(3)

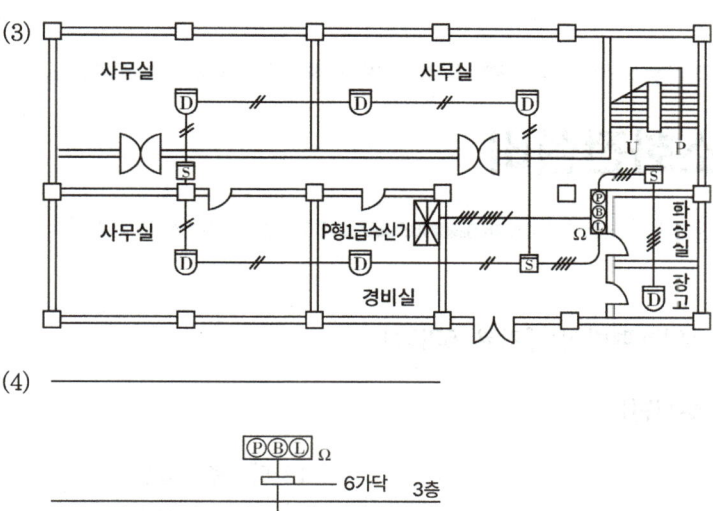

(4)

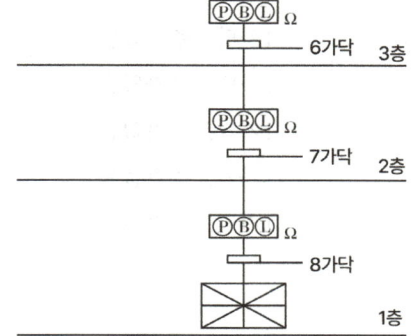

해설

(1) 3개층 건물이며, 각 층에 발신기를 1개씩 설치하므로 회로수는 총 3회로이다. 따라서 최소 5회로용의 수신기를 사용하여야 한다.
(2) 8가닥: 지구선3 (3개층 이므로), 공통선1, 응답선1, 경종선1, 표시등선1, 경종 및 표시등 공통선1
(3) 옥내배선기호

명칭	그림기호	비고	
차동식스포트형감지기	▽	—	
보상식스포트형감지기	▽	—	
정온식스포트형감지기	▽	방수형 ▽ 내알칼리형 ▽	내산형 ▽ 방폭형 ▽EX
연기감지기	S	매입형 S	

CHAPTER 02 옥내소화전설비

1 자동기동방식(기동용 수압개폐방식) [기본 5가닥]

(1) 가닥수 산정 방법(MCC↔수신반)

공통	1가닥, 추가없음
ON(=기동)	1가닥, 추가없음
OFF(=정지)	1가닥, 추가없음
기동표시등(=기동확인표시등=펌프기동표시등)	1가닥, 추가없음
전원감시표시등(=펌프정지표시등)	1가닥, 추가없음

(2) 도면 적용 방법

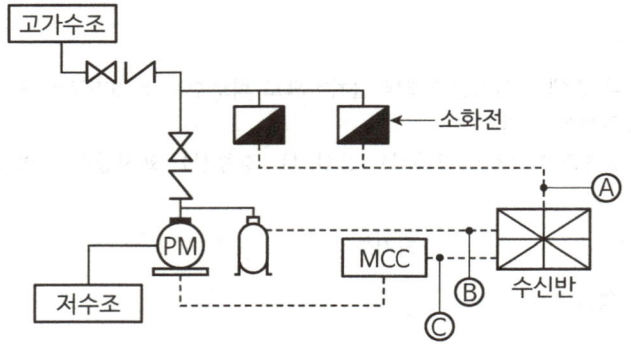

기호	구분	배선수	배선 굵기	배선의 용도
Ⓐ	소화전함 ↔ 수신반(제어반)	2	2.5 [㎟] 이상	기동표시등 2
Ⓑ	압력탱크 ↔ 수신반(제어반)	2	2.5 [㎟] 이상	압력스위치 2 (=PS 2)
Ⓒ	MCC ↔ 수신반(제어반)	5	2.5 [㎟] 이상	공통, ON(=기동), OFF(=정지) 기동표시등(=기동확인표시등), 전원감시표시등(=펌프정지표시등)

(모든 추가선은 문제 조건에 달라질 수 있음을 유의 바랍니다.)

2 수동기동방식(ON-OFF방식)[기본 5가닥]

(1) 가닥수 산정 방법(MCC↔수신반)

공통	1가닥, 추가없음
ON(=기동)	1가닥, 추가없음
OFF(=정지)	1가닥, 추가없음
기동표시등(=기동확인표시등=펌프기동표시등)	1가닥, 추가없음
전원감시표시등(=펌프정지표시등)	1가닥, 추가없음

(2) 도면 적용 방법

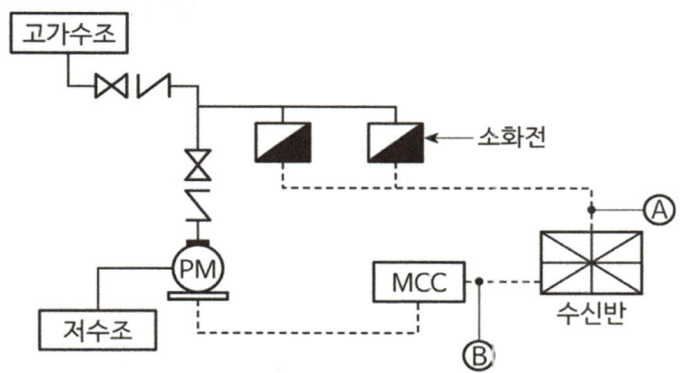

기호	구분	배선수	배선 굵기	배선의 용도
Ⓐ	소화전함 ↔ 수신반(제어반)	5	2.5 [mm²] 이상	공통, ON(=기동), OFF(=정지) 기동표시등(=기동확인표시등) 2
Ⓑ	MCC ↔ 수신반(제어반)	5	2.5 [mm²] 이상	공통, ON(=기동), OFF(=정지), 기동표시등(=기동확인표시등), 전원감시표시등(=펌프정지표시등)

[참고] 압력챔버 ↔ PS수신반(제어반) : 수동방식에는 존재하지 않는다.

(모든 추가선은 문제 조건에 달라질 수 있음을 유의 바랍니다.)

3 도시기호

설비명	도시기호
압력챔버	
발신기셋트 옥내소화전내장형	Ⓟ Ⓑ Ⓛ
옥내소화전	
제어반	

연습문제 : 옥내소화전설비 가닥수

01 다음은 기동용 수압개폐장치를 이용한 옥내소화전설비의 계통도이다. 다음 각 물음에 답하시오. (9점)

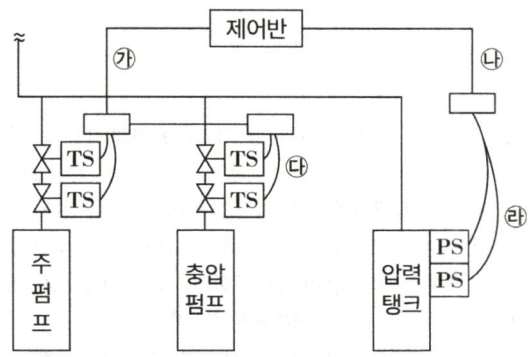

(1) 위 도면의 기호에 해당하는 전선의 최소 가닥수를 쓰시오.

기호	㉮	㉯	㉰	㉱
전선의 가닥수				

(2) 옥내소화전설비에는 제어반을 설치하되, 감시제어반과 동력제어반으로 구분하여 설치하여야 한다. 감시제어반의 기능에 대한 다음 ( ) 안에 알맞은 답을 쓰시오.
 1) 각 펌프의 작동여부를 확인할 수 있는 (①) 및 (②)기능이 있어야 할 것
 2) 각 펌프를 (③) 및 (④)으로 작동시키거나 작동을 중단시킬 수 있어야 할 것
 3) 비상전원을 설치한 경우에는 (⑤) 및 (⑥)의 공급여부를 확인할 수 있어야 할 것
 4) 수조 또는 물올림탱크가 (⑦)로 될 때 표시등 및 음향으로 경보할 것
 5) 기동용 수압개폐장치의 압력스위치회로, 수조 또는 물올림탱크의 감시회로마다 (⑧) 및 (⑨)을 할 수 있어야 할 것

번호	①	②	③	④	⑤	⑥	⑦	⑧	⑨
답									

답안

(1)

기호	㉮	㉯	㉰	㉱
전선의 가닥수	5	3	2	2

(2)

번호	①	②	③	④	⑤	⑥	⑦	⑧	⑨
답	표시등	음향경보	자동	수동	상용전원	비상전원	저수위	도통시험	작동시험

해설

(1) 전선의 가닥수 및 용도

기호	배선수	배선의 용도
㉮	5	탬퍼스위치4, 공통1
㉯	3	압력스위치2, 공통1
㉰	2	탬퍼스위치1, 공통1
㉱	2	압력스위치1, 공통1

(2) 옥내소화전설비의 감시제어반의 기능
  ① 각 펌프의 작동여부를 확인할 수 있는 표시등 및 음향경보기능이 있어야 할 것
  ② 각 펌프를 자동 및 수동으로 작동시키거나 작동을 중단시킬 수 있어야 할 것
  ③ 비상전원을 설치한 경우에는 상용전원 및 비상전원의 공급여부를 확인할 수 있어야 할 것
  ④ 수조 또는 물올림탱크가 저수위로 될 때 표시등 및 음향으로 경보할 것
  ⑤ 각 확인회로(기동용 수압개폐장치의 압력스위치회로, 수조 또는 물올림탱크의 감시회로를 말한다)마다 도통시험 및 작동시험을 할 수 있어야 할 것
  ⑥ 예비전원이 확보되고 예비전원의 적합여부를 시험할 수 있어야 할 것

[참고] 플로트스위치가 도면에 설치되면 플로트 스위치 가닥수 1가닥을 더해줍니다.

---

02 가압송수장치를 기동용수압개폐장치로 사용하는 공장 1층 내부에 옥내소화전함과 자동화재탐지설비인 발신기를 다음과 같이 설치하였다. 도면을 보고 다음 각 물음에 답하시오. (단, 한개층의 지구음향장치 배선이 단락되어도 다른 층의 화재통보에 지장이 없도록 각 층 배선상에 유효한 조치를 하였다.) (11점)

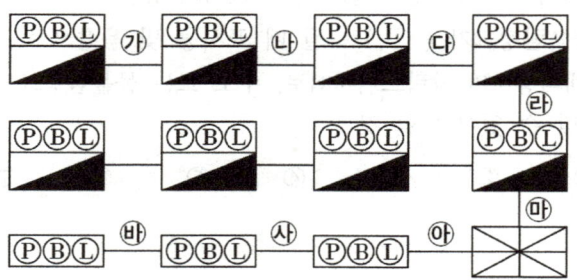

(1) ㉮~㉲의 전선가닥수를 쓰시오.(경종과 표시등 공통선은 같이 사용할 것)

(2) ⬛◨ 와 ⬜◨ 의 차이점에 대하여 설명하고 각 함의 전면에 부착되는 기기장치의 명칭을 모두 쓰시오.
  ① 차이점
  ② 부착 기기 명칭

답안

(1) ㉮ 8 ㉯ 9 ㉰ 10 ㉱ 11 ㉲ 16 ㉳ 6 ㉴ 7 ㉵ 8
(* 전선내역
  ㉮ 8가닥 : 지구선1, 공통선1, 응답선1, 경종선1, 표시등선1, 경종 및 표시등 공통선1, 기동표시등2
  ㉳ 6가닥 : 지구선1, 공통선1, 응답선1, 경종선1, 표시등선1, 경종 및 표시등 공통선1

(2) ① 차이점
   – ⓟⒷⓁ : 발신기세트 옥내소화전내장형
   – ⓟⒷⓁ : 발신기세트 단독형
   ② 부착되는 기기장치의 명칭
   – 발신기세트 옥내소화전내장형 : 위치표시등, 응답램프, 누름스위치, 지구경종, 펌프기동확인 표시등
   – 발신기세트 단독형 : 위치표시등, 응답램프, 누름스위치, 지구경종

03 자동기동방식의 옥내소화전설비와 P형 1급 발신기세트를 설치하였다. 다음 각 물음에 답하시오. (단, 한개층의 지구음향장치 배선이 단락되어도 다른 층의 화재통보에 지장이 없도록 각 층 배선상에 유효한 조치를 하였다.) (8점)

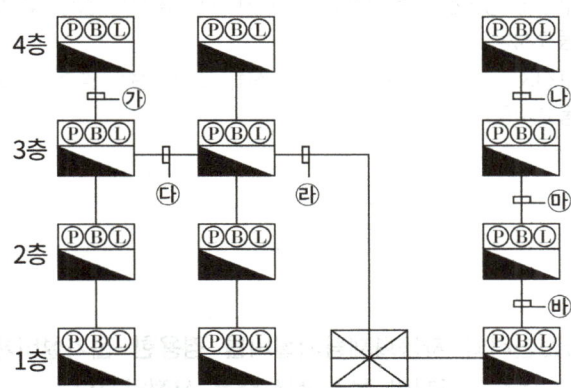

(1) ㉮~㉳의 전선 가닥수를 쓰시오.(경종과 표시등 공통선은 같이 사용할 것)

번호	㉮	㉯	㉰	㉱	㉲	㉳
가닥수						

(2) 감지기회로의 종단저항 설치목적을 쓰시오.

(3) 감지기회로의 전로저항은 몇 [Ω] 이하이어야 하는가?

(4) 수신기의 각 회로별 종단에 설치되는 감지기에 접속되는 배선의 전압은 감지기 정격전압의 몇 [%] 이상이어야 하는가?

답안

(1)

번호	㉮	㉯	㉰	㉱	㉲	㉳
가닥수	9	9	12	17	10	11

(2) 도통시험을 용이하게 하기 위해
(3) 50[Ω] 이하
(4) 80[%] 이상

해설

(1) 전선의 가닥수

기호	가닥수	배선의 용도
㉮	8	지구선1, 공통선1, 응답선1, 경종선1, 표시등선1, 경종 및 표시등 공통선1 기동표시등2
㉯	8	지구선1, 공통선1, 응답선1, 경종선1, 표시등선1, 경종 및 표시등 공통선1 기동표시등2
㉰	11	지구선4, 공통선1, 응답선1, 경종선1, 표시등선1, 경종 및 표시등 공통선1 기동표시등2
㉱	16	지구선8, 공통선2, 응답선1, 경종선1, 표시등선1, 경종 및 표시등 공통선1 기동표시등2
㉲	9	지구선2, 공통선1, 응답선1, 경종선1, 표시등선1, 경종 및 표시등 공통선1 기동표시등2
㉳	10	지구선3, 공통선1, 응답선1, 경종선1, 표시등선1, 경종 및 표시등 공통선1 기동표시등2

04 도면은 옥내소화전설비와 자동화재탐지설비를 겸용한 전기설비계통도의 일부분이다. 다음 조건을 보고 ①~⑦까지의 최소 전선수를 산정하시오. (6점)

[조건]
① 한개층의 지구음향장치 배선이 단락되어도 다른 층의 화재통보에 지장이 없도록 각 층 배선상에 유효한 조치를 하였다.
② 선로의 수는 최소로 하고 공통선은 회로공통선과 경종 표시등 공통선을 분리한다.
③ 옥내소화전설비는 기동용수압개폐장치를 이용한 자동기동방식으로 한다.
④ 옥내소화전설비에 해당하는 가닥수도 포함하여 산정한다.

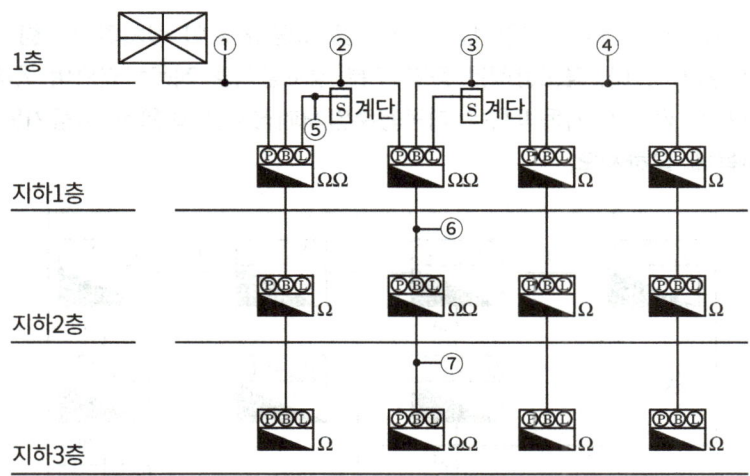

①	②	③	④	⑤	⑥	⑦

답안

①	②	③	④	⑤	⑥	⑦
26가닥	21가닥	14가닥	11가닥	4가닥	12가닥	10가닥

해설

• 배선가닥수와 배선의 용도

번호	가닥수	배선의 용도
①	25	지구선16, 공통선3, 응답선1, 경종선1, 표시등선1, 경종 및 표시등 공통선1 기동확인2
②	20	지구선12, 공통선2, 응답선1, 경종선1, 표시등선1, 경종 및 표시등 공통선1 기동확인2
③	13	지구선6, 공통선1, 응답선1, 경종선1, 표시등선1, 경종 및 표시등 공통선1 기동확인2
④	10	지구선3, 공통선1, 응답선1, 경종선1, 표시등선1, 경종 및 표시등 공통선1 기동확인2
⑤	4	지구2, 공통2
⑥	11	지구선4, 공통선1, 응답선1, 경종선1, 표시등선1, 경종 및 표시등 공통선1 기동확인2
⑦	9	지구선2, 공통선1, 응답선1, 경종선1, 표시등선1, 경종 및 표시등 공통선1 기동확인2

05 3개의 독립된 1층 건물에 P형 1급 발신기를 그림과 같이 설치하고 P형 1급 수신기는 경비실에 설치하였다. 경보방식은 동별 구분 경보방식을 적용하였으며 옥내소화전의 가압송수장치는 펌프의 기동방식은 기동용수압개폐장치를 이용한 자동기동방식이다. 다음 각 물음에 답하시오. (13점)

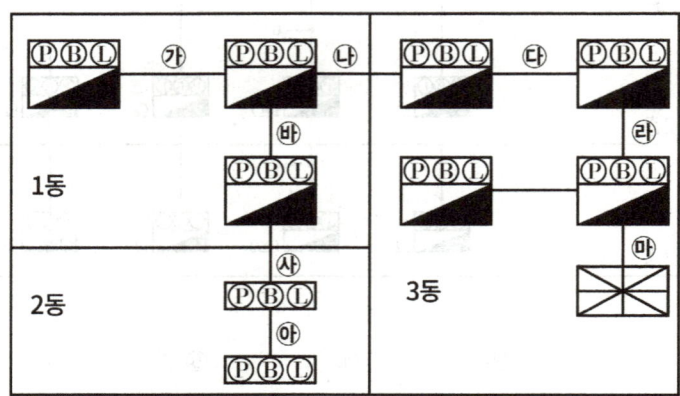

(1) ㉮~㉧까지의 전선의 최소 가닥수를 산출하여 빈칸을 채우시오.(경종공통선과 표시등 공통선은 같이 사용할 것)

구분	회로선	회로 공통선	경종선	경종 및 표시등 공통선	표시등선	응답선	기동확인 표시등	합계
㉮								
㉯								
㉰								
㉱								
㉲								
㉳								
㉴								
㉵								

(2) P형 수신기는 몇 회로용을 설치하여야 하는가?(단, 회로수 산정시 10%의 여유를 둔다.)

(3) 수신기를 상시 사람이 근무하는 장소가 없는 경우 어디에 설치해야 하는가?

(4) 수신기가 설치된 장소에는 무엇을 비치하여야 하는가?

답안

(1)

구분	회로선	회로 공통선	경종선	경종 및 표시등 공통선	표시등선	응답선	기동확인 표시등	합계
㉮	1	1	1	1	1	1	2	8
㉯	5	1	2	1	1	1	2	13
㉰	6	1	3	1	1	1	2	15
㉱	7	1	3	1	1	1	2	16
㉲	9	2	3	1	1	1	2	19
㉳	3	1	2	1	1	1	2	11
㉴	2	1	1	1	1	1		7
㉵	1	1	1	1	1	1		6

(2) 9회로×1.1=9.9이므로 10회로용으로 한다.
(3) 관계인이 쉽게 접근할 수 있고 관리가 용이한 장소
(4) 경계구역일람도

CHAPTER 03 스프링클러설비

1 습식 스프링클러설비(기본 4가닥+3가닥 추가(알람밸브 추가시))

(1) 가닥수 산정 방법(사이렌 ↔ 수신반)

공통선	1가닥, 추가없음
PS(=압력스위치=밸브개방확인=유수검지스위치)	알람(습식)밸브 수마다 1가닥씩 추가
TS(=탬퍼스위치=밸브주의=밸브감시)	알람(습식)밸브 수마다 1가닥씩 추가
사이렌	알람(습식)밸브 수마다 1가닥씩 추가

(모든 추가선은 문제 조건에 달라질 수 있음을 유의 바랍니다.)

(2) 도면 적용 방법

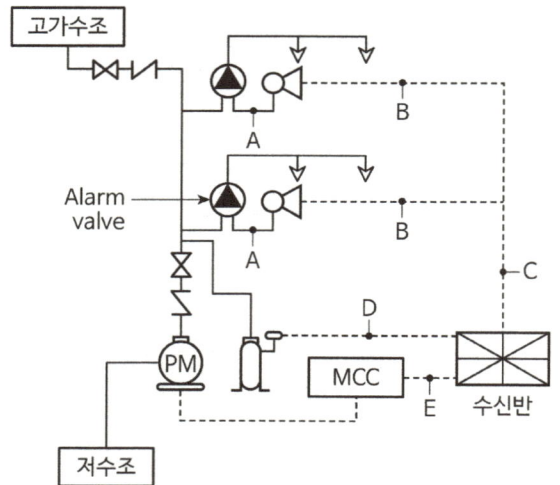

기호	구분	배선수	배선의 용도
A	알람밸브 ↔ 사이렌	3	공통, 압력스위치, 탬퍼스위치
B	사이렌 ↔ 수신반	4	공통, 압력스위치, 탬퍼스위치, 사이렌
C	2개 구역일 경우	7	공통, 압력스위치(2), 탬퍼스위치(2), 사이렌(2)
D	수신반 ↔ 압력탱크	2	공통, 압력스위치
E	MCC ↔ 수신반	5	공통, ON, OFF, 기동표시등, 전원감시등

2 준비작동식 스프링클러설비(기본 8가닥+6가닥 추가(준비작동 밸브 추가시))

(1) 가닥수 산정 방법(SVP ↔ SVP)

전원+	1가닥, 추가없음
전원-	1가닥, 추가없음
SV(=솔레노이드밸브=밸브기동)	준비작동식(프리액션)밸브 수마다 1가닥씩 추가
PS(=유수검지스위치 =압력스위치=밸브개방확인)	준비작동식(프리액션)밸브 수마다 1가닥씩 추가
TS(=탬퍼스위치=밸브주의)	준비작동식(프리액션)밸브 수마다 1가닥씩 추가
사이렌	준비작동식(프리액션)밸브 수마다 1가닥씩 추가
감지기A	준비작동식(프리액션)밸브 수마다 1가닥씩 추가
감지기B	준비작동식(프리액션)밸브 수마다 1가닥씩 추가

(모든 추가선은 문제 조건에 달라질 수 있음을 유의 바랍니다.)

(2) 도면 적용 방법

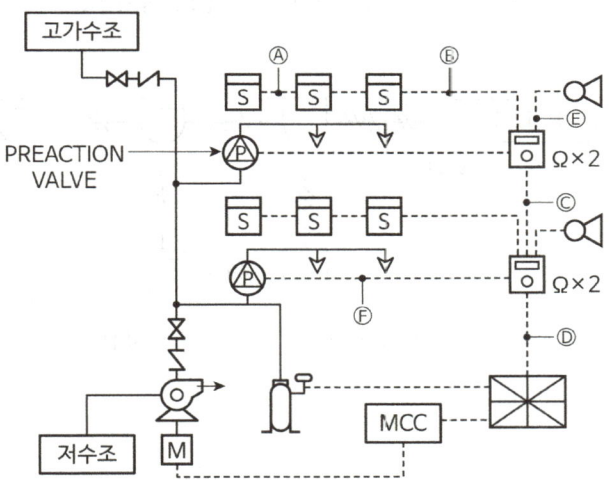

기호	구분	배선수	배선의 용도
A	감지기 ↔ 감지기	4	지구(2), 공통(2)
B	감지기 ↔ SVP	8	지구(4), 공통(4)
C	SVP ↔ SVP	8	전원⊕・⊖, 압력스위치, 탬퍼스위치 솔레노이드밸브, 사이렌, 감지기 A・B
D	2존일 경우	14	전원⊕・⊖, 압력스위치(2), 탬퍼스위치(2) 솔레노이드밸브(2), 사이렌(2), 감지기 (A・B)(2)
E	사이렌 ↔ SVP	2	사이렌(2)
F	프리액션밸브 ↔ SVP	6	압력스위치(2), 탬퍼스위치(2), 솔레노이드밸브(2)

3 감지기 배선(교차회로 방식)

감지기의 오동작 방지를 위하여 하나의 방호구역 내에 2이상의 화재감지회로를 설치하고 인접한 2이상의 화재감지기가 동시에 감지되는 때에 설비가 작동되는 방식

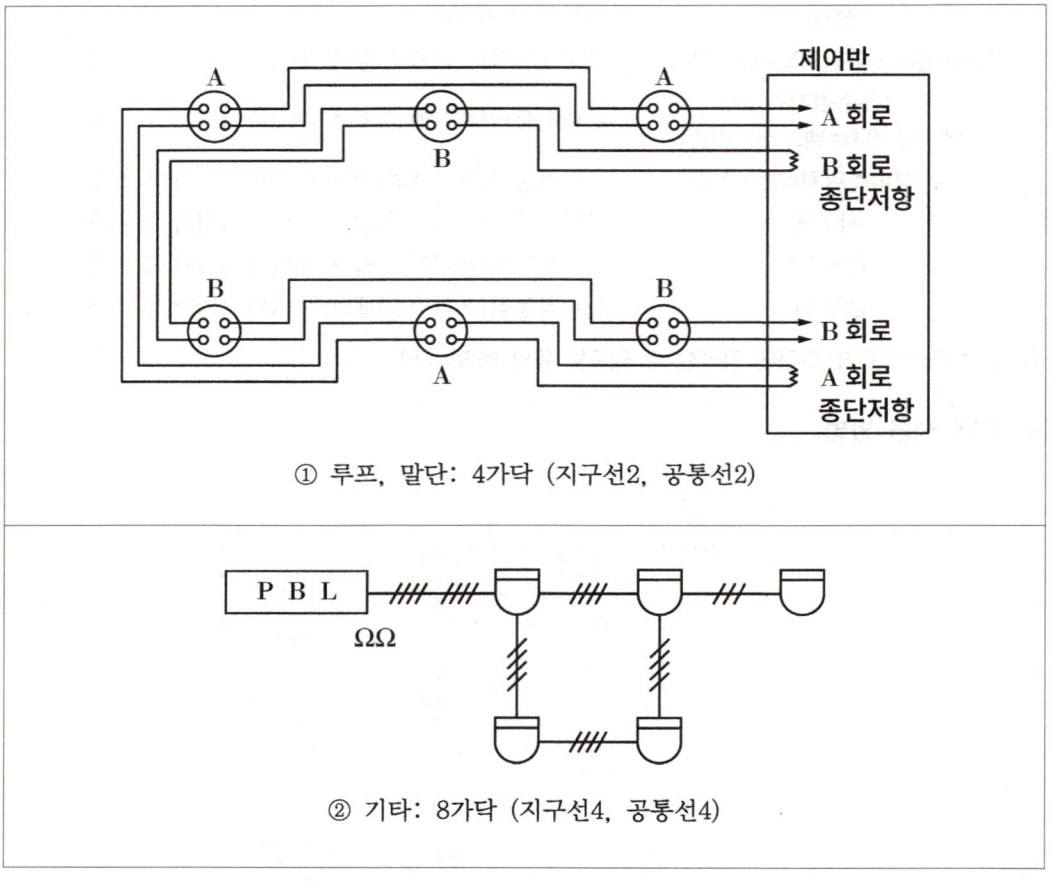

① 루프, 말단: 4가닥 (지구선2, 공통선2)

② 기타: 8가닥 (지구선4, 공통선4)

4 도시기호

설비명	도시기호
프리액션밸브	Ⓟ
경보밸브(습식)	▲
프리액션밸브수동조작함	SVP
솔레노이드밸브	S
압력스위치	PS
탬퍼스위치	TS

연습문제 : 스프링클러설비 가닥수

01 다음 그림은 습식 스프링클러설비의 전기적 계통도이다. 조건을 참조하여 Ⓐ~Ⓔ까지의 배선가닥수와 배선의 용도를 쓰시오. (8점)

[조건]
① 유수검지장치에는 개폐밸브 작동표시스위치는 부착하지 않은 것으로 한다.
② 사용전선은 HFIX전선으로 한다.
③ 배선가닥수는 운전조작상 필요한 최소 가닥수를 사용하는 것으로 한다.

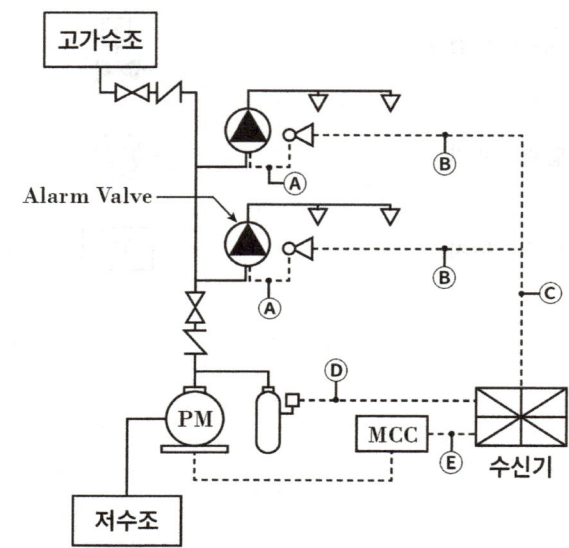

기호	구분	배선수	배선굵기	배선의 용도
Ⓐ	알람밸브 ↔ 사이렌		2.5[㎟] 이상	
Ⓑ	사이렌 ↔ 수신기		2.5[㎟] 이상	
Ⓒ	2구역일 경우		2.5[㎟] 이상	
Ⓓ	압력탱크 ↔ 수신기		2.5[㎟] 이상	
Ⓔ	MCC ↔ 수신기	5	2.5[㎟] 이상	기동, 정지, 공통, 기동표시, 전원감시

답안

기호	구분	배선수	배선굵기	배선의 용도
Ⓐ	알람밸브 ↔ 사이렌	2	2.5[mm²] 이상	압력스위치(PS)1, 공통1
Ⓑ	사이렌 ↔ 수신기	3	2.5[mm²] 이상	압력스위치(PS)1, 사이렌1, 공통1
Ⓒ	2구역일 경우	5	2.5[mm²] 이상	압력스위치(PS)2, 사이렌2, 공통1
Ⓓ	압력탱크 ↔ 수신기	2	2.5[mm²] 이상	압력스위치(PS)2, 공통1
Ⓔ	MCC ↔ 수신기	5	2.5[mm²] 이상	기동, 정지, 공통, 기동표시, 전원감시

02 1동(사무실)과 2동(공장)으로 구분된 특정소방대상물에 설치된 습식스프링클러설비와 자동화재탐지설비의 발신기가 내장된 옥내소화전설비의 도면이다. 경보방식은 동별 구분 경보방식을 적용하였으며 펌프의 기동방식은 기동용수압개폐장치를 이용한 자동기동방식이다. 다음 각 물음에 답하시오. (10점)

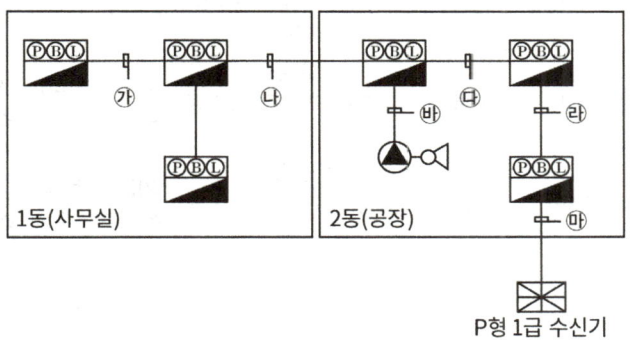

(1) 빈칸에 전선의 가닥수와 전선의 용도를 쓰시오.(경종공통선과 표시등 공통선은 같이 사용할 것)

기호	가닥수	자동화재탐지설비						옥내소화전	스프링클러설비			
㉮												
㉯	10	응답	지구3	공통	경종	경종표시등공통	표시등	기동확인2				
㉰												
㉱												
㉲												
㉳	4								탬퍼스위치	압력스위치	사이렌	공통

(2) 공장동에 설치한 습식스프링클러설비의 사이렌은 어떤 경우에 울리는가?
(3) 스프링클러설비에서 음향장치는 그 구역의 각 부분으로부터 하나의 음향장치까지의 수평거리는 몇 [m] 이하가 되로록 하여야 하는가?

답안
(1)

기호	가닥수	자동화재탐지설비					옥내소화전	스프링클러설비			
㉮	8	응답	지구	공통	경종	경종표시등공통	표시등	기동확인2				
㉯	10	응답	지구3	공통	경종	경종표시등공통	표시등	기동확인2				
㉰	16	응답	지구4	공통	경종2	경종표시등공통	표시등	기동확인2	탬퍼스위치	압력스위치	사이렌	공통
㉱	17	응답	지구5	공통	경종2	경종표시등공통	표시등	기동확인2	탬퍼스위치	압력스위치	사이렌	공통
㉲	18	응답	지구6	공통	경종2	경종표시등공통	표시등	기동확인2	탬퍼스위치	압력스위치	사이렌	공통
㉳	4								탬퍼스위치	압력스위치	사이렌	공통

(2) 폐쇄형헤드의 개방 또는 시험장치의 시험밸브 개방으로 알람밸브의 압력스위치가 작동하는 때
(3) 25[m]

03 기동용수압개폐장치를 사용하는 옥내소화전설비와 습식스프링클러설비가 설치된 지상 6층인 호텔의 계통도를 보고 물음에 답하시오.(한개층의 지구음향장치 배선이 단락되어도 다른 층의 화재통보에 지장이 없도록 각 층 배선상에 유효한 조치를 하였다.)

(8점)

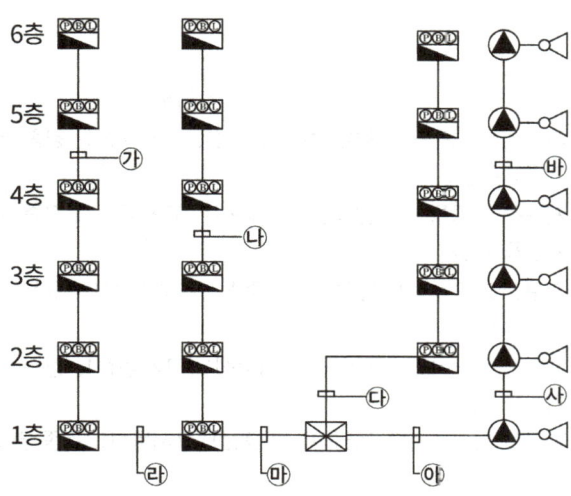

(1) ㉮~㉺까지의 최소 배선가닥수를 표의 빈칸에 쓰시오.

㉮		㉳	
㉯		㉴	
㉰		㉵	
㉱		㉶	

(2) 발신기간 배선 중 7경계구역 당 1가닥씩 증가시켜야 하는 전선의 용도별 명칭을 쓰시오.

(3) ㉰에 필요한 지구선은 몇 가닥인지 쓰시오.

(4) ㉱에 필요한 지구경종선은 몇 가닥인지 쓰시오.

(5) ㉳에 필요한 지구경종선은 몇 가닥인지 쓰시오.

답안

(1)

㉮	10가닥	㉳	25가닥
㉯	12가닥	㉴	7가닥
㉰	16가닥	㉵	16가닥
㉱	18가닥	㉶	19가닥

(2) 회로공통선
(3) 12가닥
(4) 1가닥
(5) 1가닥

해설

(1) 가닥수 배선용도

기호	가닥수	용도
㉮	9	지구선2, 공통선1, 응답선1, 경종선1, 표시등선1, 경종 및 표시등 공통선1 기동표시등2
㉯	10	지구선3, 공통선1, 응답선1, 경종선1, 표시등선1, 경종 및 표시등 공통선1 기동표시등2
㉰	12	지구선5, 공통선1, 응답선1, 경종선1, 표시등선1, 경종 및 표시등 공통선1 기동표시등2
㉱	13	지구선6, 공통선1, 응답선1, 경종선1, 표시등선1, 경종 및 표시등 공통선1 기동표시등2
㉲	20	지구선12, 공통선2, 응답선1, 경종선1, 표시등선1, 경종 및 표시등 공통선1 기동표시등2
㉳	7	압력스위치2, 탬퍼스위치2, 사이렌2, 공통선1
㉴	16	압력스위치5, 탬퍼스위치5, 사이렌5, 공통선1
㉵	19	압력스위치6, 탬퍼스위치6, 사이렌6, 공통선1

04 지하 주차장에 준비작동식스프링클러설비를 하고 차동식스포트형감지기 2종을 설치하여 소화설비와 연동하는 감지기 배선을 하려고 한다. 주어진 평면도를 이용하여 다음 각 물음에 답하시오.(단, 주요구조부는 내화구조이며 층고는 3.6[m]이다.) (6점)

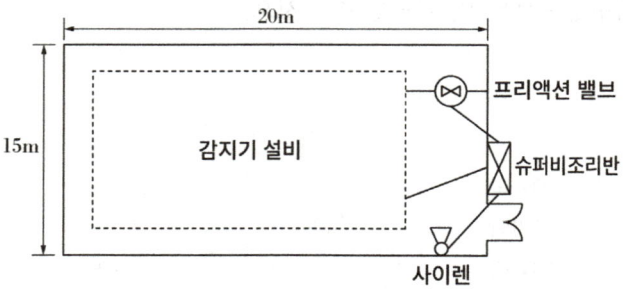

(1) 본 설비에 필요한 감지기 수량을 계산하시오.
(2) 각 설비 및 감지기 간 배선도를 작성할 때 배선에 필요한 가닥수를 도면에 표시하시오.
    (단, SVP와 준비작동밸브 사이의 공통선은 각 설비별로 각각 배선하는 것으로 한다.)

답안

(1) • 계산과정 : $N = \dfrac{(20 \times 15) m^2}{70 m^2} = 4.29$

　　교차회로방식이므로 필요한 감지기 = 5개 × 2회로 = 10개
　• 답 : 10개

(2)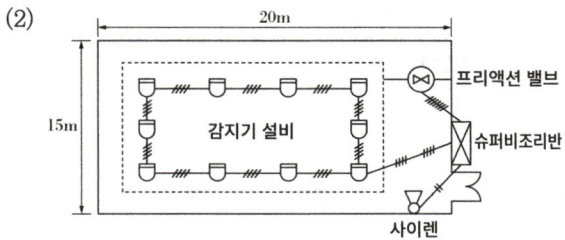

해설

(1) 스포트형 감지기 설치기준

(단위: [m²])

부착높이 및 특정소방대상물의 구분		감지기의 종류						
		차동식 스포트형		보상식 스포트형		정온식 스포트형		
		1종	2종	1종	2종	특종	1종	2종
4[m] 미만	내화구조	90	70	90	70	70	60	20
	기타구조	50	40	50	40	40	30	15
4[m] 이상 8[m] 미만	내화구조	45	35	45	35	35	30	
	기타구조	30	25	30	25	25	15	

(2) ① 감지기~감지기 - 말단 및 루프 구간 : 4가닥(지구2, 공통2), 기타구간 : 8가닥(지구4, 공통4)
　② SVP ~ 준비작동밸브 - 4가닥(SV, PS, TS, 공통) 또는 6가닥 (SV2, PS2, TS2)
　③ 사이렌 - 2가닥(사이렌2)

05 그림은 준비작동식스프링클러설비의 전기적 계통도이다. 다음 각 물음에 답하시오.(단, 배선수는 운전조작상 필요한 최소전선수를 쓰도록 하시오.) (5점)

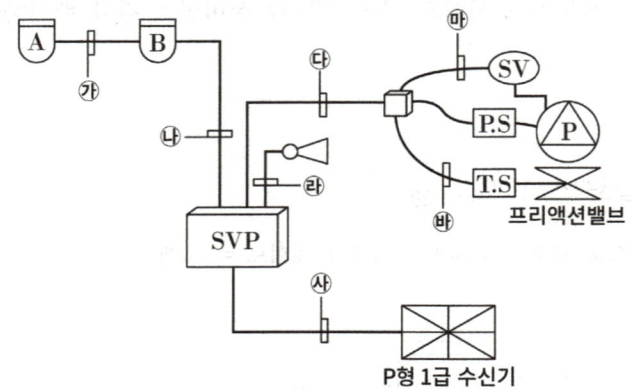

(1) 번호 ㉮~㉯까지 배선의 가닥수를 쓰시오.

기호	㉮	㉯	㉰	㉱	㉲	㉳	㉴
가닥수							

(2) 어떠한 경우에 음향장치가 작동되는지 쓰시오.

(3) 준비작동 밸브의 2차측 주밸브를 잠금 상태에서 유수검지장치의 전기적 작동방법 2가지를 쓰시오.

(4) 교차회로 방식을 적용하지 않고 하나의 회로로 구성해도 무방한 감지기의 종류를 2가지만 쓰시오.

답안

(1)

기호	㉮	㉯	㉰	㉱	㉲	㉳	㉴
가닥수	4	8	4	2	2	2	8

(2) 하나의 감지기회로가 화재를 감지하는 때
(3) 1. 슈퍼비조리판넬(수동조작함)의 기동스위치를 수동으로 누른다.
    2. 교차회로 감지기를 동시에 작동시킨다.
(4) 분포형감지기, 불꽃감지기

해설

(1)

기호	가닥수	배선의 용도
㉮	4	지구선2, 공통선2
㉯	8	지구선4, 공통선4
㉰	4	압력스위치1, 탬퍼스위치1, 솔레노이드밸브1, 공통선1
㉱	2	사이렌2
㉲	2	솔레노이드밸브2
㉳	2	탬퍼스위치2
㉴	8	전원+, 전원-, 압력스위치, 탬퍼스위치, 솔레노이드밸브, 사이렌 감지기A, 감지기B

(2) 준비작동식 스프링클러설비의 음향장치

화재감지기의 감지에 따라 음향장치가 경보되도록 할 것. 이 경우 화재감지기회로를 교차회로방식으로 하는 때에는 하나의 화재감지기회로가 화재를 감지하는 때에도 음향장치가 경보되도록 하여야 한다.

06 다음 도면은 준비작동식 스프링클러설비가 설치된 계통도이다. 도면을 참조하여 빈칸에 알맞은 배선의 가닥수를 쓰시오.(단, 전원공통선과 감지기공통선은 분리하여 사용하고 프리액션밸브에 설치하는 압력스위치, 탬퍼스위치, 솔레노이드밸브의 공통선은 1가닥을 사용한다. 경종과 표시등 공통선은 같이 사용한다.) (7점)

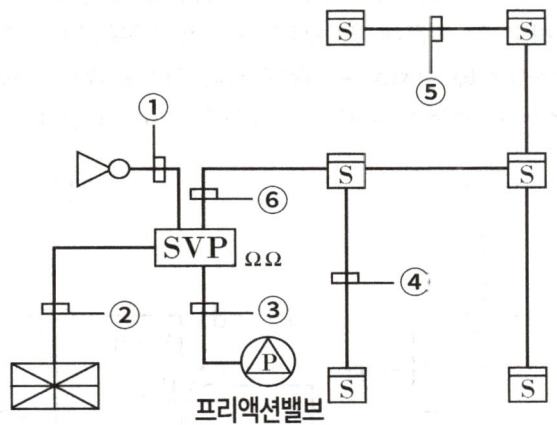

번호	①	②	③	④	⑤	⑥
가닥수						

답안

번호	①	②	③	④	⑤	⑥
가닥수	2	9	4	4	4	8

해설

① PS = 압력스위치 = 밸브개방확인
② TS = 탬퍼스위치 = 밸브주의
③ SV = 솔레노이드밸브 = 밸브기동

번호	가닥수	배선의 용도
①	2	사이렌2
②	9	전원+, 전원-, 감지기공통, 감지기A, 감지기B, 솔레노이드밸브, 압력스위치, 탬퍼스위치, 사이렌
③	4	압력스위치1, 탬퍼스위치1, 솔레노이드밸브1, 공통선1
④	4	지구선2, 공통선2
⑤	4	지구선2, 공통선2
⑥	8	지구선4, 공통선4

07 다음 도면은 자동화재탐지설비와 준비작동식스프링클러설비가 함께 설치된 계통도이다. 도면을 참조하여 각 물음에 답하시오.(단, 전원공통선과 감지기공통선은 분리하여 사용하고 프리액션밸브에 설치하는 압력스위치, 탬퍼스위치, 솔레노이드밸브의 공통선은 1가닥을 사용한다. 경종과 표시등 공통선은 같이 사용한다.) (8점)

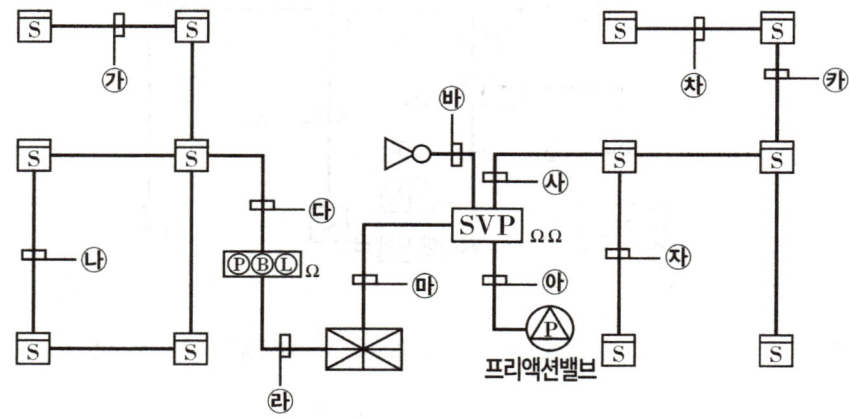

(1) 도면을 보고 아래 빈칸에 ㉮~㉴까지의 배선 가닥수를 쓰시오.

번호	㉮	㉯	㉰	㉱	㉲	㉳	㉴	㉵	㉶	㉷	㉸
가닥수											

(2) ㉲의 배선별 용도를 쓰시오(해당 가닥수까지만 기록)

답안

(1)

번호	㉮	㉯	㉰	㉱	㉲	㉳	㉴	㉵	㉶	㉷	㉸
가닥수	4	2	4	6	9	2	8	4	4	4	8

(2) 9가닥: 전원+, 전원−, 감지기공통선, 감지기A, 감지기B, 압력스위치, 탬퍼스위치, 솔레노이드밸브, 사이렌

해설

번호	가닥수	전선의 사용용도
㉮	4	지구선 2, 공통선 2
㉯	2	지구선 1, 공통선 1
㉰	4	지구선 2, 공통선 2
㉱	6	지구선1, 공통선1, 응답선1, 경종선1, 표시등선1 경종 및 표시등 공통선1
㉲	9	전원+, 전원−, 감지기공통선, 감지기A, 감지기B, 압력스위치, 탬퍼스위치, 솔레노이드밸브, 사이렌
㉳	2	사이렌2
㉴	8	지구선4, 공통선4
㉵	4	압력스위치1, 탬퍼스위치1, 솔레노이드밸브1, 공통선1
㉶	4	지구선2, 공통선2
㉷	4	지구선2, 공통선2
㉸	8	지구선4, 공통선4

08. 다음은 준비작동식 스프링클러설비의 수동조작함 내부결선도 및 회로계통도이다. 다음 각 물음에 답하시오. (10점)

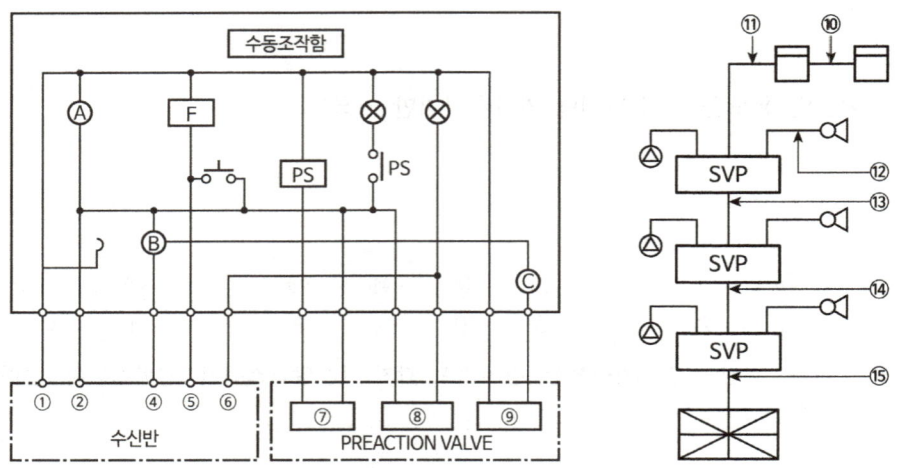

(1) ①~⑨의 명칭은 무엇인가?

기호	①	②	
명칭			
기호	④	⑤	⑥
명칭			
기호	⑦	⑧	⑨
명칭			

(2) Ⓐ Ⓑ Ⓒ에 들어갈 그림기호를 표시하시오.

(3) ⑩~⑮의 전선가닥수를 쓰시오.(단, 최소가닥수로 한다.)

기호	⑩	⑪	⑫	⑬	⑭	⑮
가닥수						

답안

(1)

기호	①	②	
명칭	전원-	전원+	
기호	④	⑤	⑥
명칭	밸브개방확인	밸브기동	밸브주의
기호	⑦	⑧	⑨
명칭	압력스위치(PS)	탬퍼스위치(TS)	솔레노이드밸브(SV)

(2)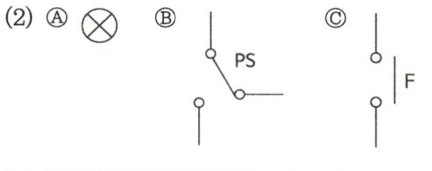

(3)
기호	⑩	⑪	⑫	⑬	⑭	⑮
가닥수	4	8	2	9	15	21

해설

번호	가닥수	배선의 용도
⑩	4	지구선2, 공통선2
⑪	8	지구선4, 공통선4
⑫	2	사이렌2
⑬	8	전원+, 전원-, 감지기A, 감지기B, 솔레노이드밸브, 압력스위치, 탬퍼스위치, 사이렌
⑭	14	전원+, 전원- (감지기A, 감지기B, 솔레노이드밸브, 압력스위치, 탬퍼스위치, 사이렌) × 2
⑮	20	전원+, 전원- (감지기A, 감지기B, 솔레노이드밸브, 압력스위치, 탬퍼스위치, 사이렌) × 3

• 준비작동식 스프링클러설비 결선도

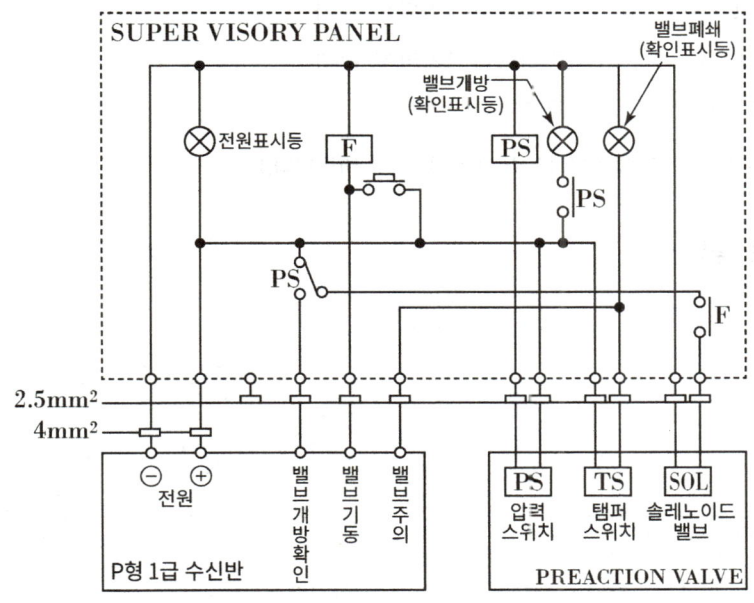

CHAPTER 04 가스계 소화설비

1 CO$_2$, 할론, 할로겐화합물 및 불활성기체
(8가닥 + 5가닥(방호구 또는 수동조작함 추가시))

(1) 가닥수 산정방법

전원+	1가닥, 추가없음
전원-	1가닥, 추가없음
방출지연스위치	1가닥, 추가없음
기동스위치	1구역마다 1가닥씩 추가
사이렌	1구역마다 1가닥씩 추가
방출표시등	1구역마다 1가닥씩 추가
감지기A	1구역마다 1가닥씩 추가
감지기B	1구역마다 1가닥씩 추가

(모든 추가선은 문제 조건에 달라질 수 있음을 유의 바랍니다.)

(2) 도면 적용 방법

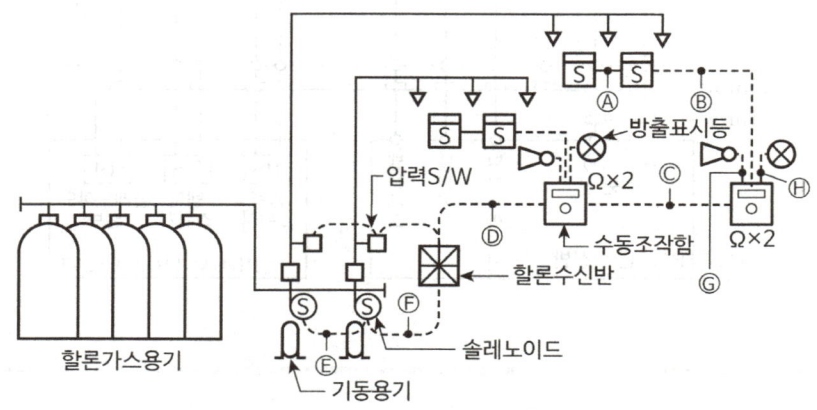

기호	구분	배선수	배선의 용도
Ⓐ	감지기 ↔ 감지기	4	지구(2), 공통(2)
Ⓑ	감지기 ↔ 수동조작반	8	지구(4), 공통(4)
Ⓒ	수동조작반 ↔ 수동조작반	8	전원⊕・⊖, 방출지연스위치, 기동스위치, 사이렌, 방출표시등, 감지기A・B
Ⓓ	2구역일 경우	13	전원⊕・⊖, 방출지연스위치, 기동스위치(2), 사이렌(2), 방출표시등(2), 감지기A・B(2)
Ⓔ	솔레노이드 ↔ 솔레노이드	2	솔레노이드밸브, 공통
Ⓕ	솔레노이드 ↔ 할론수신반	3	솔레노이드밸브(2), 공통
Ⓖ	사이렌 ↔ 수동조작반	2	사이렌, 공통
Ⓗ	방출표시등 ↔ 수동조작반	2	방출표시등, 공통

2 도시기호

설비명	도시기호
압력스위치	ⓅⓈ
표시반	⊞
방출표시등	◐
가스계소화설비의 수동조작함	RM

연습문제 : 가스계설비 가닥수

01 이산화탄소 소화설비의 간선계통도이다. 각 물음에 답하시오.(단, 감지기는 별도의 공통선을 사용한다.) (10점)

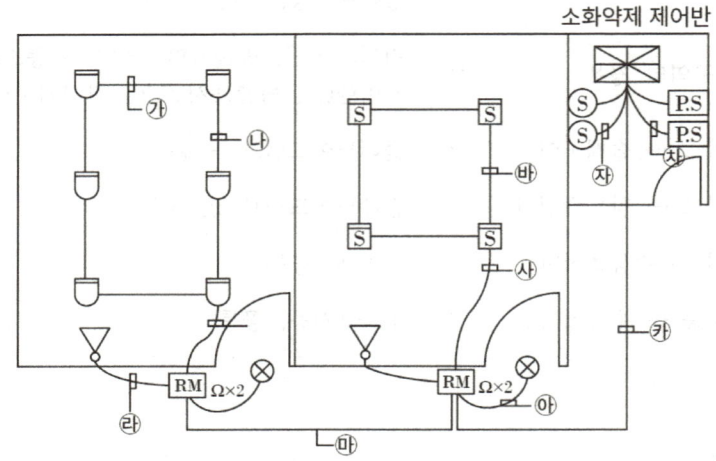

(1) ㉮~㉿까지의 배선가닥수를 쓰시오.

㉮	㉯	㉰	㉱	㉲	㉳	㉴	㉵	㉶	㉷	㉸

(2) ㉲의 배선 용도를 쓰시오(단, 해당 배선가닥수까지만 기록)

번호	배선의 용도	번호	배선의 용도
1		6	
2		7	
3		8	
4		9	
5		10	

(3) ㉲의 배선 중 방호구역이 증가함에 따라 추가되는 배선의 명칭을 쓰시오.

번호	배선의 용도
1	
2	
3	
4	
5	

답안

(1)

㉮	㉯	㉰	㉱	㉲	㉳	㉴	㉵	㉶	㉷	㉸
4	4	8	2	9	4	8	2	2	2	14

(2)

번호	배선의 용도	번호	배선의 용도
1	전원+	6	감지기B
2	전원-	7	기동스위치
3	감지기 공통	8	방출표시등
4	방출지연스위치	9	사이렌
5	감지기A	10	

(3)

번호	배선의 용도
1	감지기A
2	감지기B
3	기동스위치
4	방출표시등
5	사이렌

해설

번호	가닥수	배선의 용도
㉮ ㉯ ㉳	4	지구선2, 공통선2
㉰ ㉴	8	지구4, 공통선4
㉱	2	사이렌2
㉲	9	전원+, 전원-, 방출지연스위치, 기동스위치, 방출표시등, 사이렌 감지기A, 감지기B, 감지기공통
㉵	2	방출표시등2
㉶	2	솔레노이드밸브2
㉷	2	압력스위치2
㉸	14	전원+, 전원-, 방출지연스위치, 감지기공통 (감지기A, 감지기B, 기동스위치, 방출표시등, 사이렌)×2

02 다음은 할론소화설비의 수동조작함에서 할론제어반까지의 결선도 및 계통도(3zone)이다. 주어진 조건과 도면을 참조하여 다음 각 물음에 답하시오. (8점)

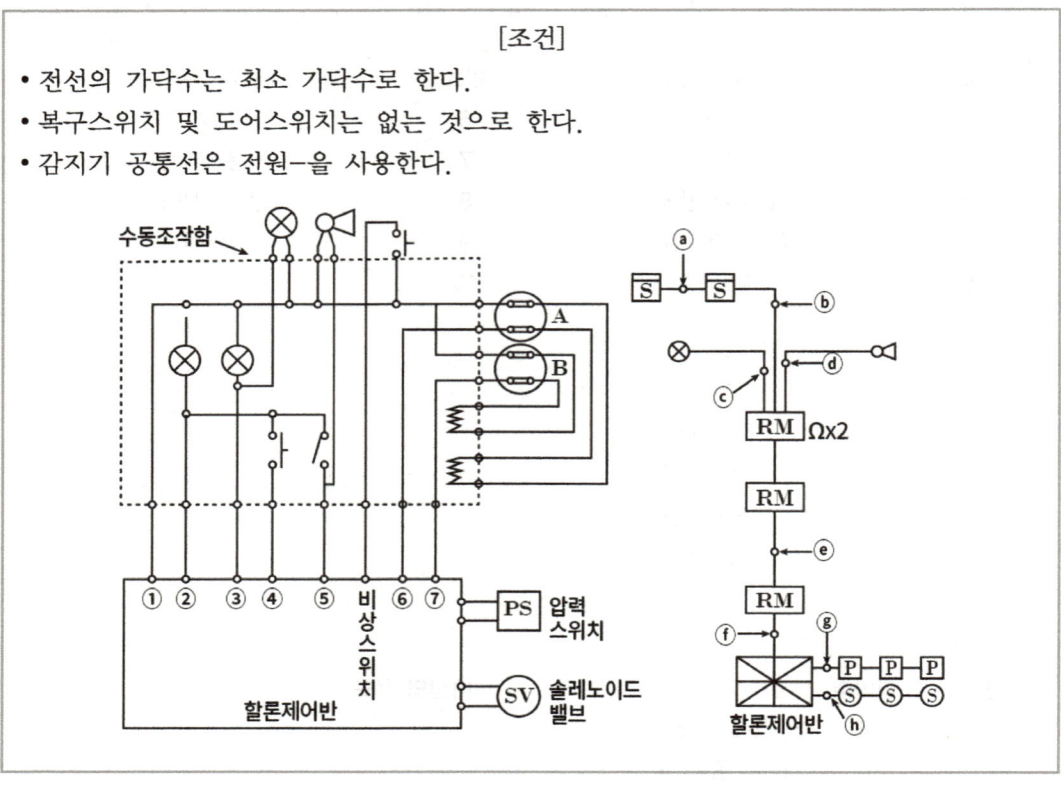

[조건]
- 전선의 가닥수는 최소 가닥수로 한다.
- 복구스위치 및 도어스위치는 없는 것으로 한다.
- 감지기 공통선은 전원-을 사용한다.

(1) ①~⑦에 해당하는 전선의 용도에 대한 명칭을 쓰시오.(단, 같은 용도의 전선이라도 구분이 가능한 것은 구체적인 구분을 하도록 하시오.)

①	②	③	④	⑤	⑥	⑦

(2) ⓐ~ⓗ에는 몇 가닥의 전선이 배선되는가?

ⓐ	ⓑ	ⓒ	ⓓ	ⓔ	ⓕ	ⓖ	ⓗ

답안

(1)

①	②	③	④	⑤	⑥	⑦
전원-	전원+	방출표시등	기동스위치	사이렌	감지기A	감지기B

(2)

ⓐ	ⓑ	ⓒ	ⓓ	ⓔ	ⓕ	ⓖ	ⓗ
4가닥	8가닥	2가닥	2가닥	13가닥	18가닥	4가닥	4가닥

해설

- **배선의 종류 및 용도**

기호	종류 및 가닥수	용도
ⓐ	16C(HFIX 1.5-4)	지구선2, 공통선2
ⓑ	28C(HFIX 1.5-8)	지구선4, 공통선4
ⓒ	16C(HFIX 2.5-2)	방출표시등2
ⓓ	16C(HFIX 2.5-2)	사이렌2
ⓔ	36C(HFIX 2.5-13)	전원+, 전원-, 방출지연스위치, (기동스위치, 방출표시등, 사이렌, 감지기A, 감지기B)×2
ⓕ	36C(HFIX 2.5-18)	전원+, 전원-, 방출지연스위치, (기동스위치, 방출표시등, 사이렌, 감지기A, 감지기B)×3
ⓖ	16C(HFIX 2.5-4)	압력스위치3, 공통1
ⓗ	16C(HFIX 2.5-4)	솔레노이드밸브3, 공통1

- **할론소화설비의 결선도**

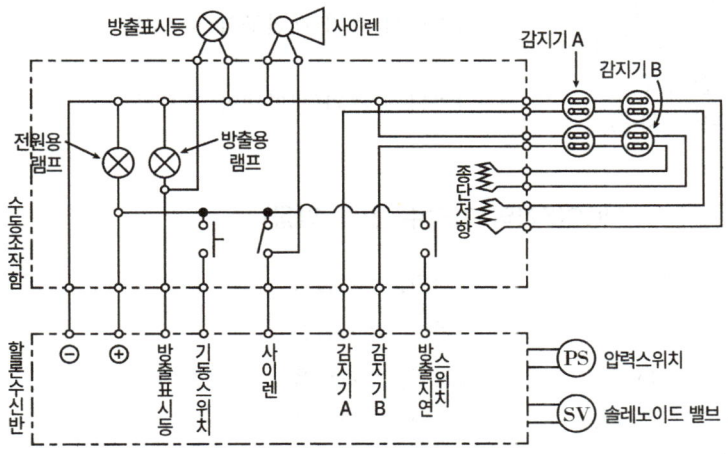

CHAPTER 05 제연설비

1 전실(부속실)제연설비

(1) 제어반(수신반) ↔ 수동조작함(7가닥+5가닥(제연구역 추가시))

전원+	1가닥, 추가없음
전원-	1가닥, 추가없음
기동	1가닥씩 추가(제연구역 추가시)
수동기동확인(=수동기동)	1가닥씩 추가(제연구역 추가시)
급기댐퍼확인 (=급기확인=급기댐퍼확인)	1가닥씩 추가(제연구역 추가시)
배기댐퍼확인 (=배기확인=배기댐퍼확인)	1가닥씩 추가(제연구역 추가시)
감지기 (=회로=지구)	1가닥씩 추가(제연구역 추가시)

(2) 제어반(수신반) ↔ MCC(5가닥: 가닥수 변동 없음)

공통	1가닥, 추가없음
ON(=기동)	1가닥, 추가없음
OFF(=정지)	1가닥, 추가없음
FAN 기동표시동	1가닥, 추가없음
전원감시표시등 (=FAN 정지표시등)	1가닥, 추가없음

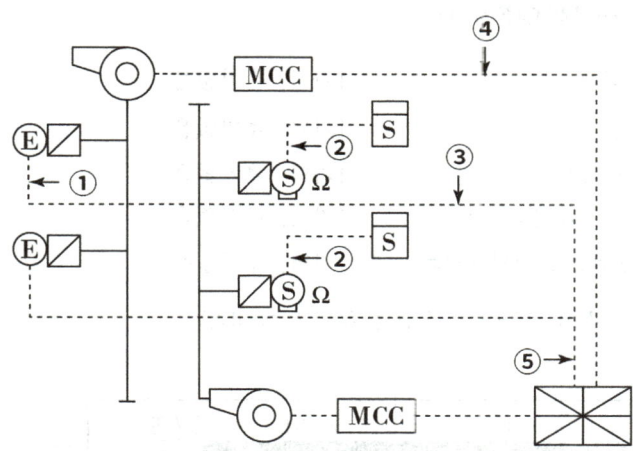

기호	배선가닥수	배선의 용도
①	4	전원+, 전원−, 배기기동, 배기기동확인
②	4	지구선2, 공통선2
③	5	전원+, 전원−, 기동, 급기기동확인, 배기기동확인, 감지기
④	5	ON, OFF, 공통, 기동표시, 전원감시
⑤	10	전원+, 전원−, (기동, 급기기동확인, 배기기동확인, 감지기)×2

2 상가제연설비_개방형(7가닥+5가닥(제연구역 추가시))

(1) 제어반(수신반) ↔ 수동조작함(7가닥+5가닥(제연구역 추가시))

전원+	1가닥, 추가없음
전원−	1가닥, 추가없음
급기기동(=급기댐퍼기동)	1가닥씩 추가(제연구역 추가시)
배기기동(=배기댐퍼기동)	1가닥씩 추가(제연구역 추가시)
급기댐퍼확인 (=급기댐퍼개방확인)	1가닥씩 추가(제연구역 추가시)
배기댐퍼확인 (=배기댐퍼개방확인)	1가닥씩 추가(제연구역 추가시)
감지기 (=회로=지구)	1가닥씩 추가(제연구역 추가시)

(모든 추가선은 문제 조건에 달라질 수 있음을 유의 바랍니다.)

(2) 제어반(수신반) ↔ MCC(5가닥)

공통	1가닥, 추가없음
ON(=기동)	1가닥, 추가없음
OFF(=정지)	1가닥, 추가없음
FAN 기동표시등	1가닥, 추가없음
전원감시표시등(=FAN 정지표시등)	1가닥, 추가없음

(모든 추가선은 문제 조건에 달라질 수 있음을 유의 바랍니다.)

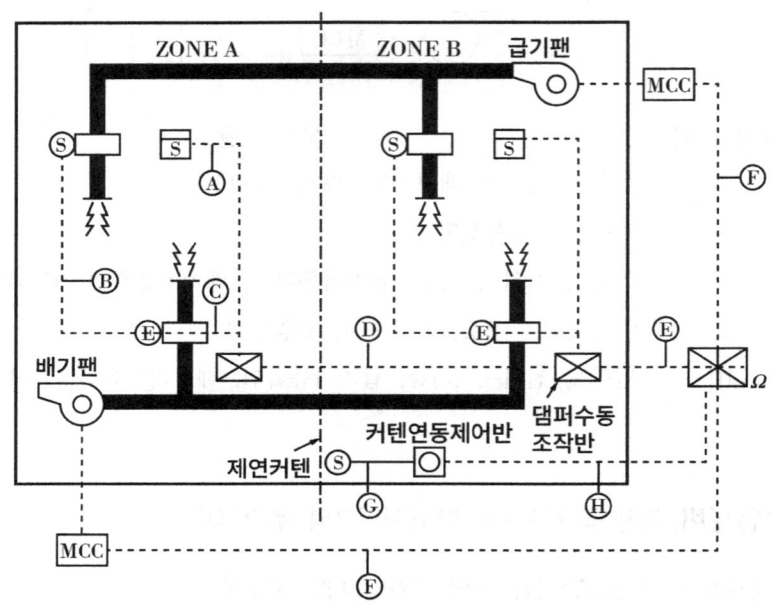

기호	배선가닥수	배선의 용도
Ⓐ	4	지구2, 공통2
Ⓑ	4	전원+, 전원-, 급기(댐퍼)기동, 급기(댐퍼)기동확인
Ⓒ	6	전원+, 전원-, 급기(댐퍼)기동, 급기(댐퍼)기동확인, 배기(댐퍼)기동, 배기(댐퍼)기동확인,
Ⓓ	7	전원+, 전원-, 급기기동, 급기기동확인, 배기(댐퍼)기동 배기(댐퍼)기동확인, 감지기
Ⓔ	12	전원+, 전원-, (급기기동, 급기기동확인, 배기기동, 배기기동확인, 감지기)×2
Ⓕ	5	공통, ON, OFF, FAN 기동표시등, 전원감시표시등
Ⓖ	3	기동, 기동확인, 공통
Ⓗ	5	기동2, 기동확인2, 공통

3 거실제연설비_밀폐형

(1) 제어반(수신반) ↔ 수동조작함(5가닥+3가닥(배기댐퍼 추가시))

전원+	1가닥, 추가없음
전원-	1가닥, 추가없음
댐퍼기동	1가닥씩 추가(배기댐퍼 추가시)
배기댐퍼기동확인 (=배기확인, 배기댐퍼확인)	1가닥씩 추가(배기댐퍼 추가시)
감지기 (=회로=지구)	1가닥씩 추가(배기댐퍼 추가시)

(모든 추가선은 문제 조건에 달라질 수 있음을 유의 바랍니다.)

(2 제어반(수신반) ↔ MCC(5가닥)

ON(기동)	1가닥, 추가없음
OFF(정지)	1가닥, 추가없음
공통	1가닥, 추가없음
FAN 기동표시등	1가닥, 추가없음
전원감시 표시등 (=FAN 정지 표시등)	1가닥, 추가없음

(모든 추가선은 문제 조건에 달라질 수 있음을 유의 바랍니다.)

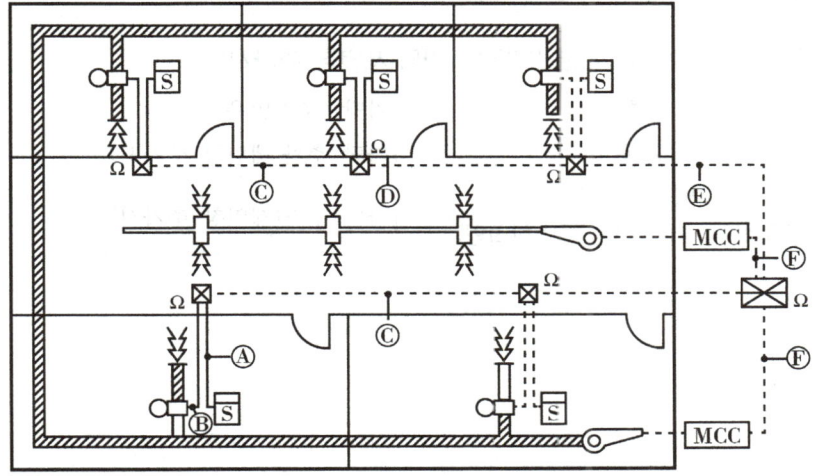

기호	구분	배선수	배선 굵기 [mm²]	배선의 용도
Ⓐ	감지기 – 수동조작함	4	1.5	지구선2, 공통선2
Ⓑ	댐퍼 – 수동조작함	4	2.5	전원+, 전원-, 기동, 기동확인
Ⓒ	수동조작함 – 수동조작함	5	2.5	전원+, 전원-, 댐퍼기동, 댐퍼기동확인, 전원감시표시등
Ⓓ	수동조작함 – 수동조작함	8	2.5	전원+, 전원-(댐퍼기동, 댐퍼기동확인, 전원감시표시등)×2
Ⓔ	수동조작함 – 수신반	11	2.5	전원+, 전원-(댐퍼기동, 댐퍼기동확인, 전원감시표시등)×3
Ⓕ	MCC – 수신반	5	2.5	기동, 정지, 공통, 전원감시등, 기동표시등

(모든 추가선은 문제 조건에 달라질 수 있음을 유의 바랍니다.)

4 제연창설비

(1) 솔레노이드 방식 가닥수 산정방법

① 전동구동장치↔수동조작함(기본 3가닥)

공통	1가닥, 추가없음
기동	1가닥, 추가없음
제연창 개방확인 (=동작확인, 기동확인, 제연창확인)	1가닥, 추가없음

② 전동구동장치↔수신기(기본 3가닥+2가닥(제연창 추가시))

공통	1가닥, 추가없음
기동	1가닥 추가(제연창 추가시)
제연창 개방확인 (=동작확인, 기동확인, 제연창확인)	1가닥 추가(제연창 추가시)

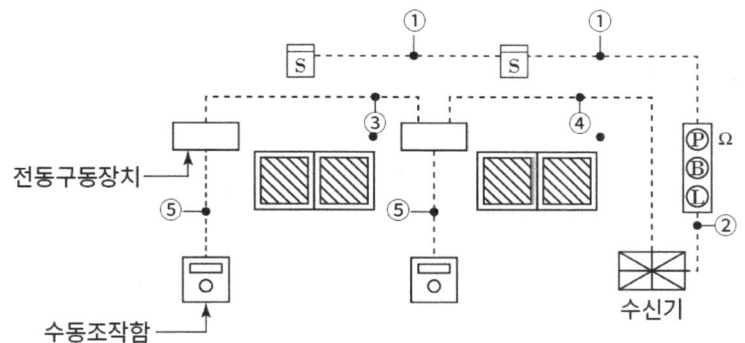

기호	배선수	배선의 용도
①	4	지구2, 공통2
②	6	지구, 공통, 응답, 경종, 표시등, 경종 및 표시등 공통
③	3	공통, 기동, 제연창 개방확인 1
④	5	공통, 기동2, 제연창 개방확인 2
⑤	3	공통, 기동, 제연창 개방확인

(2) 모터방식 가닥수 산정방식

① 전동구동장치↔수동조작함(기본 5가닥)

전원+	1가닥, 추가없음
전원-	1가닥, 추가없음
기동	1가닥, 추가없음
정지	1가닥, 추가없음
복구	1가닥, 추가없음

② 전동구동장치↔수신기(기본 5가닥+1가닥(제연창 추가시))

전원+	1가닥, 추가없음
전원-	1가닥, 추가없음
기동	1가닥, 추가없음
제연창 개방확인 (=동작확인, 기동확인, 제연창확인)	1가닥 추가(제연창 추가시)
복구	1가닥, 추가없음

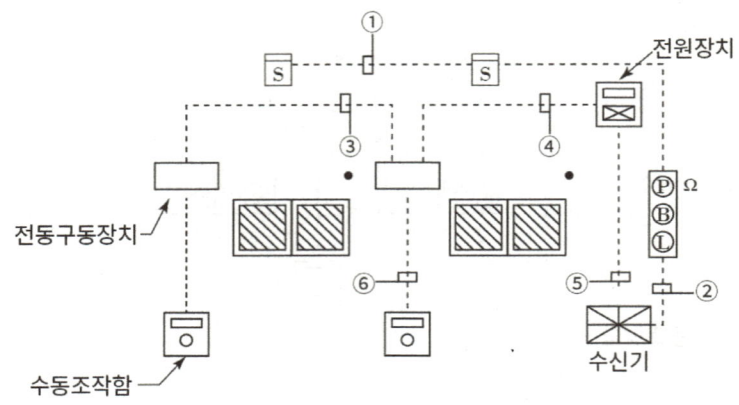

기호	배선수	용도
①	4	지구2, 공통2
②	6	지구, 공통, 응답, 경종, 표시등, 경종 및 표시등 공통
③	5	전원+, 전원-, 기동, 제연창 개방확인, 복구
④	6	전원+, 전원-, 기동, 제연창 개방확인2, 복구
⑤	8	전원+, 전원-, 기동, 제연창 개방확인2, 복구, 교류전원2(전원 별도 공급시 교류전원선은 포함하지 않는다.)
⑥	5	전원+, 전원-, 기동, 복구, 정지

5 자동방화문

(1) 가닥수 산정 방법

공통	1가닥, 추가없음
기동	1가닥, 자동방화문 구역마다 1가닥씩 추가
자동방화문 폐쇄확인 (=확인, 자동방화문 확인)	자동방화문(도어릴리즈)수 마다 1가닥 추가
회로(감지기)	1가닥, 자동방화문 구역마다 1가닥씩 추가
표시등선	1가닥, 추가없음
경종 및 표시등 공통선	1가닥, 추가없음

(모든 추가선은 문제 조건에 달라질 수 있음을 유의 바랍니다.)

(2) 도면 적용하기

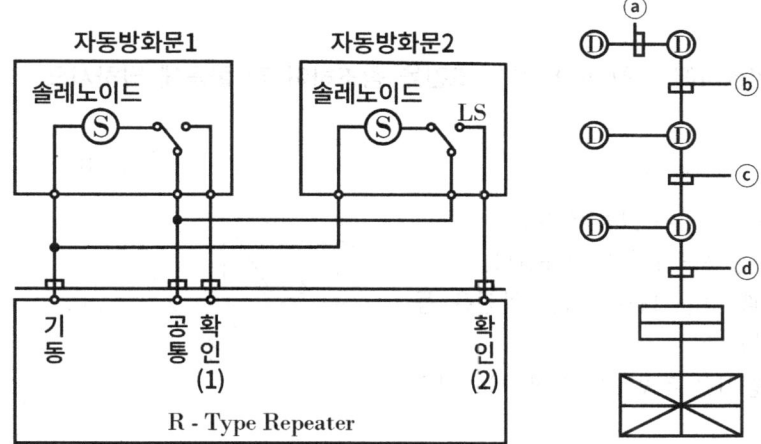

기호	배선의 종류	배선수	용도
ⓐ	HFIX 2.5-3	3가닥	공통, 기동, 확인
ⓑ	HFIX 2.5-4	4가닥	공통, 기동, 확인2
ⓒ	HFIX 2.5-7	7가닥	공통, 기동2, 기동확인4
ⓓ	HFIX 2.5-10	10가닥	공통, 기동3, 기동확인6

■ 연습문제 : 제연설비 가닥수

01 전실제연설비에 대한 도면이다. 조건을 참조하여 각 물음에 답하시오. (8점)

[조건]
① 기동방식은 모터기동방식이다.
② 복구는 자동복구방식을 적용한다.
③ 자동기동과 수동기동에 대한 확인은 동시에 확인된다.
④ 감지기공통선은 전원-을 사용하는 것으로 한다.

(1) 도면에서 A, B, C의 명칭을 쓰시오.
(2) 각 번호에 따른 배선가닥수를 쓰시오.
(3) 기동장치의 조작부 설치높이는 바닥으로부터 얼마인가?

답안

(1) A : 배기댐퍼   B : 연기감지기   C : 급기댐퍼
(2)

번호	①	②	③
배선가닥수	5	4	6

(3) 0.8m 이상 1.5m 이하

해설

(2) 배선가닥수와 배선의 용도

번호	배선가닥수	배선의 용도
①	5	전원+, 전원-, 기동, 배기기동확인, 복구
②	4	지구선2, 공통선2
③	6	전원+, 전원-, 기동, 급기기동확인, 배기기동확인, 감지기

02 전실제연설비의 계통도이다. 다음 조건을 이용하여 ①~⑤까지의 배선가닥수와 배선의 용도를 표의 빈칸에 쓰시오. (5점)

[조건]
① 댐퍼의 기동은 기동신호가 인가되면 작동하고 기동신호를 해제하면 자동으로 복구되는 댐퍼이다.
② 종단저항은 급기댐퍼 내부에 설치한다.
③ 급기 및 배기댐퍼기동은 층별로 동시에 기동되는 방식으로 한다.
④ 별도의 복구선은 없는 것으로 한다.
⑤ 전체는 2개층 2zone의 구조로 되어 있다.

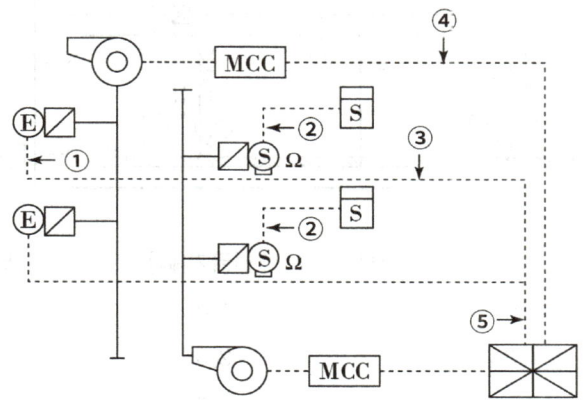

기호	배선가닥수	배선의 용도
①		
②		
③		
④		
⑤		

답안

기호	배선가닥수	배선의 용도
①	4	전원+, 전원-, 배기기동, 배기기동확인
②	4	지구선2, 공통선2
③	6	전원+, 전원-, 기동, 급기기동확인, 배기기동확인, 감지기
④	5	ON, OFF, 공통, 기동표시, 전원감시
⑤	10	전원+, 전원-, (기동, 급기기동확인, 배기기동확인, 감지기)×2

03

상가매장에 설치되어 있는 제연설비의 전기적인 계통도이다. Ⓐ~Ⓕ까지의 배선수와 배선의 용도를 쓰시오.(단, 모든 댐퍼는 별도의 복구선 없다. 배선수는 운전 조작상 필요한 최소 전선수를 사용한다.)

(10점)

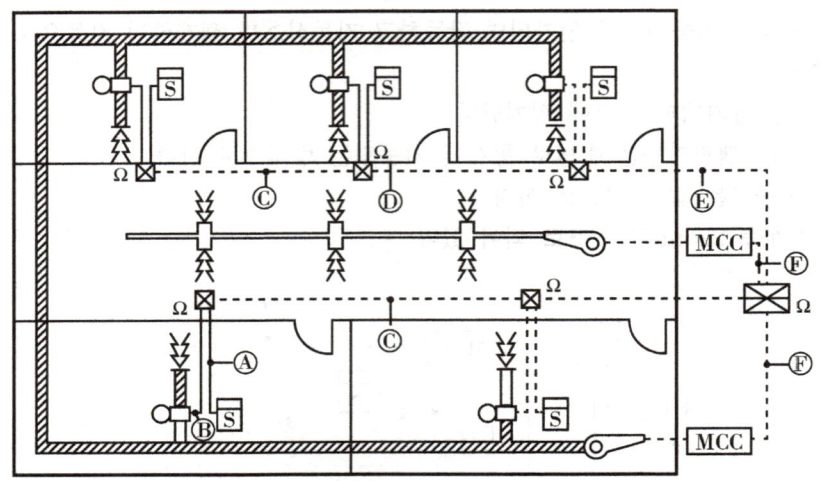

기호	구분	배선수	배선굵기[mm²]	배선의 용도
Ⓐ	감지기 – 수동조작함		1.5	
Ⓑ	댐퍼 – 수동조작함		2.5	
Ⓒ	수동조작함 – 수동조작함		2.5	
Ⓓ	수동조작함 – 수동조작함		2.5	
Ⓔ	수동조작함 – 수신반		2.5	
Ⓕ	MCC – 수신반	5	2.5	기동, 정지, 공통, 전원감시등, 기동표시등

답안

기호	구분	배선수	배선굵기[mm²]	배선의 용도
Ⓐ	감지기 – 수동조작함	4	1.5	지구선2, 공통선2
Ⓑ	댐퍼 – 수동조작함	4	2.5	전원+, 전원-, 기동, 기동확인
Ⓒ	수동조작함 – 수동조작함	5	2.5	전원+, 전원-, 기동, 기동확인, 감지기
Ⓓ	수동조작함 – 수동조작함	8	2.5	전원+, 전원-, (기동, 기동확인, 감지기)×2
Ⓔ	수동조작함 – 수신반	11	2.5	전원+, 전원-, (기동, 기동확인, 감지기)×3
Ⓕ	MCC – 수신반	5	2.5	기동, 정지, 공통, 전원감시등, 기동표시등

04 6층 이상의 사무실 건물에 시설하는 배연창설비의 계통도 및 조건을 참조하여 배선수와 각 배선의 용도를 다음 표에 작성하시오. (10점)

[조건]
① 전동구동장치는 솔레노이드식이다.
② 화재감지기가 작동하거나 수동조작함의 스위치를 ON시키면 제연창이 동작되어 수신기에 동작상태를 표시하게 된다.
③ 화재감지기는 자동화재탐지설비용 감지기를 겸용으로 사용한다.

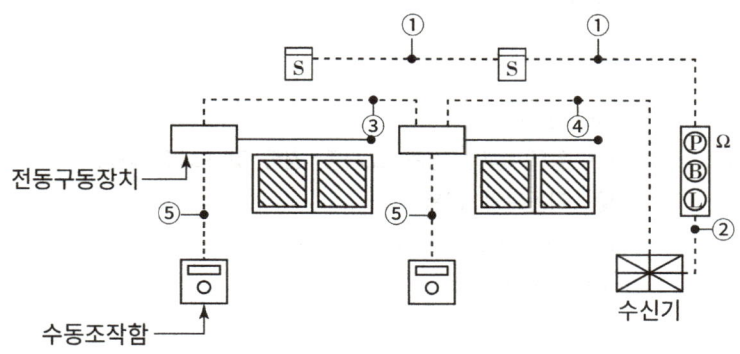

기호	구분	배선수	배선의 용도
①	감지기 ↔ 감지기		
②	발신기 ↔ 수신기		
③	전동구동장치 ↔ 전동구동장치		
④	전동구동장치 ↔ 수신기		
⑤	전동구동장치 ↔ 수동조작함		

답안

기호	구분	배선수	배선의 용도
①	감지기 ↔ 감지기	4	지구2, 공통2
②	발신기 ↔ 수신기	6	지구, 공통, 응답, 경종, 표시등 경종 및 표시등 공통
③	전동구동장치 ↔ 전동구동장치	3	기동, 기동확인, 공통
④	전동구동장치 ↔ 수신기	5	기동2, 기동확인2, 공통
⑤	전동구동장치 ↔ 수동조작함	3	기동, 기동확인, 공통

해설
- 솔레노이드 방식

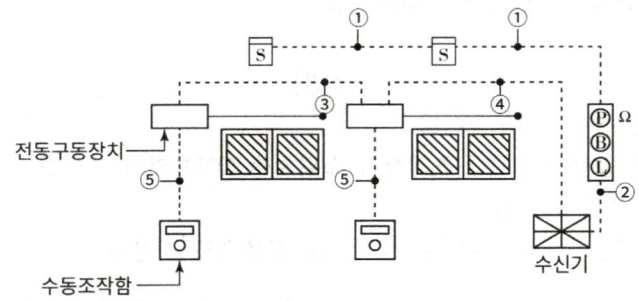

기호	배선수	배선의 용도
①	4	지구2, 공통2
②	6	지구, 공통, 응답, 경종, 표시등, 경종 및 표시등 공통
③	3	기동, 기동확인, 공통
④	5	기동2, 기동확인2, 공통
⑤	3	기동, 기동확인, 공통

05 그림은 배연창설비의 회로 계통도에 대한 도면이다. 계통도 및 조건을 참조하여 다음 각 물음에 답하시오. (10점)

[조건]
① 전동구동장치는 모터방식이다.
② 화재감지기가 작동하거나 수동조작함의 스위치를 ON시키면 제연창이 동작되어 수신기에 동작상태를 표시하게 된다.
③ 화재감지기는 자동화재탐지설비용 감지기를 겸용으로 사용한다.
④ 사용전선은 HFIX를 사용한다.

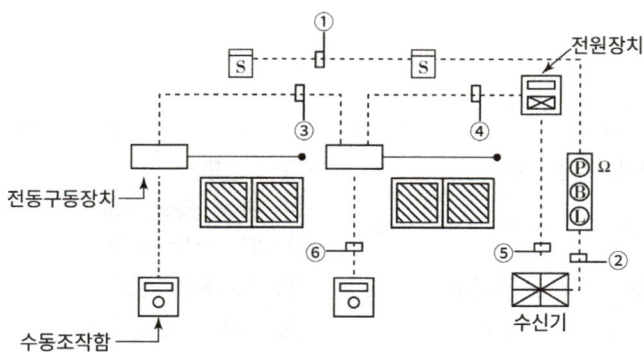

도체 단면적 [㎟]	전선가닥수									
	1	2	3	4	5	6	7	8	9	10
	전선관의 최소굵기[mm]									
2.5	16	16	16	16	22	22	22	28	28	28
4	16	16	16	22	22	22	28	28	28	28
6	16	16	22	22	22	28	28	28	36	36
10	16	22	22	28	28	28	36	36	36	36

(1) 이 설비는 일반적으로 몇 층 이상의 건물에 시설하는가?

(2) 도면의 각 배선수 및 용도를 작성하시오.

기호	내역	용도
①	16C(HFIX 1.5[㎟])~4)	지구2, 공통2
②		
③	22C(HFIX 2.5[㎟])~5)	전원+, 전원-, 기동, 복구, 동작확인
④		
⑤		
⑥		

답안

(1) 6층 이상

기호	구분	배선수	배선의 용도
①	감지기 ↔ 감지기	4	지구2, 공통2
②	발신기 ↔ 수신기	6	지구, 공통, 응답, 경종, 표시등, 경종 및 표시등 공통
③	전동구동장치 ↔ 전동구동장치	3	기동, 기동확인, 공통
④	전동구동장치 ↔ 수신기	5	기동2, 기동확인2, 공통
⑤	전동구동장치 ↔ 수동조작함	3	기동, 기동확인, 공통

(2)

기호	내역	용도
①	16C(HFIX 1.5[㎟])~4)	지구2, 공통2
②	22C(HFIX 2.5[㎟])~7)	지구, 공통, 응답, 경종, 표시등, 경종 및 표시등 공통
③	22C(HFIX 2.5[㎟])~5)	전원+, 전원-, 기동, 복구, 동작확인
④	22C(HFIX 2.5[㎟])~6)	전원+, 전원-, 기동, 복구, 동작확인2
⑤	28C(HFIX 2.5[㎟])~8)	전원+, 전원-, 기동, 복구, 동작확인2, 교류전원2
⑥	22C(HFIX 2.5[㎟])~5)	전원+, 전원-, 기동, 복구, 정지

06 다음은 자동방화문(AUTO DOOR RELEASE)설비의 자동방화문 결선도 및 계통도에 대한 것이다. 조건을 참조하여 각 물음에 답하시오. (6점)

[조건]
① 전선의 가닥수는 최소로 한다.
② 방화문 감지기회로는 제외한다.
③ 자동방화문설비는 층별로 동일하다.

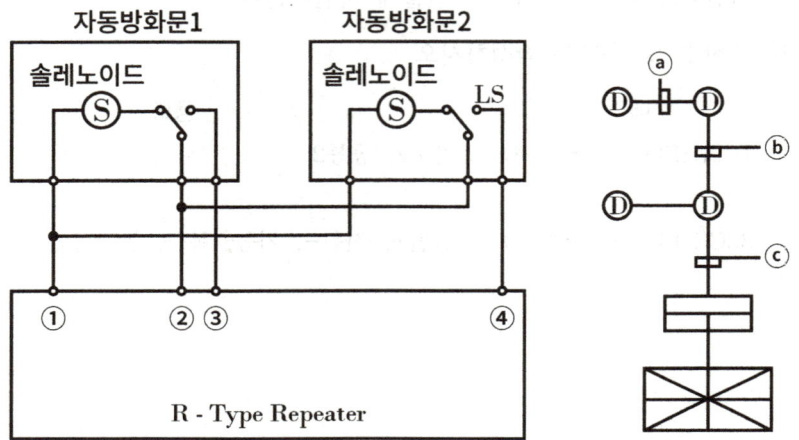

(1) ①~④ 배선의 용도를 쓰시오.

(2) ⓐ~ⓒ의 전선가닥수와 용도를 쓰시오.

답안

(1) ① 기동 ② 공통 ③ 기동확인1 ④ 기동확인2
(2) ⓐ 3가닥 : 공통, 기동, 기동확인
    ⓑ 4가닥 : 공통, 기동, 기동확인2
    ⓒ 7가닥 : 공통, (기동, 기동확인2)×2

해설

(1) 결선도 및 계통도

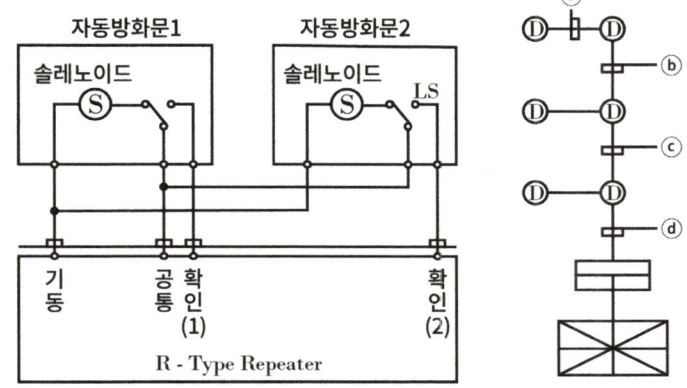

(2) 배선의 내역

기호	배선의 종류	배선수	용도
ⓐ	HFIX 2.5-3	3가닥	공통, 기동, 기동확인
ⓑ	HFIX 2.5-4	4가닥	공통, 기동, 기동확인2
ⓒ	HFIX 2.5-7	7가닥	공통, 기동2, 기동확인4
ⓓ	HFIX 2.5-10	10가닥	공통, 기동3, 기동확인6

쉽고 빠르게 합격하는 소방설비(산업)기사 전기분야 실기

PART
05

공사재료

제1장   금속관공사재료
제2장   배선도 표시방법

CHAPTER 01 금속관공사재료

명칭	그림	용도
부싱		전선의 절연피복을 보호하기 위하여 금속관 끝에 취부하여 사용되는 부품
로크너트		금속관과 박스를 접속할 때 사용하는 재료로 최소 2개를 사용한다.
링리듀서		금속관을 아우트렛 박스에 로크 너트만으로 고정하기 어려울 때 보조적으로 사용되는 부품
유니언커플링		금속전선관 상호간을 접속하는 데 사용되는 부품(관이 고정되어 있을 때)
노멀벤드		매입배관공사를 할 때 직각으로 굽히는 곳에 사용하는 부품
유니버설엘보		노출배관공사를 할 때 관을 직각으로 굽히는 곳에 사용하는 부품
커플링		금속전선관 상호간을 접속하는 데 사용되는 부품(관이 고정되어 있지 않을 때)
새들		관을 지지하는 데 사용하는 재료
리머		금속관 말단의 모를 다듬기 위한 기구
파이프커터		금속관을 절단하는 기구
환형 3방출 정크션박스		배관을 분기할 때 사용하는 박스
파이프벤더		금속관(후강전선관, 박강전선관)을 구부릴 때 사용하는 공구

CHAPTER 02 배선도 표시방법

HFIX 1.5(16)

① 배선공사명: 천장은폐배선
② 전선의 종류, 전선의 굵기 및 전선수량: 450/750 [V] 저독성 난연 가교폴리올레핀 절연전선 1.5 [mm^2] 4가닥
③ 전선관의 종류 및 구경: 후강전선관 16 [mm]

　* 후강전선관: 매입배관용(관 지름 짝수 – 16, 22, 28, 36[mm])
　* 박강전선관: 노출배관용(관 지름 홀수 – 19, 25, 31, 39[mm])

1 전선의 종류

약 호	명 칭
HFIX	450/750 [V] 저독성 난연 가교폴리올레핀 절연전선
FP	내화케이블
HP	내열전선
DV	인입용 비닐절연전선
OW	옥외용 비닐절연전선
CV	가교폴리에틸렌 절연비닐 외장(시스)케이블
MI	미네랄 인슐레이션 케이블
IH	하이퍼론 절연전선
GV	접지용 비닐전선
E	접지선

■ 연습문제 : **금속관공사재료, 배선도 표시방법**

01 금속관공사로 노출배관을 나타낸 그림이다. 다음 각 물음에 답하시오. (5점)

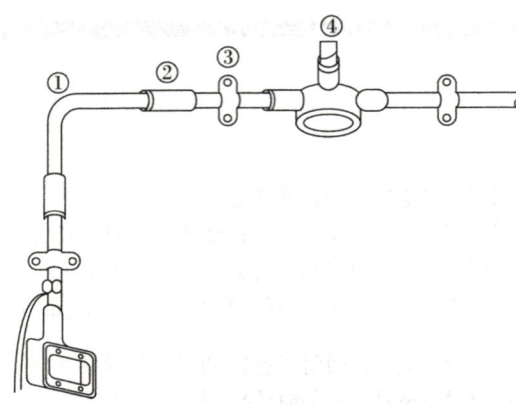

(1) 번호 ①~④에 들어갈 배관의 부품명칭을 쓰시오.

①	②	③	④

(2) 노출배관으로 시공할 경우 ①을 대신하여 사용할 수 있는 부품의 명칭은 무엇인가?

답안

(1)

①	②	③	④
노멀밴드	커플링	새들	3방출 환형 노출박스

(2) 유니버설 엘보

해설

• 금속관공사의 부품

명칭	그림	용도
부싱		전선의 절연피복을 보호하기 위하여 금속관 끝에 취부하여 사용되는 부품
로크너트		금속관과 박스를 접속할 때 사용하는 재료로 최소 2개를 사용한다.

명칭	그림	용도
링리듀서		금속관을 아우트렛 박스에 로크 너트만으로 고정하기 어려울 때 보조적으로 사용되는 부품
유니언커플링		금속전선관 상호간을 접속하는 데 사용되는 부품(관이 고정되어 있을 때)
노멀벤드		매입배관공사를 할 때 직각으로 굽히는 곳에 사용하는 부품
유니버설엘보		노출배관공사를 할 때 관을 직각으로 굽히는 곳에 사용하는 부품
커플링		금속전선관 상호간을 접속하는 데 사용되는 부품(관이 고정되어 있지 않을 때)
새들		관을 지지하는 데 사용하는 재료
리머		금속관 말단의 모를 다듬기 위한 기구
파이프커터		금속관을 절단하는 기구
환형 3방출 정크션박스		배관을 분기할 때 사용하는 박스
파이프벤더		금속관(후강전선관, 박강전선관)을 구부릴 때 사용하는 공구

02 저압옥내배선의 금속관공사(배선)에 이용되는 부품의 명칭을 쓰시오. (3점)

(1) 관이 고정되어 있지 않을 때 금속전선관 상호간 접속하는데 사용되는 부품
(2) 전선의 절연피복을 보호하기 위하여 박스 내의 금속관 끝에 취부하여 사용되는 부품
(3) 금속관과 박스를 서로 접속할 때 사용되는 부품

답안
(1) 커플링 (2) 부싱 (3) 로크너트

해설

(1) 유니버설 엘보 : 노출배관공사 시 관을 직각으로 굽히는 곳에 사용하는 부품
(2) 링 리듀서 : 금속관을 아우트렛박스에 로크너트만으로 고정하기 어려울 때 보조적으로 사용되는 부품
(3) 커플링 : 관이 고정되어 있지 않을 때 금속전선관 상호간 접속하는데 사용되는 부품
(4) 유니언 커플링 : 관이 고정되어 있을 때 금속전선관 상호간 접속하는데 사용되는 부품
(5) 부싱 : 전선의 절연피복을 보호하기 위하여 박스 내의 금속관 끝에 취부하여 사용되는 부품
(6) 로크너트 : 금속관과 박스를 서로 접속할 때 사용되는 부품
(7) 노멀밴드 : 매입배관공사 시 직각으로 굽히는 곳에 사용하는 부품
(8) 새들 : 관을 지지하는데 사용되는 부품
(9) 리이머 : 금속배관 절단 후 말단의 거칠음을 다듬을 때 사용하는 부품
(10) 파이프커터 : 금속배관을 절단하는데 사용되는 공구
(11) 파이프밴더 : 금속배관을 구부리는데 사용하는 공구

03 굴곡 장소가 많아서 금속관공사의 시공이 곤란한 경우 전동기와 옥내배선을 연결할 경우 사용하는 공사방법을 쓰시오. (3점)

답안
가요전선관공사

해설
• 가요전선관공사
굴곡장소가 많거나 금속관공사의 시공이 어려운 경우에 전동기와 옥내배선을 연결, 시공할 경우 사용하는 공사방법이다.

04 저압옥내배선의 금속관공사에 있어서 금속관과 박스 그 밖의 부속품은 다음 각 호에 의하여 시설하여야 한다. (   ) 안에 알맞은 내용을 쓰시오. (5점)

(1) 금속관을 구부릴 때 금속관의 단면이 심하게 변형되지 아니하도록 구부려야 하며, 그 안측의 (①)은 관 안지름의 (②)배 이상이 되어야 한다.

(2) 아웃렛박스 사이 또는 전선인입구를 가지는 기구 사이의 금속관은 (③)개소를 초과하는 직각 또는 직각에 가까운 굴곡개소를 만들어서는 아니 된다. 굴곡개소가 많은 경우 길이가 (④)[m]를 초과하는 경우는 (⑤)를 설치하는 것이 바람직하다.

답안

① 반지름   ② 6   ③ 3   ④ 30   ⑤ 풀박스

해설

- 금속관공사의 시설(내규 2225-8)

① 금속관을 구부릴 때 금속관의 단면이 심하게 변형되지 아니하도록 구부려야 하며, 그 안측의 반지름은 관 안지름의 6배 이상이 되어야 한다.(단, 전선관의 안지름이 25mm 이하이고 건조물의 구조상 부득이한 경우는 관의 내단면이 현저하게 변형되지 않고 관에 금이 생기지 않을 정도까지 구부릴 수 있다.)

② 아우트렛박스 사이 또는 전선 인입구를 가지는 기구 사이의 금속관은 3개소를 초과하는 직각 또는 직각에 가까운 굴곡개소를 만들어서는 안 된다. 굴곡개소가 많은 경우 길이가 30m를 초과하는 경우에는 풀박스를 설치하는 것이 바람직하다.

③ 유니버설 엘보, 티이, 크로스 등은 조영재에 은폐시켜서는 안 된다. (단, 그 부분을 점검할 수 있는 경우는 예외)

④ 티이, 크로스 등은 덮개가 있는 것이어야 한다.

05 소방시설공사 중 표준품셈에 명시되어 있지 않은 공구손료, 잡재료비 등을 계상하고자 할 때에는 별도 계상하여야 한다. 다음 각 물음에 답하시오. (5점)

(1) 공구손료는 직접노무비(노임할증, 제수당, 상여금 및 퇴직급여 충당금등은 제외)의 몇 %까지 계상하는가?

(2) 잡재료비 및 소모재료는 설계내역에 표시하여 계상하되 주재료비의 최대 몇 %까지 계상하는가?

답안

(가) 3%   (나) 5%

해설

(1) 공구손료 : 일반공구 및 시험용 계측기구의 손료로서 공사 중 상시 일반적으로 사용하는 것을 말하며 직접노무비(노임할증, 제수당, 상여금 및 퇴직급여 충당금등은 제외)의 3%까지 계상해서 책정을 한다.
(2) 잡재료 및 소모재료 : 잡재료 및 소모재료는 설계내역에 표시하여 계상하되 주재료비의 2~5%까지 계상한다. 문제상으로 최대를 물어봤으므로 5%가 정답이다.

06 소방시설의 배선도면을 보고 다음 각 물음에 답하시오. (13점)

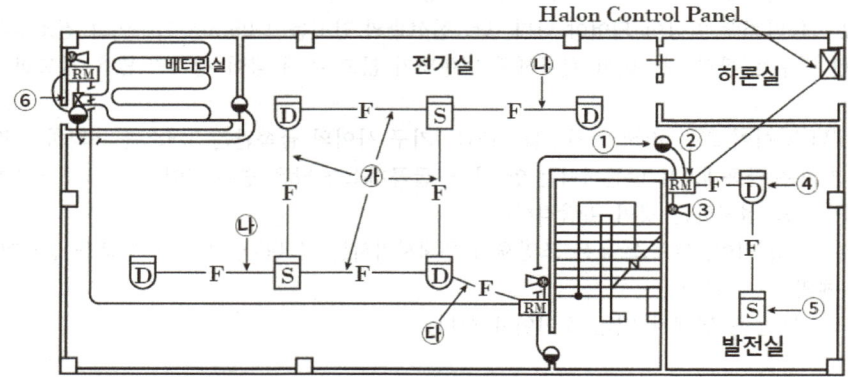

(1) 도면에 표시된 그림기호 ①~⑥의 명칭은 무엇인가?
(2) 도면에서 ㉮~㉰의 배선가닥수는 몇 가닥인가?
(3) 도면에서 물량을 산출할 때 박스는 몇 개가 필요한가?
(4) 부싱은 몇 개가 소요되겠는가?

답안

(1) ① 방출표시등   ② 수동조작함
    ③ 모터사이렌   ④ 차동식스포트형감지기
    ⑤ 연기감지기   ⑥ 차동식분포형감지기의 검출부

(2) ㉮ 4가닥   ㉯ 4가닥   ㉰ 8가닥
(3) 4각 박스 - 12개, 8각 박스 - 3개
(4) 40개

해설

(2) 교차회로방식 - 말단 및 루프 구간 : 4가닥(지구2, 공통2), 기타구간 : 8가닥(지구4, 공통4)
   ※ 부싱 : ㅇ로 표시
(3) 4각 박스 - 12개 (감지기 5개, 사이렌 3개, 방출표시등 4개)
   8각 박스 - 3개 (감지기 3개)
(4) 부싱 : 40개 (1방출 11개소, 2방출 3개소, 3방출 3개소, 4방출 1개소, 5방출 2개소)

07 다음 도면을 보고 각 물음에 답하시오. (6점)

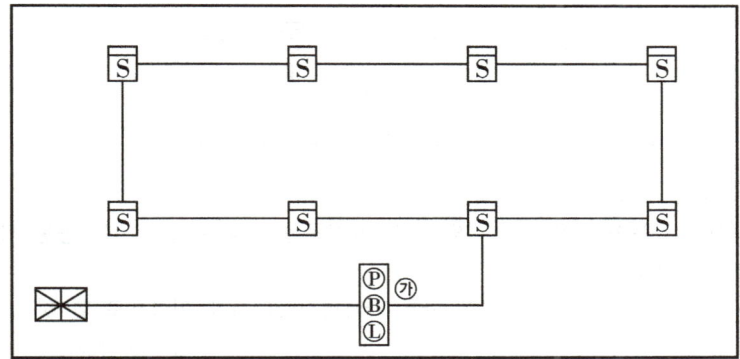

(1) ㉮는 수동으로 화재를 발신하는 P형 1급 발신기세트이다. 발신기세트와 수신기 간의 배관 길이가 15[m]인 경우 전선은 총 몇 [m]가 필요한지 산출하시오.(단, 층고, 할증 및 여유율 등은 고려하지 않는다.)
   • 계산과정   • 답

(2) 상기 건물에 설치된 감지기가 2종인 경우 8개의 감지기가 최대로 감지할 수 있는 감지구역의 바닥면적 합계는 몇 [m²]인가?(단, 천장높이는 5[m]인 경우이다.)
   • 계산과정   • 답

(3) 감지기와 감지기 간, 감지기와 P형 1급 발신기세트 간의 길이가 각각 10[m]인 경우 전선관 및 전선물량을 산출과정과 함께 쓰시오.(단, 층고와 할증 및 여유율 등은 고려하지 않는다.)
   • 계산과정   • 답

답안

(1) • 계산과정 : $L = 7가닥 \times 15m = 105m$
    • 답 : 105 [m]

(2) • 계산과정 : $A = 8개 \times \dfrac{75m^2}{개} = 600m^2$
    • 답 : 600 [m²]

(3)

품명	규격	산출과정	물량(m)
전선관	16C	10m×9=90m	90m
전선	1.5㎟	10m×8×2+10m×4=200m	200m

해설

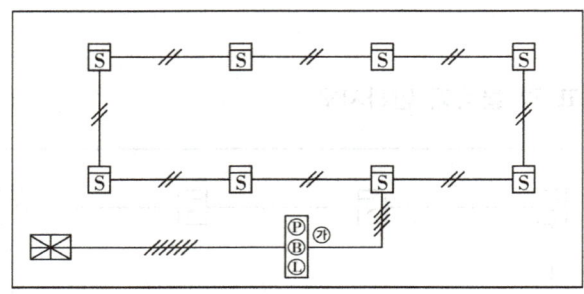

(1) 발신기세트와 수신기 간 가닥수 내역
   6가닥: 지구선1, 공통선1, 응답선1, 경종선1, 표시등선1, 경종 및 표시등 공통선1

(2) • 연기감지기 설치기준
   감지기의 부착높이에 따라 다음 표에 따른 바닥면적마다 1개 이상으로 할 것

(단위: [m²])

부착높이	감지기의 종류	
	1종 및 2종	3종
4[m] 미만	150	50
4[m] 이상 20[m] 미만	75	—

(3)

품명	산출과정	길이(m)
전선관	① 감지기~감지기 사이의 거리=10m×8=80m ② 감지기~발신기세트 사이의 거리=10m ∴ 전선관 총 길이=80+10=90m	90m
전선	① 감지기~감지기 사이의 길이=10m×8×2가닥=160m ② 감지기~발신기 사이의 길이=10m×4가닥=40m ∴ 전선 총 길이=160+40=200m	200m

08 자동화재탐지설비의 평면도를 보고 각 물음에 답하시오. (9점)

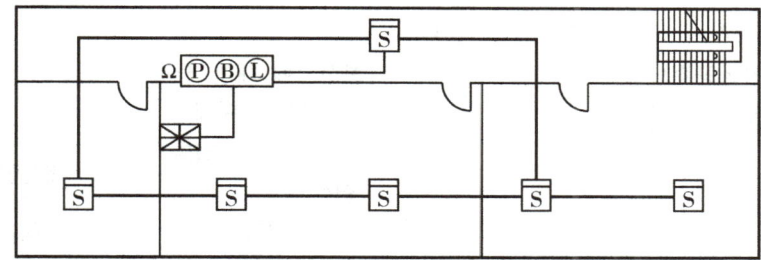

(1) 각 기기장치 사이를 연결하는 배선의 가닥수를 도면상에 표시하시오.

(2) 도표상에 명시한 자재를 시공하는데 필요한 노무비를 주어진 품셈표를 적용하여 산출하시오. (단, 노무비는 수량, 공량, 노임단가의 빈칸을 채우고 산출하며, 층고는 3.5[m]이고, 내선전공의 노임단가는 105,000원을 적용한다)

품명	규격	단위	수량	공량	노임단가(원)	노무비(원)
연지기	연기감지기	개				
발신기	P형 1급	개				
경종	DC 24[V]	개				
표시등	DC 24[V]	개				
전선관	16C	m	76	0.08		
전선	HFIX 1.5[mm²]	m	208	0.01		
전선관	28C	m	7	0.14		
전선	HFIX 2.5[mm²]	m	77	0.01		
P형 1급 수신기	5회로	대				
-	-	-	-	-	소계	

[품셈표]

공종	단위	내선전공	비고
연기감지기	개	0.13	(1) 천장높이 4[m] 기준 1[m] 증가 시마다 4[%] 가산 (2) 매입형
시험기(공기관 포함)	개	0.15	(1) 상동 (2) 상동
분포형의 공기관	m	0.025	(1) 상동 (2) 상동
검출기	개	0.30	
공기관식의 Booster	개	0.10	

공종	단위	내선전공	비고
발신기	개	0.30	1급(방수형)
회로시험기	개	0.10	
수신기 P(기본공수) (회선수 공수산출 가산요)	대	6.0	[회선수에 대한 산정] 매 1회선에 대해서
부수신기(기본공수)	대	3.0	형식별 내선전공: P형 0.3, R형 0.2 ※ R형은 수신반 인입감시 회선수 기준 [참조] 산정예 : [P-1의 10회분 기본공수는 6인, 회선당 할증수는 (10×0.3)=3] ∴ 6+3=9인
경종	개	0.15	
표시등	개	0.20	
표시판	개	0.15	

답안
(1)
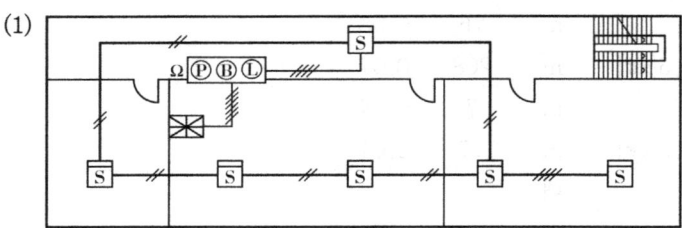

(2)

품명	규격	단위	수량	공량	노임단가(원)	노무비(원)
연지기	연기감지기	개	6	0.13	105,000	6×0.13×105,000=81,900
발신기	P형 1급	개	1	0.30	105,000	1×0.3×105,000=31,500
경종	DC 24[V]	개	2	0.15	105,000	2×0.15×105,000=31,500
표시등	DC 24[V]	개	1	0.20	105,000	1×0.2×105,000=21,000
전선관	16C	m	76	0.08	105,000	76×0.08×105,000=638,400
전선	HFIX 1.5[㎟]	m	208	0.01	105,000	208×0.01×105,000=218,400
전선관	28C	m	7	0.14	105,000	7×0.14×105,000=102,900
전선	HFIX 2.5[㎟]	m	77	0.01	105,000	77×0.01×105,000=80,850
P형 1급 수신기	5회로	대	1	0.6	105,000	(6+1×0.3)×105,000=661,500
-	-	-	-	-	소계	1,867,950

09 다음 표는 어느 특정소방대상물의 자동화재탐지설비의 공사에 필요한 자재물량이다. 주어진 표준품셈의 표를 이용하여 다음 각 물음에 답하시오. (10점)

[조건]
① 공구손료는 인력품의 3%를 적용한다.
② 내선전공의 1일 노임단가(M/D)는 100,000원을 적용한다.
③ 콘크리트박스는 매입기준이며 박스커버의 내선전공은 적용하지 않는다.
④ 빈 칸에 숫자를 적을 필요가 없는 부분은 빈칸으로 남겨 둔다.

[표1] 전선관 배관

(단위 : m당)

합성수지 전선관		후강전선관		금속가요 전선관	
규격[mm]	내선전공	규격[mm]	내선전공	규격[mm]	내선전공
14	0.04	–	–	–	–
16	0.05	16	0.08	16	0.044
22	0.06	22	0.11	22	0.059
28	0.08	28	0.14	28	0.072
36	0.10	36	0.20	36	0.087
42	0.13	42	0.25	42	0.104
54	0.19	54	0.34	54	0.136
70	0.28	70	0.44	70	0.156

[표2] 박스(BOX) 설치

종별	내선전공
Concrete Box	0.12
Outlet Box	0.20
Switch Box(2개용 이하)	0.20
Switch Box(3개용 이상)	0.25
노출형 Box(콘크리트 노출기준)	0.29
플로어박스	0.20
연결용박스	0.04

[표3] 옥내배선

(단위 : m당, 직종 : 내선전공)

규격[mm²]	관내배선	규격[mm²]	관내배선
6	0.010	120	0.077
16	0.023	150	0.088
38	0.031	200	0.107
50	0.043	250	0.130
60	0.052	300	0.148
70	0.061	325	0.160
100	0.064	400	0.197

[표4] 자동화재탐지설비 설치

공종	단위	내선전공	비고
spot형 감지기 [(차동식, 정온식, 보상식)노출형]	개	0.13	(1) 천장높이 4m 기준 1m 증가 시마다 5% 가산 (2) 매입형 또는 특수구조인 경우 조건에 따라 선정
시험기(공기관 포함)	개	0.15	(1) 상동 (2) 상동
분포형의 공기관 (열전대선 감지선)	m	0.025	(1) 상동 (2) 상동
검출기	개	0.30	
공기관식의 Booster	개	0.10	
발신기 P형	개	0.30	
회로시험기	개	0.10	
수신기 P형(기본공수) (회선수 공수 산출 가산요)	대	6.0	[회선수에 대한 산정] 매1회선에 대하여 <table><tr><td>형식</td><td>내선전공</td></tr><tr><td>P형</td><td>0.3</td></tr><tr><td>R형</td><td>0.2</td></tr></table>※ R형은 수신반 인입감시 회선수 기준 참고) 산정예: [P-1의 10회분 기본공수는 6인, 회선 당 할증수는 (10×0.3)=3] ∴ 6+3=9인
부수신기(기본공수)	대	3.0	
경종	개	0.15	
표시등	개	0.20	

(1) 내선전공의 노임요율 및 공량의 빈칸을 채우시오.

품명	규격	단위	수량	1일 노임단가 (노임요율)	공량
	P형 5회로	대	1		
발신기	P형	개	5		
경종	DC[24V]	개	5		
표시등	DC[24V]	개	5		
차동식감지기	스포트형	개	60		
후강전선관	16mm	m	70		
후강전선관	22mm	m	100		
후강전선관	28mm	m	400		
전선	$1.5mm^2$	m	10,000		
전선	$2.5mm^2$	m	15,000		
콘크리트박스	4각	개	5		
콘크리트박스	8각	개	55		
박스커버	4각	개	5	−	
박스커버	8각	개	55	−	
계		−	−	−	

(2) 인건비의 빈칸을 채우시오.

품명	단위	공량	단가(원)	금액(원)
내선전공	인			
공구손료	−			
계		−	−	

답안

(1) 내선전공의 노임요율 및 공량

품명	규격	단위	수량	1일 노임단가 (노임요율)	공량
수신기	P형 5회로	대	1	100,000	6+(5×0.3)=7.5
발신기	P형	개	5	100,000	5×0.3=1.5
경종	DC[24V]	개	5	100,000	5×0.15=0.75
표시등	DC[24V]	개	5	100,000	5×0.2=1
차동식감지기	스포트형	개	60	100,000	60×0.13=7.8
후강전선관	16mm	m	70	100,000	70×0.08=5.6

품명	규격	단위	수량	1일 노임단가 (노임요율)	공량
후강전선관	22mm	m	100	100,000	100×0.11=11
후강전선관	28mm	m	400	100,000	400×0.14=56
전선	$1.5mm^2$	m	10,000	100,000	10,000×0.01=100
전선	$2.5mm^2$	m	15,000	100,000	15,000×0.01=150
콘크리트박스	4각	개	5	100,000	5×0.12=0.6
콘크리트박스	8각	개	55	100,000	55×0.12=6.6
박스커버	4각	개	5	–	–
박스커버	8각	개	55	–	–
계		–	–	–	7.5+1.5+0.75+1+7.8+ 5.6+11+56+100+150 +0.6+6.6 =348.35

(2) 인건비

품명	단위	공량	단가(원)	금액(원)
내선전공	인	348.35	100,000	348.35×100,000=34,835,000
공구손료	–	3%	34,835,000	34,835,000×0.03=1,045,050
계	–	–		34,835,000+1,045,050=35,880,050

해설

(1) 공량 구하는 법
   ① 수신기: 6(기본공수) + 5(5회로) × 0.3(매1회선 p형 내선전공) = 7.5
   ② 발신기: 5개 × 0.3(내선전공) = 1.5
   ③ 경종: 5개 × 0.15(내선전공) = 0.75
   ④ 표시등: 5개 × 0.2(내선전공) = 1
   ⑤ 차동식 감지기: 60개 × 0.13(내선전공) = 7.8
   ⑥ 후강전선관(16mm): 70m × 0.08(내선전공) = 5.6
   ⑦ 후강전선관(22mm): 100m × 0.11(내선전공) = 11
   ⑧ 후강전선관(28mm): 400m × 0.14(내선전공) = 56
   ⑨ 전선($1.5mm^2$): 10,000m × 0.01(내선전공) = 100
   ⑩ 전선($2.5mm^2$): 15,000m × 0.01(내선전공) = 150

(2) 인건비
   ① 내선전공: 348.35(공량합계)×100,000(노임단가) = 34,835,000
   ② 공구손료: 34,835,000(내선전공합계)×0.03(공구손료) = 1,045,050
   ③ 계: 34,835,000 + 1,045,050 = 35,880,050

쉽고 빠르게 합격하는 소방설비(산업)기사 전기분야 실기

PART
06

시퀀스

제1장　불대수와 논리게이트
제2장　무접점회로와 유접점회로
제3장　시퀀스 제어

CHAPTER 01 불대수와 논리게이트

1 불대수

1 정의

1(High)과 0(Low)의 디지털신호를 연산할 수 있는 대수체계

2 기본연산

① $A+1=1$
② $A+0=A$
③ $A+A=A$
④ $A \cdot 1 = A$
⑤ $A \cdot 0 = 0$
⑥ $A \cdot A = A$
⑦ $A+\overline{A}=1$
⑧ $A \cdot \overline{A} = 0$
⑨ $\overline{\overline{A}} = A$
⑩ $A+B=B+A$
⑪ $A \cdot B = B \cdot A$
⑫ $A \cdot (B+C) = AB+AC$
⑬ $A+B \cdot C = (A+B) \cdot (A+C)$
⑭ $A+AB = A(1+B) = A$
⑮ $A \cdot (A+B) = A+AB = A$
⑯ $\overline{A}+AB = (\overline{A}+A) \cdot (\overline{A}+B) = \overline{A}+B$

3 드모르간 정리

① $\overline{A+B} = \overline{A} \cdot \overline{B}$
② $\overline{A \cdot B} = \overline{A} + \overline{B}$

2 논리게이트

1 정의
불대수를 기반으로 논리연산을 수행해주는 도구

2 논리게이트의 종류와 논리표

① AND게이트(논리곱): 두 입력이 모두 1이어야 출력이 1이 나오는 게이트

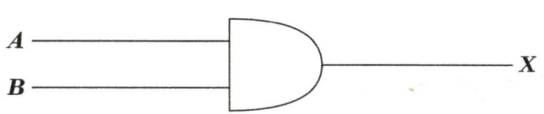

A	B	X
0	0	0
0	1	0
1	0	0
1	1	1

$X = A \cdot B$

② OR게이트(논리합): 두 입력 중 하나만 1이 나와도 출력이 1이 나오는 게이트

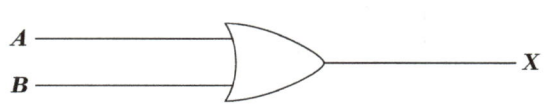

A	B	X
0	0	0
0	1	1
1	0	1
1	1	1

$X = A + B$

③ NOT게이트(부정): 입력과 반대의 출력이 나오는 게이트

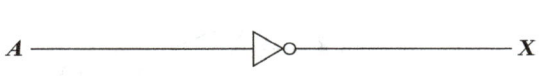

A	X
0	1
1	0

$X = \overline{A}$

④ NAND게이트(논리곱의 부정): AND게이트의 반대출력이 나오는 게이트

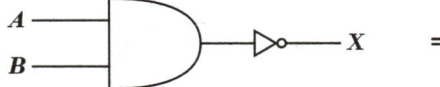 =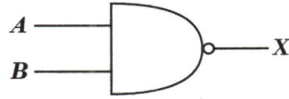

A	B	X
0	0	1
0	1	1
1	0	1
1	1	0

$X = \overline{A \cdot B}$

⑤ NOR게이트(논리합의 부정): OR게이트의 반대출력이 나오는 게이트

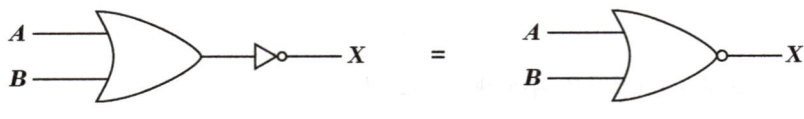

A	B	X
0	0	1
0	1	0
1	0	0
1	1	0

$X = \overline{A+B}$

⑥ XOR(Exclusive OR; EOR)게이트(베타적 논리합)
: 두 입력이 서로 달라야 출력이 1이 나오는 게이트

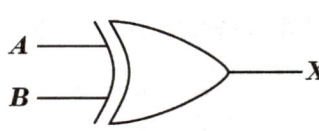

A	B	X
0	0	0
0	1	1
1	0	1
1	1	0

$X = A \oplus B$

3 논리게이트의 드모르간정리

① $\overline{A} \cdot \overline{B} = \overline{A+B}$

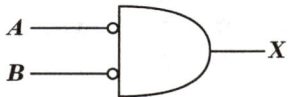 =

② $\overline{A} + \overline{B} = \overline{A \cdot B}$

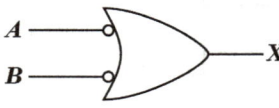 =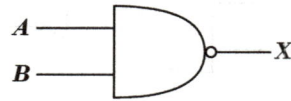

CHAPTER 02 무접점회로와 유접점회로

1 정의와 종류

1 유접점회로
릴레이와 같이 기계적인 조작을 통해 a, b접점을 제어하는 회로

2 무접점회로
반도체소자를 활용하여 제어하는 회로

3 종류

게이트	유접점	무접점
AND (논리곱) (직렬연결)		
OR (논리합) (병렬연결)		

게이트	유접점	무접점
NOT (부정)		
NAND (논리곱의 부정)		
NOR (논리합의 부정)		
EOR (배타적 논리합) (Exclusive OR)		

연습문제 : 불대수와 논리게이트, 무접점회로와 유접점회로

01 그림과 같은 논리회로를 보고 각 물음에 답하시오. (9점)

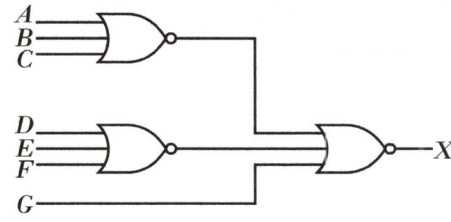

(1) 논리식으로 가장 간단히 표현하시오.

(2) AND, OR, NOT 회로를 이용한 등가회로로 그리시오.

(3) 유접점회로로 그리시오.

답안

(1) $X = \overline{\overline{(A+B+C)} + \overline{(D+E+F)} + G}$

$X = (A+B+C) \cdot (D+E+F) \cdot \overline{G}$

(2)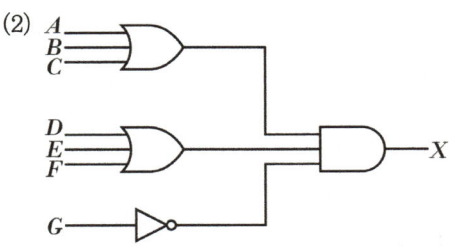

(3)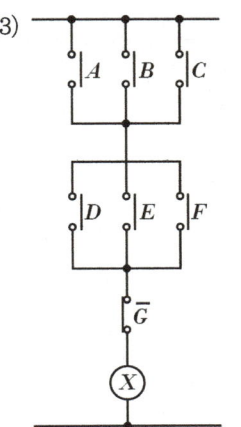

해설

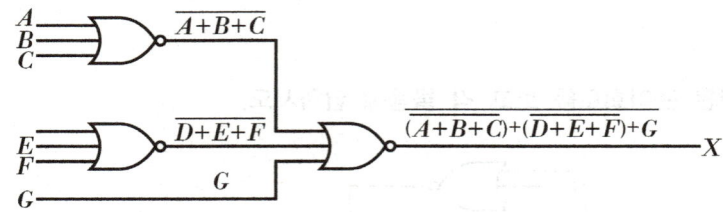

02 논리식 $Z = (A+B+C) \cdot (ABC+D)$를 유접점회로와 무접점 회로로 바꾸어 그리시오.

(6점)

① 유접점회로　　　　　　　　　② 무접점회로

답안

① 유접점회로

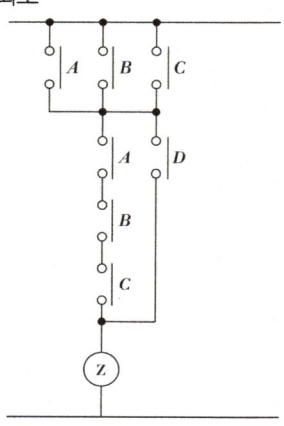

② 무접점회로

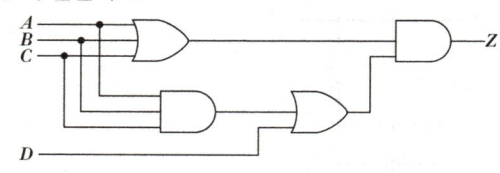

03 논리식 $Y = (A \cdot B \cdot C) + (A \cdot \overline{B} \cdot \overline{C})$를 유접점회로와 무접점회로로 그리고 아래의 진리표를 완성하시오. (9점)

A	B	C	Y
0	0	0	
0	0	1	
0	1	0	
0	1	1	
1	0	0	
1	1	0	
1	0	1	
1	1	1	

답안

① 진리표

A	B	C	Y
0	0	0	0
0	0	1	0
0	1	0	0
0	1	1	0
1	0	0	1
1	1	0	0
1	0	1	0
1	1	1	1

② • 유접점

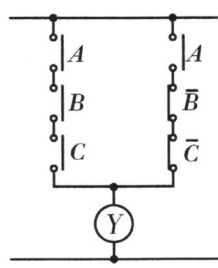

• 무접점

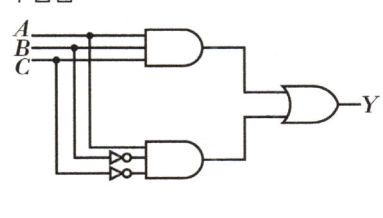

04 그림과 같은 유접점 시퀀스회로에 대해 각 물음에 답하시오. (6점)

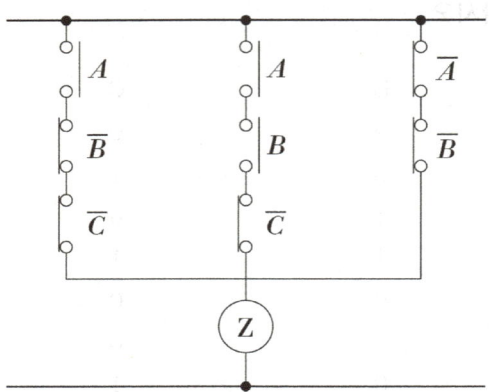

(1) 그림의 시퀀스도를 가장 간략화한 논리식으로 표현하시오.
- 계산과정
- 답

(2) (1)에서 가장 간략화한 논리식을 무접점 논리회로로 그리시오.

답안

(1) • 계산과정 : $Z = A\overline{B}\overline{C} + AB\overline{C} + \overline{A}\overline{B}$

$\qquad\qquad\quad = A\overline{C}(\overline{B}+B) + \overline{A}\overline{B}$

$\qquad\qquad\quad = \overline{A}\overline{B} + A\overline{C}$

• 답 : $Z = \overline{A}\overline{B} + A\overline{C}$

(2)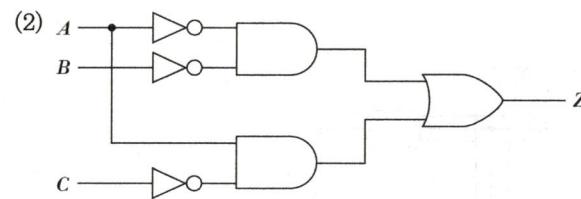

05 아래 그림은 10개의 접점을 가진 스위칭회로이다. 이 회로의 접점수를 최소화하여 스위칭 회로를 그리시오.(단, 논리식을 최대한 간략화하는 과정을 모두 기술하고, 최소화된 스위칭 회로를 그리시오.)

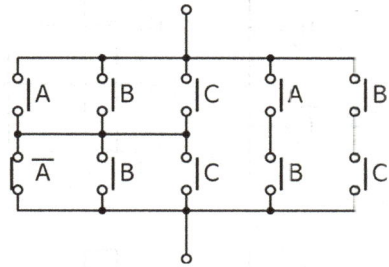

① 논리식 :

② 유접점회로 :

답안

① • 계산과정

$$X = (A+B+C)(\overline{A}+B+C) + AB + BC$$
$$= A\overline{A} + AB + AC + \overline{A}B + BB + BC + \overline{A}C + BC + CC + AB + BC$$
$$= AB + \overline{A}B + AC + \overline{A}C + BC + BC + BC + AB + B + C$$
$$= B + C + BC + B + C$$
$$= B + B + C + C + BC$$
$$= B + C + BC$$
$$= B(C+1) + C$$
$$= B + C$$

• 답 : $X = B + C$

②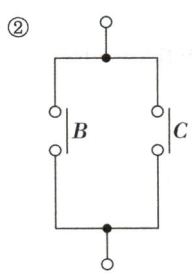

06 다음 회로에서 램프 L의 작동을 주어진 타임챠트에 표시하시오.(단, PB : 누름버튼스위치, LS : 리미트스위치, R : 릴레이이다.) (5점)

(1)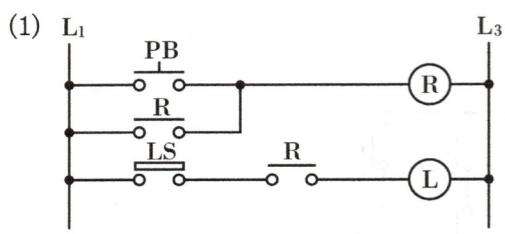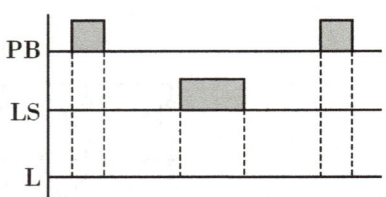

(2)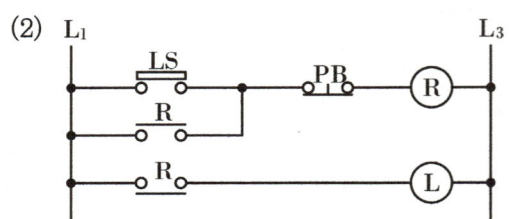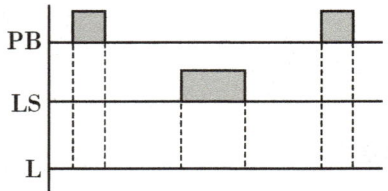

답안

(1) 타임차트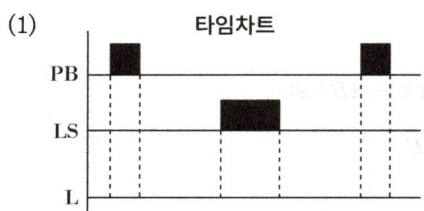

(2) 타임차트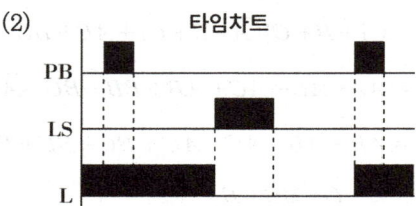

해설

(1) ① 누름버튼스위치(PB)를 누르면 릴레이(R)가 여자되고 보조a접점이 자기유지상태가 된다.
② 리미트스위치(LS)가 접점되어있을 때만 램프(L)에 점등된다.

(2) ① 평상시에 L(램프)은 점등상태를 유지한다.
② LS(리미트스위치)가 접점되었을 때 릴레이(R)가 여자되고 보조a접점이 자기유지상태가 된다.
③ 보조b접점의 소자되고 램프(L)가 소등된다.
④ 누름버튼스위치(PB)를 누르면 릴레이(R)가 소자되고 보조a접점(R-a)이 자기유지접점이 떨어진다.
⑤ 보조b접점이 자기유지상태가 되고 램프(L)가 점등된다.

07 아래 그림과 같은 유접점 시퀀스회로에 대한 각 물음에 답하시오. (8점)

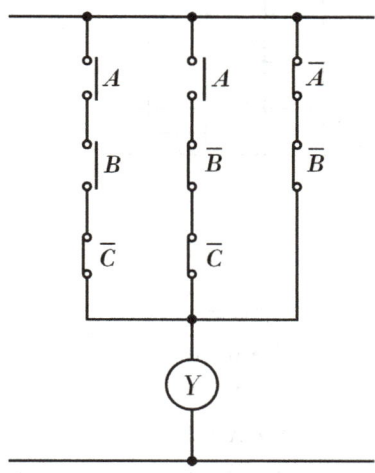

(1) 그림의 시퀀스회로를 가장 간략화한 논리식으로 표현하시오.

(2) 간략화한 논리식을 무접점 논리회로로 그리시오.

(3) 위 회로를 보고 타임차트를 완성하시오.

	t_1	t_2	t_3	t_4	t_5	t_6	t_7	t_8
A		▨	▨			▨		
B			▨	▨			▨	
C					▨	▨	▨	
Y								

답안

(1) $Y = AB\overline{C} + A\overline{B}\,\overline{C} + \overline{A}\,\overline{B}$

   $= A\overline{C}(B + \overline{B}) + \overline{A}\,\overline{B}$

   $= A\overline{C} + \overline{A}\,\overline{B}$

(2)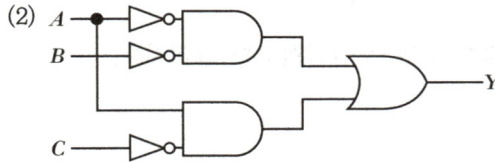

(3)

	t_1	t_2	t_3	t_4	t_5	t_6	t_7	t_8
A		▨	▨			▨		
B			▨	▨			▨	
C					▨	▨		
Y	▨	▨	▨			▨		▨

해설

• 불대수의 정리

논리합	논리곱
$X+0=X$	$X \cdot 0=0$
$X+1=1$	$X \cdot 1=X$
$X+X=X$	$X \cdot X=X$
$X+\overline{X}=1$	$X \cdot \overline{X}=0$

08 3개의 입력 A, B, C 중 어느 것이든 먼저 들어간 입력이 우선 동작하고 출력 X_A, X_B, X_C를 발생시킨다. 그 다음에 들어가는 먼저 들어간 신호에 의해서 Lock되어 출력이 없다고 할 때 그림과 같은 타임차트를 보고 다음 각 물음에 답하시오. (8점)

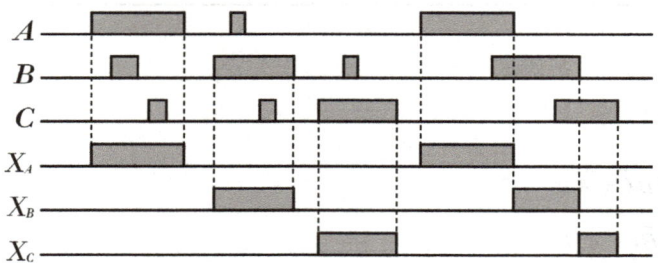

(가) 타임차트를 이용하여 출력 X_A, X_B, X_C에 대한 논리식을 쓰시오.

(나) 타임차트와 같은 동작이 이루어지도록 유접점회로 및 무접점회로를 그리시오.

답안

(가) ① $X_A = A \cdot \overline{X_B} \cdot \overline{X_C}$

② $X_B = B \cdot \overline{X_A} \cdot \overline{X_C}$

③ $X_C = C \cdot \overline{X_A} \cdot \overline{X_B}$

(나) ① 유접점 회로

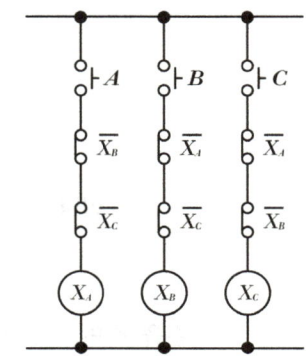

② 무접점 회로

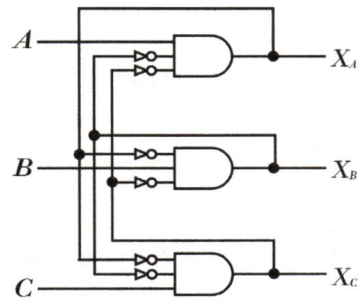

CHAPTER 03 시퀀스 제어

1 접점의 종류

명칭	심벌 a접점	심벌 b접점	설명
수동조작 자동복귀접점 (푸시버튼스위치)			손을 떼면 자동복귀
기계적 접점 (리밋스위치)			전기적 이외의 원리에 의해 개폐
계전기접점 (자기유지접점)			전자력에 의해 개폐
한시동작 접점 (타이머)			입력 신호를 받고 일정 시간 후에 회로는 개폐
한시복귀접점 (타이머)			
수동복귀접점 (열동계전기: 전동기의 과부하 보호용 계전기)			과전류에 의해 개폐

2 시퀀스 제어의 구성요소

1 배선용차단기(molded-case circuit breaker : MCCB(=MCB=NFB))

과전류, 단락전류 차단

2 자동 복귀형 수동스위치(PBS:Push Button Switch)

복귀형 수동스위치는 누르고 있는 동안만 회로가 닫히고, 놓으면 즉시 본래대로 돌아오는 스위치이다.

3 전자접촉기(electromagnetic contactor : MC)

전자접촉기는 전자계전기와 같이 전자석에 의한 철편의 흡입력을 이용하여 접점을 개폐하는 기능을 가진 기기를 말한다. 전자 코일과 여러 개의 접점으로 구성되어 있으며, 주접점은 주회로의 큰 전류를 개폐하고, 보조 접점은 제어회로 전류를 개폐한다.

4 열동계전기(thermal relay : THR)

열동계전기는 부하에 과전류가 흐를 때 과전류에 해당하는 발열에의해 바이메탈이 변형하여 회로를 개로하는 것을 말한다. 수동으로 복귀한다.

5 전자개폐기(electromagnetic switch : MS)

전자 개폐기는 전자접촉기(MC)와 과부하계전기(THR)를 조합하여 제작한 것으로 조작스위치에 의해 동작하는 개폐기이다.

6 전자 계전기(electro magnetic relay: R)

전자계전기의 코일에 전류가 흐르면 전자석으로 되어 그 전자력에 의해 가동접점을 흡인하여 전기회로를 개폐하는 장치이다.

7 한시 계전기(timelag relay : TLR)

전원을 넣은 후 미리 정해진 시간이 경과한 후에 회로를 전기적으로 개폐하는 접점을 가진 릴레이를 말하며 전동식 타이머, 공기식타이머, 오일식 타이머 등의 기계식 타이머와 전자회로에 콘덴서와 저항의 시상수(time constant)를 이용한 전자식 IC타이머가 사용되고 있다.

3 시퀀스 제어 기본회로

1 자기유지회로

릴레이의 a접점을 이용해서 릴레이 스스로 자신에게 전원을 공급하는 회로

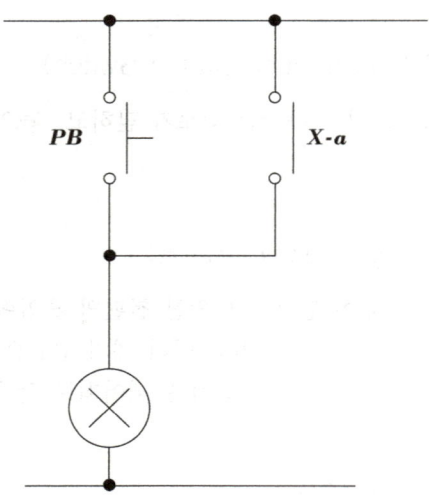

2 인터록 회로

입력에 들어가는 여러 신호 중 가장 먼저 들어간 신호를 우선으로 하고 다른 계전기의 동작은 금지하는 회로이다.

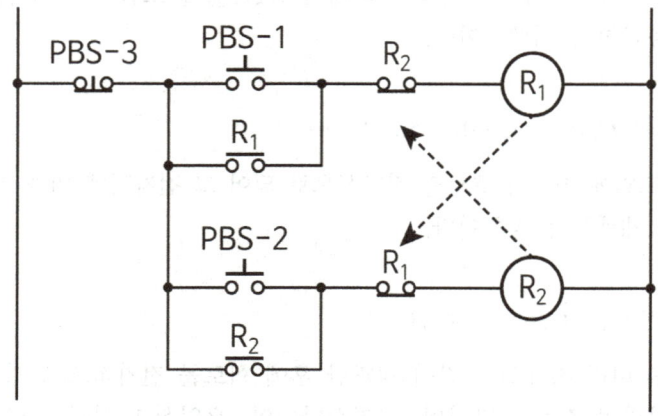

연습문제 : 시퀀스제어

01 도면과 같은 회로를 누름버튼스위치 PB_1, 또는 PB_2 중 먼저 ON 조작된 측의 램프만 점등되는 병렬우선회로가 되도록 고쳐서 그리시오.(단, PB_1측의 계전기는 R_1, 램프는 L_1이며, PB_2측의 계전기는 R_2, 램프는 L_2이다. 또한 추가되는 접점이 있을 경우에는 최소수만 사용하여 그리도록 한다.) (5점)

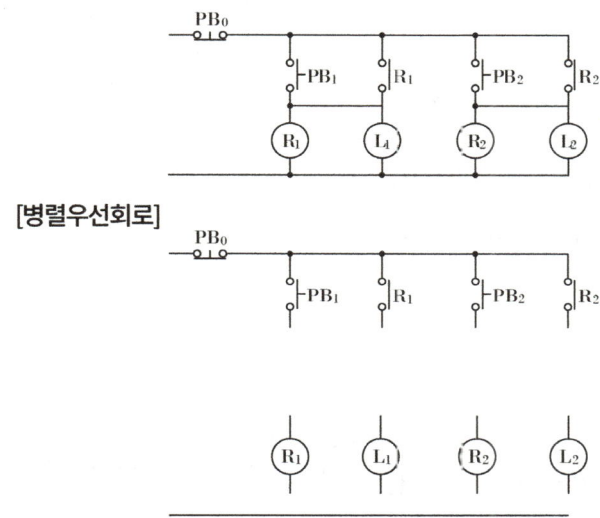

[병렬우선회로]

답안

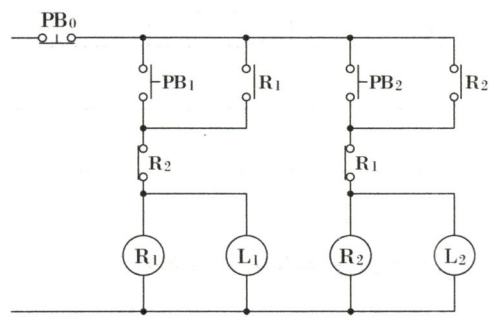

해설
- **병렬우선회로(인터록회로)**

먼저 입력된 신호만 동작하고 그 이후에 입력된 신호들은 동작치 아니하는 회로이며 주로 기기의 보호와 조작자의 안전을 목적으로 하고 있다.

02 다음 그림과 같은 유접점회로를 보고 각 물음에 답하시오. (6점)

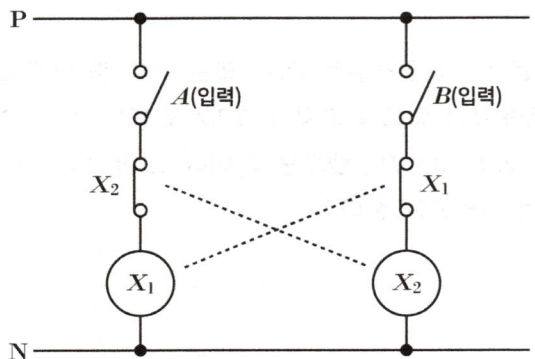

(1) 회로에 대한 논리회로를 그리시오.

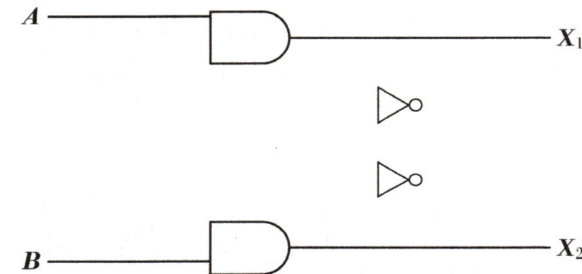

(2) 회로에 대한 동작상황을 타임차트로 완성하시오.

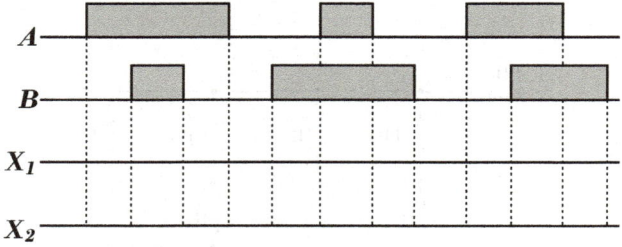

(3) 회로에서 접점 X_1과 X_2의 관계를 무엇이라 하는가?

답안

(1)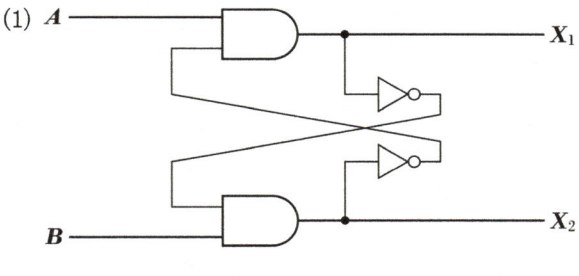

(2)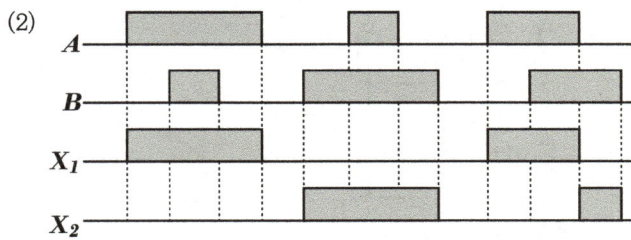

(3) 인터록

해설

- **인터록 회로(입력 우선회로, 병렬 우선회로)**

2개의 입력신호중 먼저 동작한 쪽이 우선하여 동작하고, 나중 입력되는 신호는 동작을 금지시키는 회로

4 시퀀스 응용 회로

1 원방조작기동제어방식

자기유지회로를 적용한 것이다.

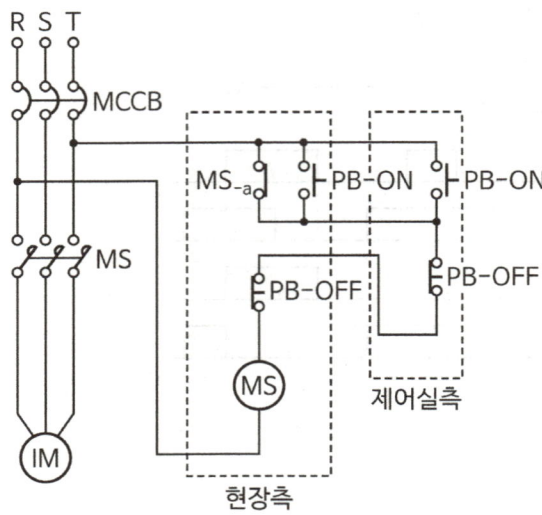

① 현장측의 PB-ON을 누르면 코일 MS에 전류가 흘러 전자개폐기가 동작하여 주접점 MS가 ON되어 전동기가 회전하고 MS의 자기유지접점이 폐로되어 PB이 자동복귀되어도 전동기는 계속 회전한다.
② 제어실측의 PB-OFF를 누르면 코일 MS에 전류가 흐르지 않아 전자개폐기가 소자되며, MS가 개로되어 전동기가 정지하고, MS의 자기유지접점도 개로된다.

연습문제 : 시퀀스 응용 회로

01 다음은 PB-ON 스위치를 누른 후 일정시간이 지나면 전동기(M)가 운전되는 시퀀스 회로도이다. PB-ON을 시킨 후 X 릴레이와 타이머(T)가 소자되어도 MC가 동작하도록 시퀀스를 어떻게 수정하여야 하는지 전자접촉기 MC의 보조a, b접점 각 1개씩을 추가하여 회로를 완성하시오. (5점)

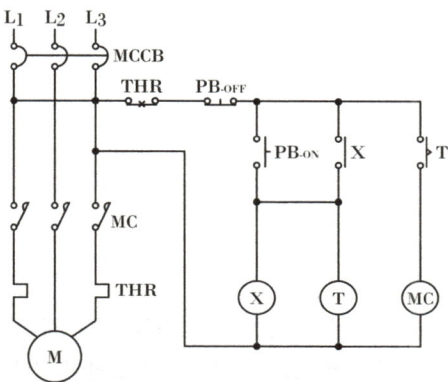

답안

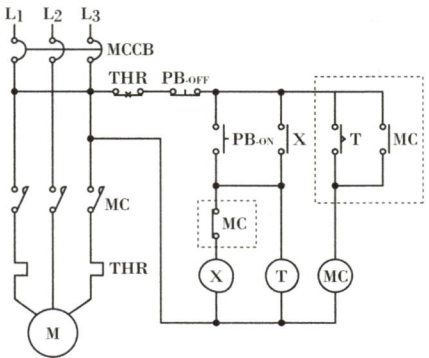

해설

• 동작

① 전원 MCCB를 투입하고 PB-ON스위치를 누르면 릴레이X가 여자되고 접점 X가 자기유지된다.
② 타이머 T가 여자되어 셋팅된 시간이 지나면 한시접점 T가 폐로된다.
③ 전자접촉기 MC가 여자되어 전동기가 기동되고 MC-a접점은 자기유지되고 MC-b접점은 개방된다.
④ 릴레이 X가 소자되어 접점 X는 개방되어 타이머 T가 소자되어 한시접점 T가 개방되어도 MC-a접점이 자기유지되어 있으므로 전동기는 계속 운전된다.

2 전·전압 기동제어방식

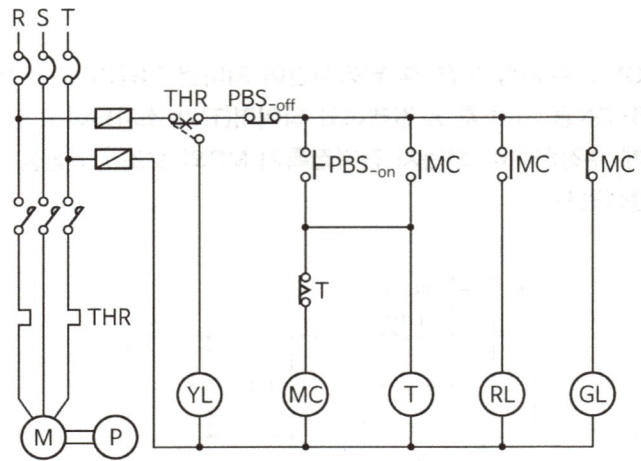

① 전원투입 시 GL이 점등된다.
② PB-ON 누르면 MC가 여자되어 전동기가 기동하고 RL이 점등되고 GL은 소등된다.
③ 타이머가 동작하여 ⓣ여자되어 t초 후 T-b 개로되어 전동기가 정지된다.
④ 전동기 운전 중 PB-OFF 누르면 전동기가 정지하고 GL가 점등되면서 RL은 소등하게 된다.
⑤ THR 동작하면 전동기는 정지하고 YL이 점등된다.
  • 모터정지 : GL → b접점
  • 모터기동 : RL → a접점

연습문제 : 전·전압 기동제어방식

01 다음 설명을 보고 동작이 가능하도록 미완성 도면을 완성하시오. (7점)

[동작설명]
① 배선용 차단기 MCCB를 넣으면 녹색램프 ⒢ⓛ이 점등된다.
② 푸시버튼스위치 a접점을 누르면 전자접촉기 코일 ⓂⒸ에 전류가 흘러 주접점 ⓂⒸ가 닫히고, 전동기가 회전하는 동시에 ⒢ⓛ램프가 소등되고 ⓇⓁ램프가 점등된다. 이때 손을 떼어도 동작은 계속 된다.
③ 푸시버튼스위치 b접점을 누르면 전동기가 정지하고 ⓇⓁ램프가 소등되며 ⒢ⓛ램프가 다시 점등된다.

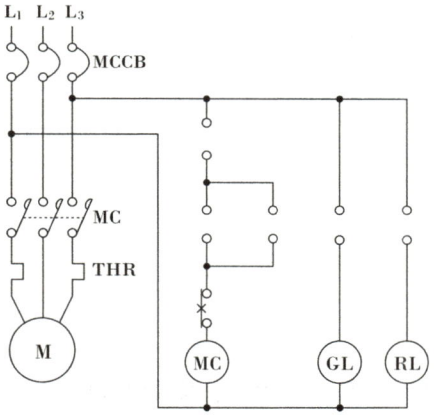

답안

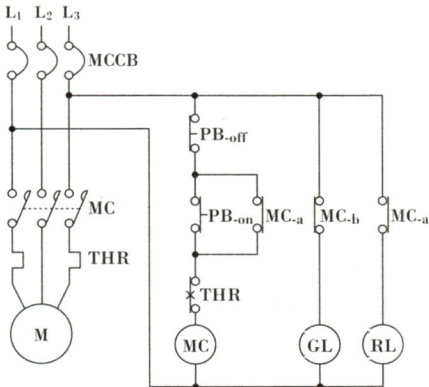

02 다음 주어진 도면은 유도전동기 기동정지회로의 미완성 도면이다. 다음 각 물음에 답하시오. (8점)

(1) 다음과 같이 주어진 기구를 이용하여 미완성 도면을 완성하시오.(단, 기구의 개수 및 접점은 최소로 할 것)

[조건]
- 전자접촉기 : MC
- 기동용표시등 : RL
- 정지용표시등 : GL
- 열동계전기 :
- 누름버튼스위치 ON용 : PBS-ON
- 누름버튼스위치 OFF용 : PBS-OFF

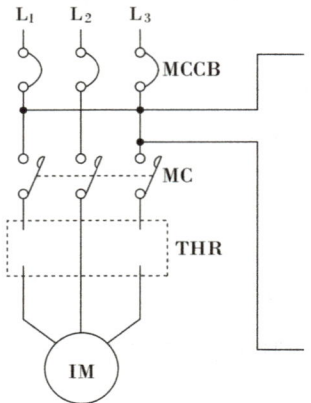

(2) 주회로에 대한 □의 내부를 완성하고, 동작이 되는 경우를 2가지만 쓰시오.
①
②

답안

(1)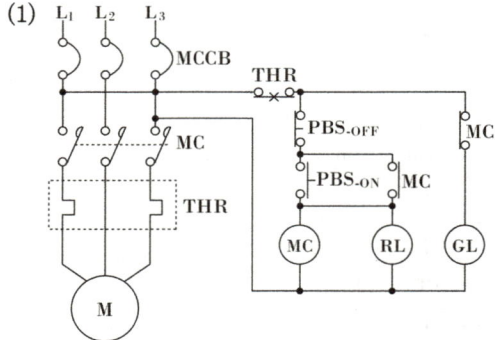

(2) ① 전동기에 과전류가 흐르는 경우
② 열동계전기 단자의 접촉불량으로 과열된 경우
③ 전류 Setting을 적정전류보다 낮게 하였을 경우

03 다음은 3상 유도전동기의 전전압 기동방식의 미완성 도면이다. 이 도면을 주어진 조건과 부품들을 사용해서 완성하시오.(단, 조작회로는 220V로 구성하며 푸시버튼스위치는 ON용 1개, OFF용 1개를 사용한다.) (5점)

[조건]
① 전자접촉기 (MC) 및 그 보조접점을 사용한다.
② 정지표시등 (GL)은 전원표시등으로 사용하며 전동기 운전 시에는 소등되도록 한다.
③ 운전표시등 (RL)은 운전 시의 표시등으로 사용한다.
④ 퓨즈의 심벌은 ▱으로 표기하며 2개를 사용한다.
⑤ 부저는 열동계전기가 동작한 다음에 리셋버튼을 누를 때까지 계속 울리도록 C접점을 사용해서 그리도록 한다.

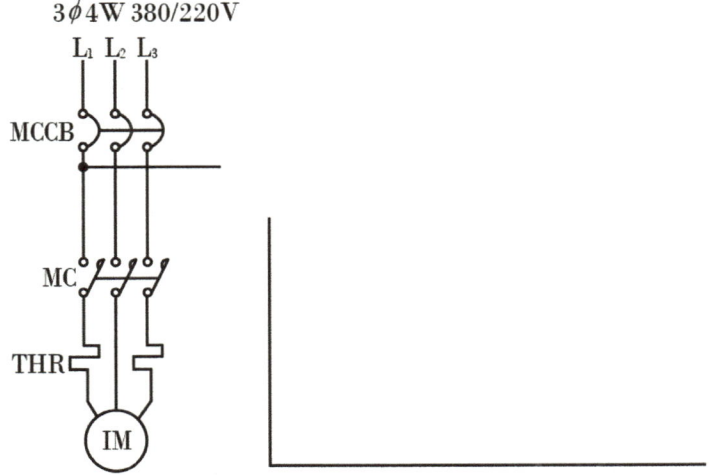

답안

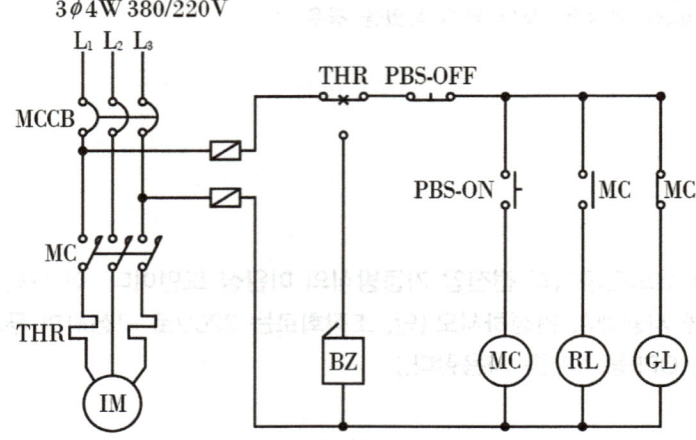

해설

• 동작설명

① 배선용 차단기 MCCB를 투입하는 경우 전원이 인가되어 정지표시등 ⓖⓛ이 점등된다.

② PBS-ON스위치를 누르면 전자접촉기 ⓜⓒ가 여자되고, MC-a접점 자기유지, MC-b접점 개로되어, 운전표시등 ⓡⓛ 점등, 정지표시등 ⓖⓛ 소등, 유도전동기 ⓘⓜ 기동된다.

③ PBS-OFF스위치를 누르면 ⓜⓒ 소자되고, ⓡⓛ 소등, ⓖⓛ 점등, ⓘⓜ 정지된다.

④ 운전 중 ⓘⓜ이 과부하로 THR이 동작되면 모든 것이 정지되며 부저 ⒝Ⓩ가 울린다.

③ 정·역전제어방식

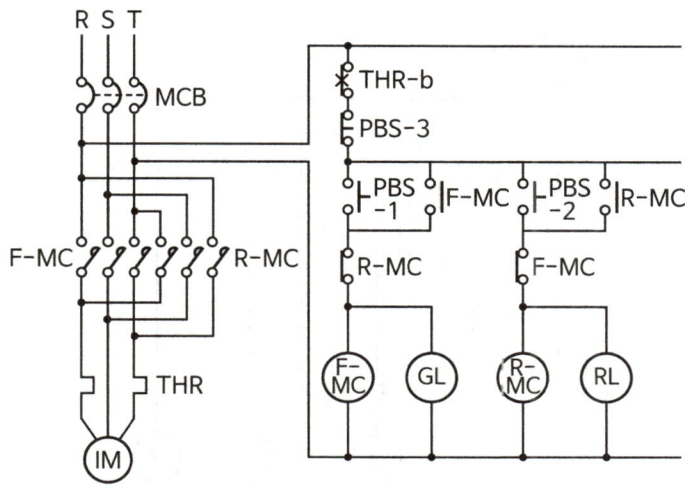

[동작조건]
① F-MC는 정전용 전자접촉기, R-MC는 역전용 전자접촉기이다.
② GL램프는 정전용 표시램프, RL램프는 역전용 표시램프이다.
③ PBS-1은 a접점으로 정전용 누름버튼스위치, PBS-2는 a접점으로 역전용 누름버튼스위치, PBS-3는 b접점으로 정지용 누름버튼 스위치이다.
④ PBS-1을 ON하면 F-MC가 여자되어 전동기 IM이 정회전하며, GL이 점등된다. PBS-1에서 손을 떼도 회로는 자기유지되어 전동기는 계속 정회전하며, GL은 계속 점등되게 된다.
⑤ 역회전을 시키기 위해서는 PBS-3을 OFF하여 전동기를 정지시킨 다음에 PBS-2를 ON하여야 한다. PBS-3를 OFF하고, PBS-2를 ON하면 전동기는 역회전하며, RL램프가 점등하게 된다. 이때에도 누름버튼스위치에서 손을 떼도 회로는 자기유지되어 계속 역회전하며, RL램프도 계속 점등된다.
⑥ 정회전시에는 역회전이 되지 않도록 되어 있고, 반대로 역회전시에도 정회전이 되지 않아야 한다.
⑦ 전동기가 과부하되어 과전류가 흐를 때 THR이 동작되어 회로를 차단시키며, 전동기를 멈추게 한다.
  • 3상 중 2상만 교체 표기
  • 상대편(병렬우선) 인터록 접점 구성

4 플로트제어방식(급·배수)

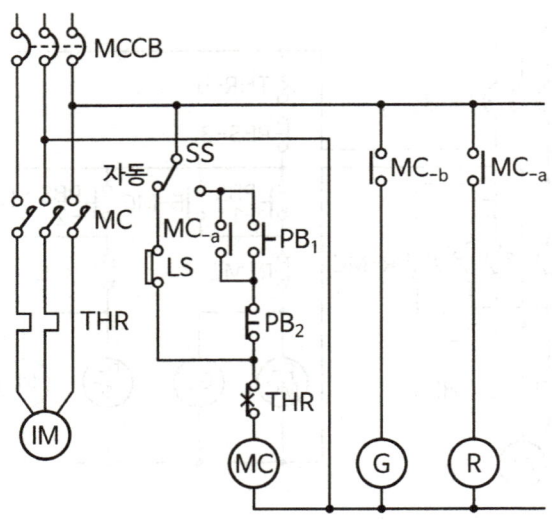

① 전원을 투입하면 GL램프가 점등된다.
② 동작접점을 "수동"으로 인가하고 PB를 누른다.
③ MC에 전류가 흘러 전자접촉기가 동작하여 주접점 MC가 ON되어 전동기가 회전하고 MC의 자기유지접점이 폐로되어 RL램프가 점등되고, PB이 자동복귀되어도 전동기는 계속 회전한다.

연습문제: 플로트제어방식(급·배수)

01 그림은 플로우트스위치에 의한 펌프모터의 레벨제어에 대한 미완성된 도면이다. 다음 각 물음에 답하시오. (7점)

[작동조건]
- 전원이 인가되면 ⒼⓁ램프가 점등된다.
- 자동일 경우 플로우트스위치가 붙으면 (작동) ⓇⓁ램프가 점등되고, 전자접촉기 ⓂⒸ이 여자되어 ⒼⓁ램프가 소등되며, 펌프모터가 작동된다.
- 수동일 경우 누름버튼스위치 PB-ON을 ON시키면 전자접촉기 ⓂⒸ이 여자되어 ⓇⓁ램프가 점등되고 ⒼⓁ램프가 소등되며, 펌프모터가 작동된다.
- 수동일 경우 누름버튼스위치 PB-OFF를 OFF시키거나 계전기 THR이 작동하면 ⓇⓁ램프가 소등되고, ⒼⓁ램프가 점등되며, 펌프모터가 정지된다.

[기구 및 접점 사용조건]
- ⓂⒸ 1개, MC-a접점 1개, MC-b접점 1개, PB-ON 접점 1개, PB-OFF 접점 1개, ⓇⓁ램프 1개, ⒼⓁ램프 1개, 계전기 THR의 b접점 1개, 플로우트스위치 FS 1개 – ⌇

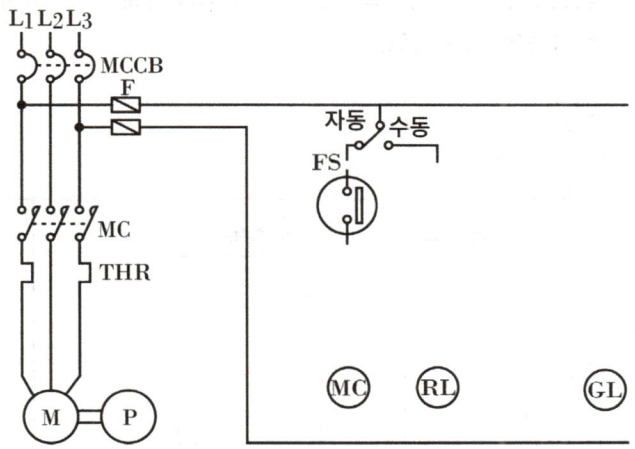

(가) 주어진 작동조건을 이용하여 시퀀스제어의 미완성 도면을 완성하시오.

(나) 계전기 THR과 MCCB의 우리말 명칭을 구체적으로 쓰시오.
  ① THR :
  ② MCCB :

답안

(가)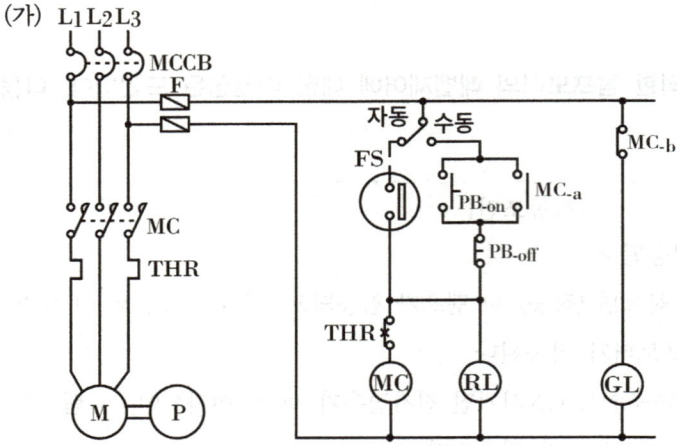

(나) ① THR : 열동계전기
② MCCB : 배선용 차단기

02 다음 그림은 플로트스위치에 의한 펌프모터의 레벨제어에 대한 미완성 도면이다. 도면을 보고 다음 각 물음에 답하시오. (7점)

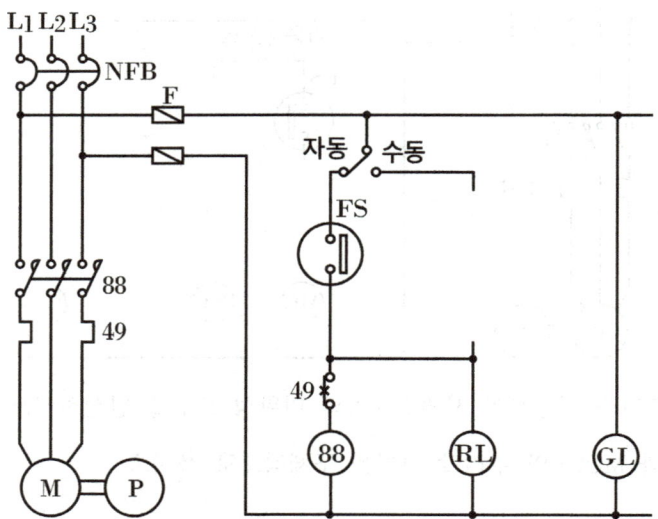

(1) 도면의 NFB의 명칭과 장점을 쓰시오.

(2) 도면에서 주회로에 사용된 49의 명칭을 쓰시오.

(3) 동작접점이 "수동"인 경우 누름버튼스위치(PB-on, PB-off)와 전자접촉기접점으로 제어회로를 완성하시오.

> [동작조건]
> • 전원이 인가되면 GL램프가 점등된다.
> • 수동인 경우 누름버튼스위치 PB-on을 누르면 GL램프가 소등되고 RL램프가 점등된다.
>
> [기구 및 접점 사용조건]
> • 88-a 접점 1개   • 88-b 접점 1개
> • PB-on 접점 1개   • PB-off 접점 1개

답안

(1) 명칭 : 배선용 차단기
    장점 : ① 퓨즈가 필요하지 않다.
          ② 기기의 수명이 길다.
          ③ 과전류에 대한 차단성능이 우수하다.
          ④ 소형이고 경량이다.

(2) 열동계전기

(3)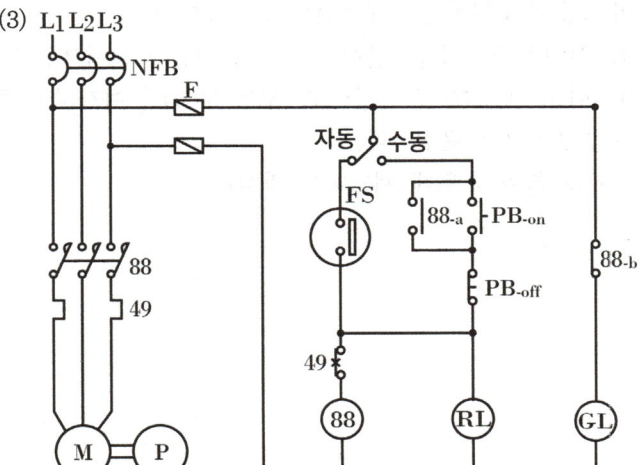

5 Y-△제어방식

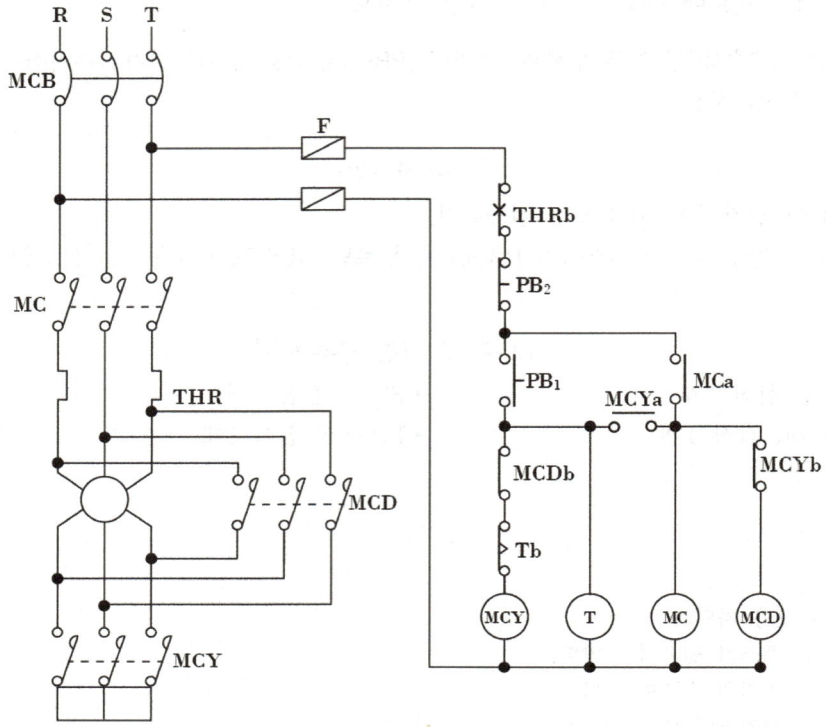

① PB₁을 누르면 코일 MCY와 T가 여자되고, MC-a의 자기유지접점이 폐로된다. MC-b의 자기유지접점은 개로되어 MCD에는 전기가 공급되지 않는다.
② 주접점 MCY 및 MC가 on되어 3상 유도전동기는 Y결선으로 기동한다.
③ 코일 T에 전기가 공급 중이므로 타이머 T의 설정시간이 지나면 한시동작 순시복귀 Tb가 개로되어 코일 MCY가 소자되어 주접점 MCY가 열리고, 코일 MCD가 여자되어 주접점 MCD가 on되어 전동기는 △결선으로 운전된다.
- Y-△ 방식 (Y=1/3△ 기동전류를 줄이기 위해 체택하는 방식)
- 3상을 모두 교체

연습문제 : Y-△ 제어방식

01 다음은 Y-△ 기동회로의 미완성 도면이다. 주어진 조건을 이용하여 도면을 완성하시오.

(6점)

[조건]
(1) 도시기호
- Ⓐ : 전류계
- ㎰ : 표시등
- Ⓣ : 스타델타 타이머
- M-1 : 전자접촉기(Y)
- M-2 : 전자접촉기(△)

(2) 동작설명
① 타이머를 이용한 Y-△ 운전이 가능하도록 주회로 및 보조회로 부분을 완성한다.
② 전원 MCCB를 투입하면 표시등 ㎰이 점등되도록 한다.

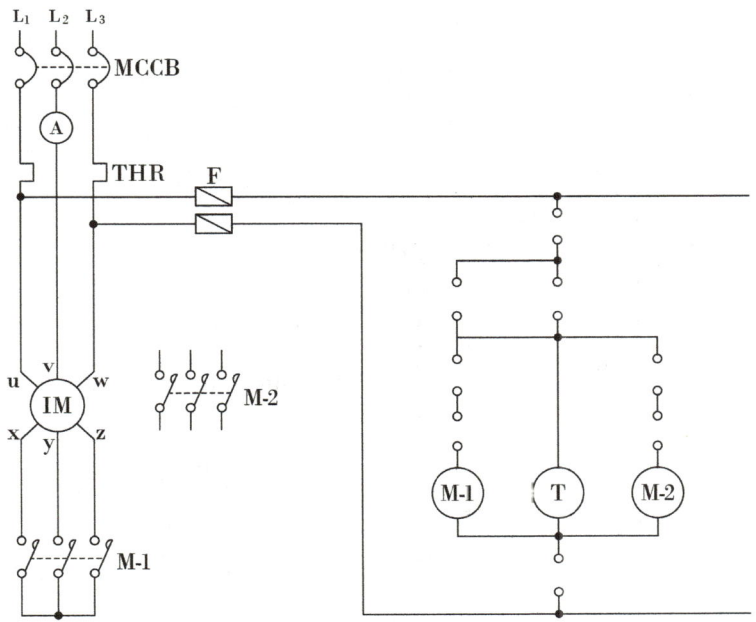

답안

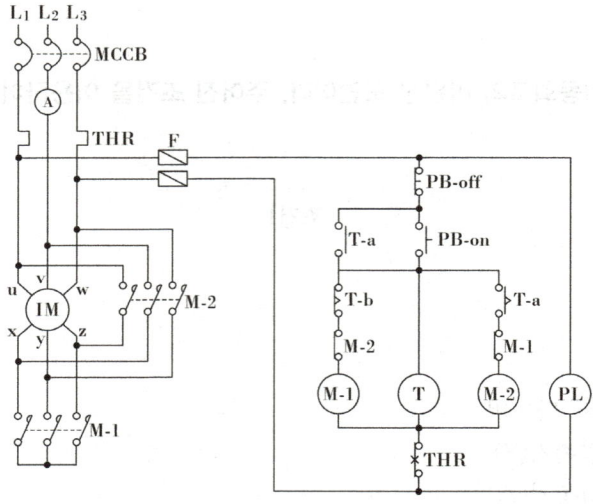

02 다음 도면은 타이머를 이용하여 기동 시에는 Y로 기동하고 설정시간이 지나면 자동적으로 △운전되는 Y-△기동회로의 미완성 도면이다. 도면을 보고 다음 각 물음에 답하시오.

(9점)

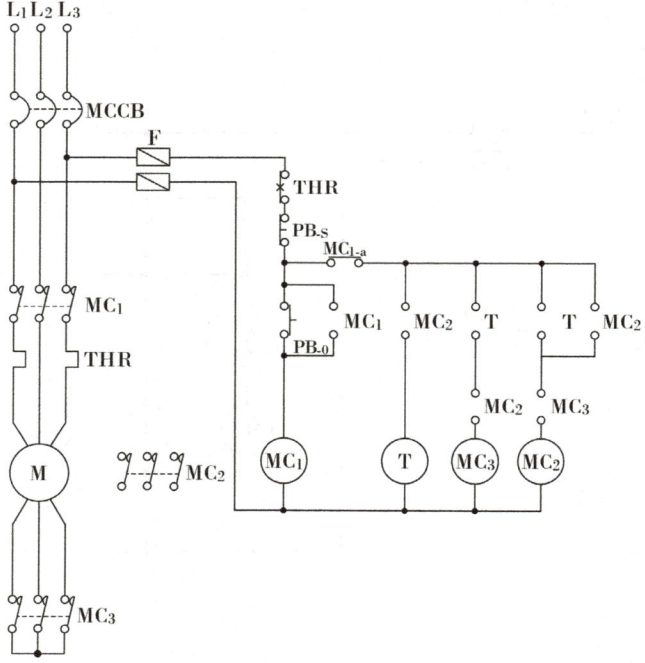

(1) 타이머를 이용한 Y-△ 미완성 기동회로를 완성하시오.

(2) Y-△ 기동방식으로 운전하는 이유는 무엇인가?

(3) 다음은 기동회로의 동작에 대한 설명이다. (   ) 안에 알맞은 답을 쓰시오.
- PB-0(기동용 누름스위치)를 누르면 (①)과(와) (②)가(이) 여자되어 주접점 MC_1이 닫히면서 전동기가 Y기동된다. PB-0에서 손을 떼어도 계속 Y기동된다. 동시에 타이머 코일도 여자된다.
- 타이머의 설정시간 t가 지나면 (③)접점이 열려 (④)가(이) 소자되어 Y기동이 정지되고 (⑤)가(이) 붙어 (⑥)가(이) 여자되면서 △운전으로 전환된다.
- (⑦)와(과) (⑧)는(은) 인터록이 유지되어 안전운전이 된다.
- PB-S(정지용 누름스위치)를 누르거나 전동기에 과부하가 걸려 (⑨)이(가) 작동하면 운전 중인 전동기는 정지한다.

답안

(1)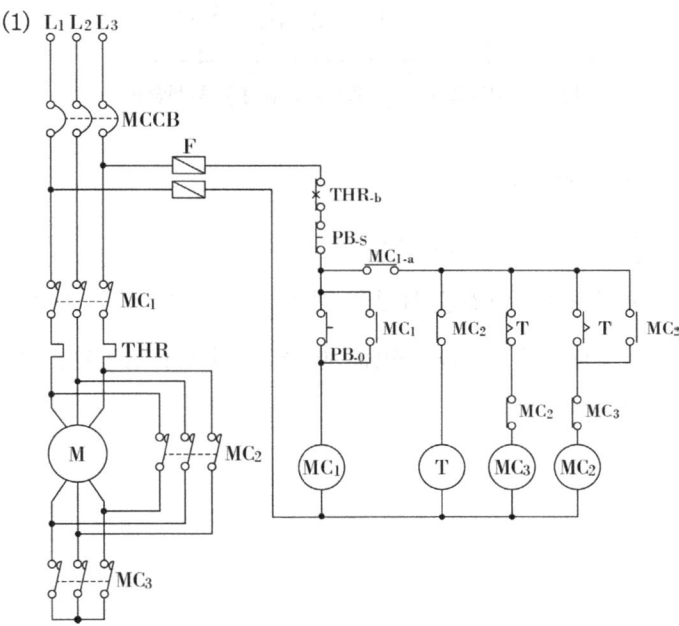

(2) 기동전류를 작게 하기 위하여

(3) ① MC_1 ② MC_3 ③ T_{-b} ④ MC_3 ⑤ T_{-a} ⑥ MC_2 ⑦ MC_2 ⑧ MC_3
   ⑨ THR

03 도면은 Y-△기동회로의 미완성회로이다. 이 회로를 보고 다음 각 물음에 답하시오.

(10점)

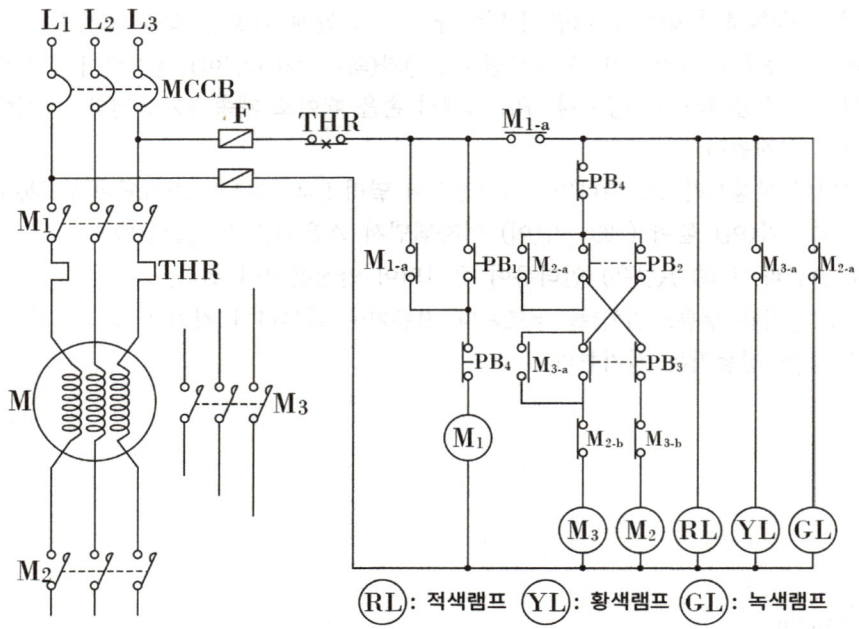

(1) 주회로부분의 미완성된 Y-△회로를 완성하시오.

(2) 누름버튼스위치 PB_1을 누르면 어느 램프가 점등되는가?

(3) 전자개폐기 M_1이 동작되고 있는 상태에서 PB_2를 눌렀을 때 어느 램프가 점등되는가?

(4) 전자개폐기 M_1이 동작되고 있는 상태에서 PB_3를 눌렀을 때 어느 램프가 점등되는가?

(5) 도면에서 THR은 무엇을 나타내는가?

(6) MCCB의 명칭은?

답안

(1)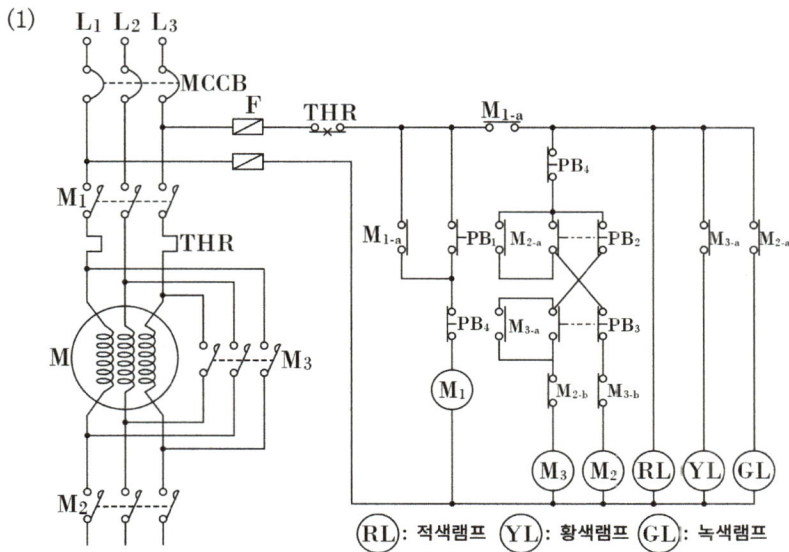

(2) ⓇⓁ램프   (3) ⒼⓁ램프   (4) ⓎⓁ램프   (5) 열동계전기   (6) 배선용 차단기

해설

• 동작원리

① 누름버튼스위치 PB_1을 누르면 전자개폐기 Ⓜ₁이 여자되고 조색 ⓇⓁ램프 점등
② 누름버튼스위치 PB_2를 누르면 전자개폐기 Ⓜ₂가 여자되고 녹색 ⒼⓁ램프 점등(Y결선으로 기동)
③ 누름버튼스위치 PB_3를 누르면 전자개폐기 Ⓜ₂가 소자되고(ⒼⓁ램프 소등) Ⓜ₃가 여자되고 황색 ⓎⓁ램프 점등(△결선으로 운전)
④ 누름버튼스위치 PB_4를 누르면 여자 중이던 전자개폐기 Ⓜ₁ Ⓜ₃가 소자 및 ⓇⓁ ⓎⓁ가 소등되며 전동기 정지
⑤ 전동기 운전 중 과부하 등으로 THR이 작동되어 전동기 운전 정지되면 전동기를 점검한다.

PART 07

계산문제

제1장	축전지 설비
제2장	감시전류, 동작전류
제3장	전력
제4장	전동기
제5장	전압강하
제6장	발전기

CHAPTER 01 축전지 설비

1 축전지 용량

$$C = \frac{1}{L}KI = \frac{1}{L}[K_1 I_1 + K_2(I_2 - I_1) + K_3(I_3 - I_2) + \ldots + K_n(I_n - I_{n-1})]$$

(L: 보수율, K: 용량환산계수, I: 전류)

- 보수율(경년용량저하율): 축전지의 사용연한을 경과 또는 보수조건을 변경하는 것으로 생기는 용량 변화를 보정해 주는 값(0.8)

2 축전지 종류

구분	연축전지	알칼리축전지
공칭용량	10[Ah]	5[Ah]
공칭전압	2.0[V]	1.2[V]
기전력	2.05 ~ 2.08[V]	1.43 ~ 1.49[V]
충전시간	길다	짧다
기계적강도	약하다.	강하다.
전기적강도	약하다.	강하다.
기대수명	5~15년	15~20년
종류	클래드식, 페이스트식	소결식, 포케트식

3 2차 충전전류

$$I = \frac{정격용량}{공칭용량} + \frac{상시부하}{표준전압}$$

4 축전지 충전방식 종류

① **세류충전방식**: 자기 방전량만을 항상 충전하는 방식
② **균등충전방식**: 각 축전지의 전압을 균등하게 하기 위해서 1~3개월마다 1회, 정전압 충전하여 전해조의 용량을 균일화하기 위하여 행하는 충전방식
③ **부동충전방식**: 축전지의 자기 방전량을 보충함과 동시에 상용부하에 대한 전력공급은 충전기가 부담하도록하고, 충전기가 부담하기 어려운 일시적인 대전류는 축전지가 부담하도록 하는 방식

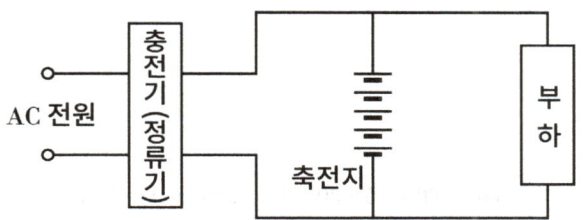

④ **급속충전방식**: 짧은 시간에 보통 충전 전류의 2~3배로 충전하는 방식
⑤ **보통충전방식**: 필요할때마다 표준시간율로 소정의 충전하는 방식

■ 연습문제 : 축전지

01 다음 주어진 조건을 이용하여 자동화재탐지설비의 수신기에 내장되는 비상전원인 축전지설비의 용량[Ah]을 구하시오. (5점)

> [조건]
> ① 수신기의 감시전류 300[mA], 경보전류 500[mA]로 한다.
> ② 감지기 수량 200개, 감지기 각각의 감시전류 10[mA], 경보전류 30[mA]로 한다.
> ③ 발신기 수량 30개, 발신기 각각의 감시전류 15[mA], 경보전류 35[mA]로 한다.
> ④ 경종 수량 30개, 경종 각각의 경보전류 40[mA]로 한다.

- 계산과정

- 답

답안

- 계산과정
  ① 감시전류의 합: $I_1 = 1 \times 300 + 200 \times 10 + 30 \times 15 = 2750 mA = 2.75 A$
  ② 경보전류의 합: $I_2 = 1 \times 500 + 200 \times 30 + 30 \times 35 + 30 \times 40 = 8750 mA = 8.75 A$
  ③ 축전지 용량: $C = \dfrac{1}{0.8}\left[2.75 \times \dfrac{60}{60} + 8.75 \times \dfrac{10}{60} \right] = 5.26 Ah$

- 답 : 5.26[Ah]

해설

- 축전지 용량(C)
① 시간에 따라 방전전류가 일정한 경우

   $C = \dfrac{1}{L} KI$

   여기서, C: 축전지 용량(Ah), K: 용량환산시간(h), L: 용량저하율(보수율), I: 방전전류(A)

② 시간에 따라 방전전류가 변하는 경우

   $C = \dfrac{1}{L}[K_1 I_1 + K_2(I_2 - I_1) + K_3(I_3 - I_2) + \cdots\cdots + K_n(I_n - I_{n-1})][Ah]$

   여기서, C: 축전지 용량(Ah), K: 용량환산시간(h), L: 용량저하율(보수율), I: 방전전류(A)

- 자동화재탐지설비의 비상전원
자동화재탐지설비에는 그 설비에 대한 감시상태를 60분간 지속한 후 유효하게 10분 이상 경보할 수 있는 축전지설비를 설치하여야 한다.

02 비상전원으로 이용되는 축전지설비에 대한 다음 각 물음에 답하시오. (6점)

(1) 비상용 조명부하가 40[W] 120등, 60[W] 50등이 있다. 방전시간은 30분이며, 연축전지 HS형 54셀, 허용 최저전압 90[V], 최저축전지온도 5[℃]일 때, 축전지 용량을 구하시오. (단, 전압은 100[V]이고 연축전지의 용량환산시간 K는 표와 같으며, 보수율은 0.8이라고 한다.)

형식	온도[℃]	10분			30분		
		1.6[V]	1.7[V]	1.8[V]	1.6[V]	1.7[V]	1.8[V]
CS	25	0.9	1.15	1.60	1.41	1.60	2.00
		0.8	1.06	1.42	1.34	1.55	1.88
	5	1.15	1.35	2.00	1.75	1.85	2.45
		1.10	1.25	1.80	1.75	1.80	2.35
	−5	1.35	1.60	2.62	2.05	2.20	3.10
		1.25	1.50	2.25	2.05	2.20	3.00
HS	25	0.58	0.70	0.93	1.03	1.14	1.38
	5	0.62	0.74	1.05	1.11	1.22	1.54
	−5	0.68	0.82	1.15	1.20	1.35	1.68

• 계산과정

• 답

(2) 자기방전량만을 항상 충전하는 부동충전방식을 무엇이라 하는가?

(3) 연축전지와 알칼리축전지의 공칭전압은 몇 [V/셀]인가?
  ① 연축전지
  ② 알칼리축전지

답안

(1) • 계산과정

　① 공칭전압 = $\dfrac{허용최저전압(V)}{셀수} = \dfrac{90}{54} ≒ 1.7[V/셀]$

　② $I = \dfrac{P}{V} = \dfrac{(40 \times 120)+(60 \times 50)}{100} = 78[A]$

　③ 축전지 용량 $C = \dfrac{I}{L}KI = \dfrac{1}{0.8} \times 1.22 \times 78 = 118.95[Ah]$

• 답 : 118.95[Ah]

(2) 세류충전방식

(3) ① 연축전지 : 2.0[V/셀]　② 알칼리축전지 : 1.2[V/셀]

해설

• 연축전지와 알칼리축전지 비교

구분	연축전지	알칼리축전지
공칭전압	2.0[V]	1.2[V]
방전종지전압	1.6[V]	0.96[V]
공칭용량	10[Ah]	5[Ah]
기전력	2.05~2.08[V]	1.43~1.49[V]
기계적강도	약하다	강하다
충전시간	길다	짧다
기대수명	5~15년	15~20년

03 비상전원으로 이용되는 축전지설비에 대한 다음 각 물음에 답하시오. (6점)

(1) 비상용 조명부하가 40[W] 120등, 60[W] 50등이 있다. 방전시간은 30분이며, 연축전지 HS형 54셀, 허용 최저전압 90[V], 최저축전지온도 5[℃]일 때, 축전지 용량을 구하시오. (단, 전압은 100[V]이고 연축전지의 용량환산시간 K는 표와 같으며, 보수율은 0.8이라고 한다.)

형식	온도[℃]	10분			30분		
		1.6[V]	1.7[V]	1.8[V]	1.6[V]	1.7[V]	1.8[V]
CS	25	0.9 0.8	1.15 1.06	1.60 1.42	1.41 1.34	1.60 1.55	2.00 1.88
	5	1.15 1.10	1.35 1.25	2.00 1.80	1.75 1.75	1.85 1.80	2.45 2.35
	-5	1.35 1.25	1.60 1.50	2.62 2.25	2.05 2.05	2.20 2.20	3.10 3.00
HS	25	0.58	0.70	0.93	1.03	1.14	1.38
	5	0.62	0.74	1.05	1.11	1.22	1.54
	-5	0.68	0.82	1.15	1.20	1.35	1.68

• 계산과정

• 답

(2) 클래드식(CS형)과 페이스트식(PS형)의 차이점을 설명하시오.
　　① 클래드식(CS형) :
　　② 페이스트식(PS형) :

답안

(1) • 계산과정

　　① 공칭전압 $= \dfrac{허용최저전압(V)}{셀수} = \dfrac{90}{54} ≒ 1.7[V/셀]$

　　② $I = \dfrac{P}{V} = \dfrac{(40 \times 120)+(60 \times 50)}{100} = 78[A]$

　　③ 축전지 용량 $C = \dfrac{I}{L}KI = \dfrac{1}{0.8} \times 1.22 \times 78 = 118.95[Ah]$

　• 답 : 118.95[Ah]

(2) ① 클래드식(CS형) : 완방전형으로 부하에 따라 방전전류가 일정하다
　　② 페이스트식(PS형) : 급방전형으로 부하에 따라 방전전류가 급격하게 변화한다.

04 비상용 전원설비로 축전지설비를 하려고 한다. 사용되는 부하의 방전전류-시간특성곡선이 아래 그림과 같을 때 조건을 참조하여 다음 각 물음에 답하시오. (7점)

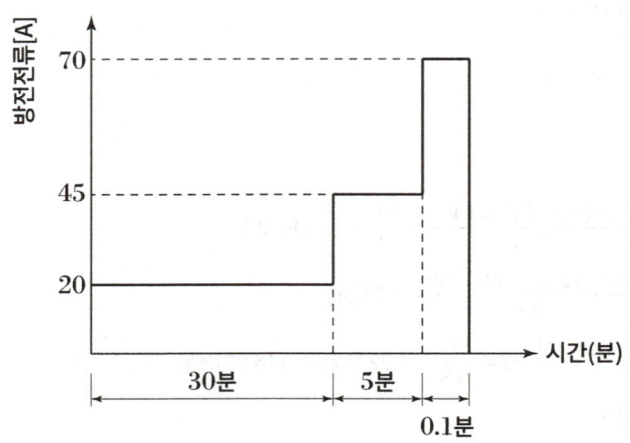

[조건]

[용량환산시간계수 K(온도 5℃에서)]

형식	허용최저전압 [V/cell]	0.1분	1분	5분	10분	20분	30분	60분	120분
AH	1.10	0.30	0.46	0.56	0.66	0.87	1.04	1.56	2.60
	1.06	0.24	0.33	0.45	0.53	0.70	0.85	1.40	2.45
	1.00	0.20	0.27	0.37	0.45	0.60	0.77	1.30	2.30

(1) 보수율이란 무엇이며 일반적으로 그 값은 보통 얼마를 적용하는가?

(2) 연축전지와 알칼리축전지의 공칭전압[V]를 쓰시오.

(3) 허용최저전압이 1.06V/cell일 때 축전지 용량[Ah]을 구하시오.

답안

(1) ① 보수율 : 축전지의 용량 저하를 고려하여 축전지의 용량 산정 시 여유를 주는 계수
② 보수율의 값 : 0.8

(2) ① 연축전지 : 2[V]   ② 알칼리축전지 : 1.2[V]

(3) • 계산과정 : $C = \dfrac{1}{0.8}(0.85 \times 20 + 0.45 \times 45 + 0.24 \times 70) = 67.56 Ah$

• 답 : 67.56Ah

해설

(1) K값이 구간별인 경우 축전지 용량계산

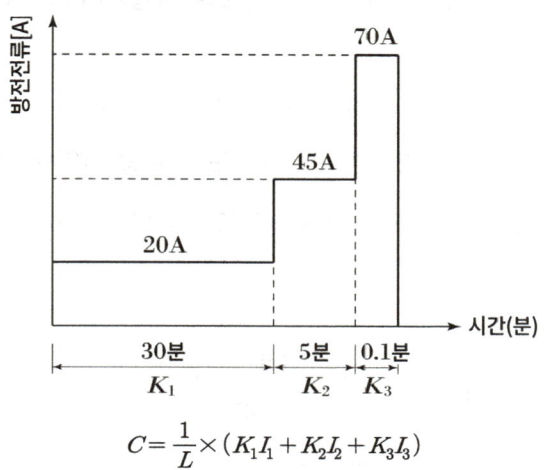

$$C = \frac{1}{L} \times (K_1 I_1 + K_2 I_2 + K_3 I_3)$$

여기서, C: 축전지 용량(Ah), K: 용량환산시간(h), L: 용량저하율(보수율), I: 방전전류(A)

(2) K값이 구간별이 아닌 경우 축전지 용량계산

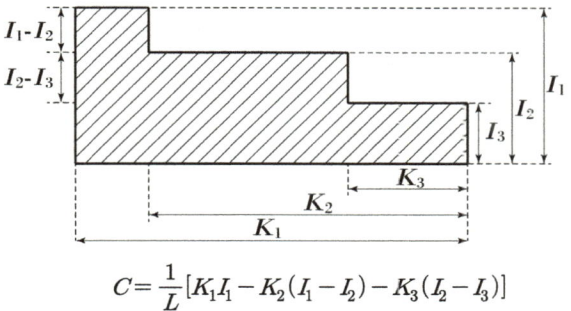

$$C = \frac{1}{L}[K_1 I_1 - K_2(I_1 - I_2) - K_3(I_2 - I_3)]$$

여기서, C: 축전지 용량[Ah], L: 용량저하율(보수율), K: 용량환산시간[h], I: 방전전류[A]

05 그림과 같이 방전전류가 시간에 따라 감소하는 경향의 축전지 용량(Ah)을 계산하시오. 단, 용량환산시간계수 K는 아래의 표와 같으며 용량저하율(보수율)은 0.8을 적용하는 것으로 한다. (7점)

[시간에 따른 용량환산시간계수]

시간	10분	20분	30분	60분	100분	110분	120분	170분	180분	200분
용량환산 시간계수[K]	1.30	1.45	1.75	2.55	3.45	3.65	3.85	4.85	5.05	5.30

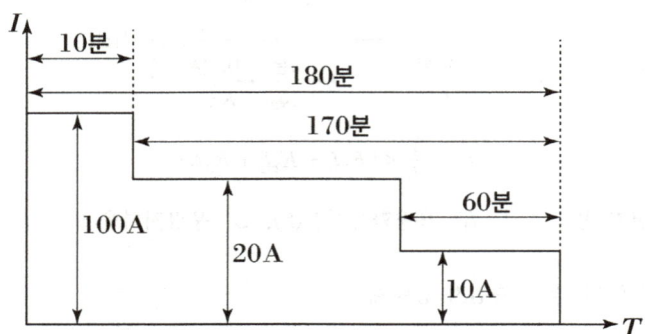

- 계산과정 :

- 답 :

답안

- 계산과정 :

$$C_1 = \frac{1}{L}K_1 I_1 = \frac{1}{0.8} \times 1.30 \times 100 = 162.5\, Ah$$

$$C_2 = \frac{1}{L}[K_1 I_1 + K_2(I_2 - I_1)] = \frac{1}{0.8}[3.85 \times 100 + 3.65 \times (20-100)] = 116.25\, Ah$$

$$C_3 = \frac{1}{L}[K_1 I_1 + K_2(I_2 - I_1) + K_3(I_3 - I_2)]$$

$$= \frac{1}{0.8}[5.05 \times 100 + 4.85 \times (20-100) + 2.55 \times (10-20)] = 114.375\, Ah$$

셋 중의 최대값인 162.5Ah 이상의 축전지를 선정한다.

- 답 : 162.5 [Ah]

06 예비전원에 대한 설명으로 다음 각 물음에 답하시오. (6점)

(가) 부동충전방식에 대한 회로(개략도)를 그리시오.

(나) 축전지의 과방전 또는 방치상태에서 기능회복을 위하여 실시하는 충전방식은 무엇인가?

(다) 연축전지의 정격용량은 250[Ah]이고 상시 부하가 8[kW]이며 표준전압이 100[V]인 부동충전방식의 충전기 2차 충전전류는 몇 [A]인가?(단, 축전지의 방전율은 10시간율로 한다.)

답안

(가)

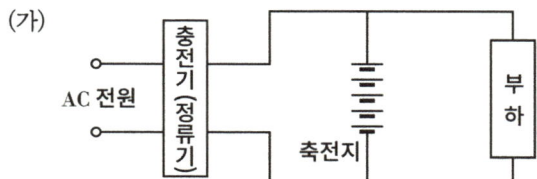

(나) 회복충전방식

(다) • 계산과정 : $I_2 = \dfrac{250}{10} + \dfrac{8 \times 10^3}{100} = 105A$

• 답 : 105A

해설

(가) 부동충전방식
충전기가 축전지의 자기방전을 보충함과 동시에 상시 부하에 전원을 부담하고 일시적인 대전류부하나 정전시 축전지가 공급하는 방식

(나) 회복충전방식
과방전 또는 장시간 방치상태에서 기능회복을 위하여 신속하게 충전하는 방식

(다) 2차 충전전류 = $\dfrac{축전지정격용량}{축전지공칭용량} + \dfrac{상시부하}{표준전압}$

→ 축전지의 공칭용량

연축전지	알칼리축전지
10[Ah]	5[Ah]

07 예비전원으로 사용되는 축전지설비에 대한 다음 각 물음에 답하시오. (6점)

(1) 연축전지의 정격용량이 100[Ah]이고 상시부하가 15[kW], 표준전압 100[V]인 부동충전방식 2차 충전전류값은 몇 [A]인가?(상시부하의 역률은 1로 가정한다.)

(2) 축전지의 수명이 있고 또한 그 말기에 있어서도 부하의 용량을 결정하기 위한 계수로서 보통 0.8로 하는 것을 무엇이라 하는가?

(3) 축전지의 과방전 및 방치상태, 가벼운 설페이션(Sulfation)현상 등이 생겼을 때 기능회복을 위하여 실시하는 충전방식의 명칭을 쓰시오.

답안

(1) • 계산과정 : $I_2 = \dfrac{100}{10} + \dfrac{15,000}{100} = 160[A]$

　　• 답 : 160A

(2) 용량저하율(보수율)

(3) 회복충전방식

해설

(1) 2차 충전전류 = $\dfrac{축전지정격용량}{축전지공칭용량} + \dfrac{상시부하}{표준전압}$ (공칭용량: 연축전지 10[Ah], 알칼리축전지 5[Ah])

(2) 용량저하율(보수율) : 축전지의 용량 저하를 고려하여 축전지의 용량 산정시 여유를 주는 계수

(3) 회복충전방식 : 과방전 또는 장시간 방치상태에서 기능회복을 위하여 신속하게 충전하는 방식

CHAPTER 02 감시전류, 동작전류

1 감시전류

$$감시전류(mA) = \frac{회로전압(V)}{릴레이저항(\Omega) + 배선저항(\Omega) + 종단저항(\Omega)} \times 10^3$$

2 동작전류

$$동작전류(mA) = \frac{회로전압(V)}{릴레이저항(\Omega) + 배선저항(\Omega)} \times 10^3$$

연습문제 : 감시전류, 동작전류

01 P형 수신기와 감지기와의 배선회로에서 종단저항 11[kΩ], 릴레이저항 550[Ω], 배선저항 50[Ω]이며, 회로의 전압이 직류 24[V]일 때 동작전류는 몇 [mA]인가? (5점)

답안

- 계산과정 : 감시전류 = $\dfrac{24}{550+50} \times 1000 = 40[mA]$
- 답 : 40 mA

해설

- 감시전류(mA) = $\dfrac{회로전압(V)}{릴레이저항(\Omega) + 배선저항(\Omega) + 종단저항(\Omega)} \times 10^3$
- 동작전류(mA) = $\dfrac{회로전압(V)}{릴레이저항(\Omega) + 배선저항(\Omega)} \times 10^3$

02 P형 1급 수신기와 감지기 간의 배선회로에서 종단저항은 10[kΩ], 배선저항은 20[Ω], 릴레이저항은 10[Ω]이며 회로전압이 직류 24[V]일 때 다음 각 물음에 답하시오. (4점)

(1) 감시상태의 감시전류는 몇 [mA]인지 구하시오.

(2) 감지기가 동작할 때의 동작전류는 몇 [mA]인지 구하시오.

답안

(1) • 계산과정
  ① 종단저항 $R = 10k\Omega = 10 \times 10^3 \Omega$
  ② 감시전류 $I = \dfrac{24}{10+20+(10 \times 10^3)} = 0.0023928A = 0.0023928 \times 10^3 = 2.392 ≒ 2.39mA$
  • 답 : 2.39mA

(2) • 계산과정 : 동작전류 $I = \dfrac{24}{10+20} = 0.8A = 0.8 \times 10^3 = 800mA$
  • 답 : 800mA

03 P형 1급 수신기와 감지기 간의 배선회로에서 종단저항은 11[kΩ], 릴레이저항은 550[Ω], 배선저항은 50[Ω]이다. 회로의 전압이 직류 24[V]일 때 다음 각 물음에 답하시오.

(4점)

(1) 감시상태의 감시전류는 몇 [mA]인가?

(2) 감지기가 동작할 때의 동작전류는 몇 [mA]인가?(단, 감지기의 동작 시 배선저항은 무시한다)

답안

(1) • 계산과정

① 종단저항 $R = 11k\Omega = 11 \times 10^3 \Omega$

② 감시전류 $= \dfrac{24}{550 + 50 + (11 \times 10^3)} \times 1000 = 2.07[mA]$

• 답 : 2.07[mA]

(2) • 계산과정 : 동작전류 $= \dfrac{24}{550} \times 1000 = 43.64[mA]$

• 답 : 43.64[mA]

CHAPTER 03 전력

1 직류회로

$$P = VI = I^2R = \frac{V^2}{R}[J/s] = [W]$$

① 전류: $I = \dfrac{Q}{t}\,[C/\sec] = [A]$

② 전압: $V = \dfrac{W}{Q}\,[J/C] = [V]$

③ 저항: $R = \rho\dfrac{\ell}{S}\,[\Omega]$

④ 저항과 온도의 관계

$$R_2 = R_1 \times [(1 + \alpha(t_2 - t_1)]$$

R_1: t_1(℃)에서 도체의 저항(Ω), R_2: t_2(℃)에서 도체의 저항(Ω),
t_1: 상승 전 온도(℃), t_2: 상승 후 온도(℃), α: t_1(℃)에서 저항온도계수

2 단상 교류

$P = VI\cos\theta$

(P: 전력[W], V: 전압[V], I: 전류[A], $\cos\theta$: 역률)

3 3상 교류

$P = \sqrt{3}\,VI\cos\theta$

(P: 전력[W], V: 전압[V], I: 전류[A], $\cos\theta$: 역률)

■ 연습문제 : **전력**

01 저항이 100Ω인 경동선의 온도가 20℃일 때 저항온도계수 0.00393Ω/℃이다. 화재로 인하여 온도가 100[℃]로 상승하였을 때 경동선의 저항값(Ω)은 얼마인가? (4점)

답안
- 계산과정 : $R_2 = 100 \times (1 + 0.00393(100-20)) = 131.44\Omega$
- 답 : 131.44Ω

해설
도체의 저항
$$R_2 = R_1 \times [(1+\alpha(t_2-t_1)]$$
여기서, R_1 : t_1(℃)에서 도체의 저항(Ω), R_2 : t_2(℃)에서 도체의 저항(Ω)
t_1 : 상승 전 온도(℃), t_2 : 상승 후 온도(℃), α : t_1(℃)에서 저항온도계수

02 40[W] 피난구 유도등 10개가 AC 220[V] 전원에 연결되어 있다. 이 유도등이 점등되었을 때 소요되는 전류는 몇 [A]인지 계산하시오. (단, 유도등의 역률은 60[%]이고, 배터리 충전전류는 무시한다.) (4점)

답안
- 계산과정 : $I = \dfrac{40 \times 10개}{220 \times 0.6} = 3.03A$
- 답 : 3.03A

해설
- 단상전력
$$P = VI\cos\theta$$
여기서, P : 전력[W], V : 전압[V], I : 전류[A], $\cos\theta$: 역률

03 20[W] 중형 피난구 유도등 10개가 AC220[V] 전원에 연결되어 점등되었을 때 소요되는 전류는 몇 [A]인가?(단, 유도등의 역률은 50[%]이고, 배터리 충전전류는 무시한다.)

(4점)

답안

- 계산과정 : $I = \dfrac{P}{\cos\theta \times V} = \dfrac{20 \times 10개}{0.5 \times 220} = 1.818 ≒ 1.82[A]$
- 답 : 1.82[A]

CHAPTER 04 전동기

1 펌프용 전동기 출력

$$P(kW) = \frac{\gamma QH}{102 \times \eta} \times K = \frac{\gamma \dfrac{Q[m^3]}{t[s]} H}{102 \times \eta} \times K$$

(γ: 비중량(kg_f/m^3), Q: 유량(m^3/s), H: 전양정(m), η: 효율(%), K: 전달계수)

2 V결선 시 변압기의 출력

$$P_V(kVA) = \sqrt{3}\, P_1$$

(P_V: V결선 시 변압기의 출력(kVA), P_1: 단상변압기 1대의 용량(kVA))

3 전동기 출력(팬)

$$P(kW) = \frac{Q \times P_T}{102 \times 60 \times \eta} \times K$$

(Q: 유량(m^3/min) P_T: 전압(mmAq), η: 펌프의 효율, K: 전달계수)

- 1atm = 760mmHg = 10.332mmAq = 10332mmAq

4 전력용 콘덴서의 용량

$$Q_C = P\left(\frac{\sqrt{1-\cos^2\theta_1}}{\cos\theta_1} - \frac{\sqrt{1-\cos^2\theta_2}}{\cos\theta_2}\right)$$

(Q_C: 전력용 콘덴서의 용량(kVA), P: 유효전력(W), $\cos\theta_1$: 개선 전 역률, $\cos\theta_2$: 개선 후 역률)

5 동기속도

$$N_s = \frac{120f}{P}$$

(N_s: 동기속도(rpm), P: 극수(P), f: 주파수(Hz))

6 회전속도

$$N = \frac{120f}{P}(1-S)$$

(N: 회전속도(rpm), P: 극수(P), f: 주파수(Hz), S: 슬립(%/100))

■ 연습문제 : **전동기**

01 토출량 1.6[㎥], 양정 높이가 80m인 스프링클러설비용 펌프의 전동기 모터 소요동력 (kW)를 계산하시오.(단, 전동기의 효율은 75%, 전달계수는 1.1이다.) (5점)

답안

- 계산과정 : $P(kW) = \dfrac{1000 \times 1.6 \times 80}{102 \times 0.75 \times 60} \times 1.1 = 30.675 ≒ 30.68 kW$
- 답 : 30.68kW

해설

- 펌프의 동력계산

$$P(kW) = \dfrac{\gamma QH}{102 \times \eta} \times K$$

여기서, γ: 비중량(kg_f/m^3), Q: 유량(m^3/s), H: 전양정(m), η: 효율(%), K: 전달계수

02 토출량 2400Lpm, 양정이 90m인 스프링클러설비용 펌프의 전동기 모터 소요동력(kW)를 계산하시오.(단, 효율은 70%, 전달계수는 1.1이다.) (4점)

답안

- 계산과정 : $P(kW) = \dfrac{1000 \times 2.4 \times 90}{102 \times 0.7 \times 60} \times 1.1 = 55.462 ≒ 55.46 kW$
- 답 : 55.46kW

03
매분 15[㎥]의 물을 지상으로부터 높이 18[m]인 물탱크에 양수하려고 한다. 조건을 참조하여 다음 각 물음에 답하시오. (5점)

[조건]
- 펌프의 효율은 60[%]이다.
- 펌프와 전동기의 합성역률은 80[%]이다.
- 펌프의 축동력은 15[%]의 여유를 둔다고 한다.

(1) 필요한 펌프의 전동기 용량은 몇 [kW]인가?

(2) 부하용량은 몇 [kVA]인가?

(3) 전력공급은 단상변압기 2대를 V결선하여 전력을 공급한다면 변압기 1대의 용량은 몇 [kVA]인가?

답안

(1) • 계산과정: $P = \dfrac{1000 \times 15 \times 18}{102 \times 0.6 \times 60} \times 1.15 = 84.558 ≒ 84.56\,kW$

　　• 답 : 84.56[kW]

(2) • 계산과정 : $P_a = \dfrac{84.56}{0.8} = 105.7[kVA]$

　　• 답 : 105.7[kVA]

(3) • 계산과정 : $P_V = \dfrac{105.7}{\sqrt{3}} = 61.025 ≒ 61.02\,kVA$

　　• 답 : 61.02[kVA]

해설

• 부하용량

$$Pa[KVA] = \dfrac{P}{\cos\theta}$$

여기서, P: 전동기 용량[KW]

• V결선 시 변압기의 출력

$$P_V(kVA) = \sqrt{3}\,P_1,\ P_1 = \dfrac{P_V(kVA)}{\sqrt{3}}$$

여기서, P_V: V결선 시 변압기의 출력(kVA), P_1: 단상변압기 1대의 용량(kVA)

04 지상 31m 되는 곳에 있는 수조에 분당 12㎥의 물을 양수하는 펌프용 전동기에 3상 전력을 공급하려고 한다. 펌프효율이 65%이고 펌프측 동력에 10%의 여유를 둔다고 할 때 다음 각 물음에 답하시오.(단, 펌프용 3상 농형 유도전동기의 역률은 100%로 가정한다.) (6점)

(1) 펌프용 전동기의 용량은 몇 kW인가?

(2) 3상 전력을 공급하기 위하여 단상변압기 2대를 V결선하여 이용하고자 한다. 단상변압기 1대의 용량은 몇 kVA 이상이면 되는가?

답안

(1) • 계산과정 : $P(kW) = \dfrac{1000 \times 12 \times 31}{102 \times 0.65 \times 60} \times 1.1 = 102.865 ≒ 102.87 kW$

  • 답 : 102.87kW

(2) • 계산과정 $P_1 = \dfrac{102.87}{\sqrt{3}} = 59.392 ≒ 59.39 kVA$

  • 답 : 59.39kVA

05 지상 30m 되는 높이에 100㎥의 저수조가 있다. 이 저수조에 소화용수를 양수하고자 할 때 30kW의 전동기를 사용한다면 몇 분 후에 수조에 물이 가득 차겠는지 구하시오. (단, 펌프의 효율은 70%이고, 여유계수는 1.2이다.) (5점)

답안

• 계산과정 : $t = \dfrac{\gamma \times Q \times H \times K}{P \times \eta} = \dfrac{1000 \times 100 \times 30 \times 1.2}{102 \times 30 \times 0.7 \times 60} = 28.011 ≒ 28.01\min$

• 답 : 28분

해설

• 펌프의 동력계산

$$P(kW) = \dfrac{\gamma QH}{102 \times \eta} \times K = \dfrac{\gamma \dfrac{Q[m^3]}{t[s]} H}{102 \times \eta} \times K$$

여기서, γ: 비중량(kg_f/m^3), Q: 유량(m^3/s), H: 전양정(m), η: 효율(%), K: 전달계수

06 지상 20[m] 높이에 500[㎥]의 수조가 있다. 이 수조에 소화용수를 양수하고자 할 때 15[kW]의 전동기를 사용한다면 몇 분 후에 수조에 물이 가득 차겠는지 구하시오.(단, 펌프의 효율은 70[%]이고, 여유계수는 1.2이다.) (4점)

답안
- 계산과정
$$t = \frac{\gamma \times Q \times H \times K}{P \times \eta} = \frac{1000 \times 500 \times 20 \times 1.2}{15 \times 102 \times 60 \times 0.7} = 186.741 ≒ 186.74 \text{min}$$
- 답 : 186.74분

07 풍량이 720[㎥/min]이며 전풍압이 100[mmHg]인 배연설비용 팬(FAN)을 설치할 경우 이 팬(FAN)을 운전하는 전동기의 소요출력은 몇 [kW]인가?(단, FAN의 효율은 55[%]이며, 여유계수 K는 1.2이다.) (4점)

답안
- 계산과정 :
  ① 급기풍량 $Q = 720 m^3/\text{min}$
  $$P_T = 100 mmHg \times \frac{10332 mmAq}{760 mmHg} = 1359.47 mmAq$$
  ② $P(kW) = \dfrac{720 \times 1359.47}{102 \times 60 \times 0.55} \times 1.2 = 348.95 kW$
- 답 : 348.95 [kW]

해설
- 송풍기의 전동기 동력
$$P(kW) = \frac{Q \times P_T}{102 \times 60 \times \eta} \times K$$

여기서, Q: 유량(m³/min) P_T: 전압(mmAq), η: 펌프의 효율, K: 전달계수

- 표준대기압
1atm = 760mmHg = 10.332mAq = 10332mmAq

08 동력제어반(MCC)에서 옥내소화전설비의 펌프전동기에 전력을 공급하고자 한다. 전동기의 공급전압은 3상 200V, 전동기의 용량은 15kW, 역률은 60%라고 가정할 때 전동기의 역률을 90(%)로 개선하고자 하는 경우 필요한 전력용 콘덴서의 용량[kVA]을 구하시오. (5점)

답안

- 계산과정 : $Q_C = 15 \times \left(\dfrac{\sqrt{1-0.6^2}}{0.6} - \dfrac{\sqrt{1-0.9^2}}{0.9} \right) = 12.74\,kVA$
- 답 : 12.74[kVA]

해설

- 전력용 콘덴서의 용량

$$Q_C = P\left(\dfrac{\sqrt{1-\cos^2\theta_1}}{\cos\theta_1} - \dfrac{\sqrt{1-\cos^2\theta_2}}{\cos\theta_2} \right)$$

여기서, Q_C: 전력용 콘덴서의 용량(kVA), P: 유효전력(W), $\cos\theta_1$: 개선 전 역률, $\cos\theta_2$: 개선 후 역률

09 3상 380[V], 주파수 60[Hz], 극수 4P, 75마력의 전동기가 있다. 다음 각 물음에 답하시오.(단, 슬립은 5[%]이다.) (6점)

(1) 동기속도(rpm)은 얼마인가?
- 계산과정
- 답

(2) 회전속도(rpm)은 얼마인가?
- 계산과정
- 답

답안

(1) • 계산과정 : $N_s = \dfrac{120 \times 60}{4} = 1800\,[rpm]$
  • 답 : 1800rpm

(2) • 계산과정 : $N = 1800 \times (1-0.05) = 1710\,[rpm]$
  • 답 : 1710rpm

해설

- 동기속도

$$N_s = \frac{120f}{P}$$

여기서, N_s: 동기속도(rpm), P: 극수(P), f: 주파수(Hz)

- 회전속도

$$N = \frac{120f}{P}(1-S)$$

여기서, N: 회전속도(rpm), P: 극수(P), f: 주파수(Hz), S: 슬립(%/100)

10 주파수 50[Hz]이고, 극수가 4일 때 전동기의 회전수는 1,440[rpm]이다. 이 전동기를 주파수 60[Hz]로 운전하는 경우 회전수는 몇 [rpm]이 되는지 구하시오.(단, 슬립은 50[Hz]에서와 같다.) (4점)

답안

- 계산과정

① 주파수 50[Hz]에서 슬립을 구하면

$$1440 = \frac{120 \times 50}{4}(1-S)$$

$$1-S = \frac{1440 \times 4}{120 \times 50}$$

$$1-S = 0.96$$

$$S = 1 - 0.96 = 0.04$$

② 60[Hz]로 운전하는 경우 회전수[rpm]

$$N = \frac{120 \times 60}{4}(1-0.04) = 1728[rpm]$$

- 답 : 1728[rpm]

CHAPTER 05 전압강하

1 전압강하

단상 2선식	3상 3선식
$e = 2IR = 2I\rho\dfrac{l}{A}$	$e = \sqrt{3}\,IR$

(e: 전압강하(V), I: 전류(A), R: 저항(Ω))

2 전압강하 및 전선단면적 공식

전기방식	전압강하	전선단면적
단상 2선식 (직류 2선식)	$e = \dfrac{35.6LI}{1000A}$	$A = \dfrac{35.6LI}{1000e}$
3상 3선식	$e = \dfrac{30.8LI}{1000A}$	$A = \dfrac{30.8LI}{1000e}$
단상 3선식 3상 4선식	$e' = \dfrac{17.8LI}{1000A}$	$A = \dfrac{17.8LI}{1000e'}$

e: 각 선간의 전압강하[V]
e': 각 선간의 1선과 중성선 사이의 전압강하[V]
L: 선로의 길이[m]
A: 전선의 단면적[mm²]
I: 전류[A]

연습문제 : 전압강하

01 제어반으로부터 배선의 거리가 90m 떨어진 위치에 기동용 솔레노이드밸브가 있다. 제어반에서 출력단자전압은 26V이고 솔레노이드밸브가 기동할 때 단자전압[V]을 구하시오.(단, 솔레노이드의 정격전류는 2A이고, 동선의 1m당 전기저항의 값은 0.008Ω이다.) (4점)

답안
- 계산과정 : 전압강하 $e = 2IR = 2 \times 2 \times (90 \times 0.008) = 2.88\,V$
  단자전압 $V_r = 26\,V - 2.88\,V = 23.12\,V$
- 답 : 23.12V

해설
- 전압강하

단상 2선식	3상 3선식
$e = 2IR$	$e = \sqrt{3}\,IR$

여기서, e: 전압강하(V), I: 전류(A), R: 저항(Ω)

02 수신기로부터 100[m]의 위치에 아래의 조건으로 사이렌이 접속된 경우 사이렌이 작동될 때 사이렌의 단자전압을 구하시오. (5점)

[조건]
① 수신기는 정전압 출력으로 24[V]로 한다.
② 전선은 2.5[㎟]의 HFIX 전선을 사용한다.
③ 사이렌의 정격출력은 48[W]로 한다.
④ 전선 HFIX 2.5[㎟]의 전기저항은 8.75[Ω/km]로 한다.

- 계산과정:

- 답:

답안

- 계산과정

  ① 전류 $I = \dfrac{P}{V} = \dfrac{48}{24} = 2[A]$

  ② 전압강하 $e = 2IR = 2 \times 2 \times 0.875 = 3.5[V]$ $(R = 100 \times \dfrac{8.75}{1000} = 0.875[\Omega])$

  ③ 단자전압 $V_r = 24 - 3.5 = 20.50[V]$

- 답 : 20.50V

03 수신기에서 600[m] 떨어진 지하1층, 지상5층, 연면적 5,000[㎡]인 공장에 자동화재탐지설비를 설치하였다. 다음 조건을 참조하여 각 물음에 답하시오. (8점)

[조건]
① 각 층에 발신기가 2회로씩(총12회로)이 설치되어 있다.
② 소모전류는 경종 50mA/개, 표시등 30mA/개이다.

(1) 경종 및 표시등의 각 최대 소요전류(A)와 총 소모전류(A)를 계산하시오.

구분	계산과정 및 답
경종	• 계산과정 • 답
표시등	• 계산과정 • 답
총 소요전류	• 계산과정 • 답

(2) 경종 및 표시등에 사용되는 전선의 종류를 쓰시오.

(3) 경종이 동작되었을 경우 최말단의 경종선로 전압강하는 몇 [V]인가?
  - 계산과정
  - 답

(4) 경종의 작동여부를 간단히 설명하시오.

(5) 발화층, 직상층 우선경보방식 적용대상을 쓰시오.

답안

(1)

구분	계산과정 및 답
경종	• 계산과정 : 50mA/개 × 6개 = 300mA = 0.30A • 답 ; 0.30[A]
표시등	• 계산과정 : 30mA/개 × 12개 = 360mA = 0.36A • 답 : 0.36[A]
총 소요전류	• 계산과정 : 0.30A + 0.36A = 0.66A • 답 : 0.66[A]

(2) 450/750V 저독성 난연 가교 폴리올레핀 절연전선

(3) • 계산과정 : $e = \dfrac{35.6 \times 600 \times 0.66}{1000 \times 2.5} = 5.639 ≒ 5.64\,V$ • 답 5.64[V]

(4) • 계산과정 : 최말단(지상5층)에 설치된 경종의 전압 $V = 24 - 5.64 = 18.36\,V$
 • 답 : 정격전압의 80%(19.2V) 미만이므로 경종 작동불가

(5) 층수가 5층 이상으로서 연면적 3,000㎡를 초과하는 특정소방대상물

해설

• 전압강하 및 전선단면적 공식

전기방식	전압강하
단상 2선식 (직류 2선식)	$e = \dfrac{35.6LI}{1000A}$
3상 3선식	$e = \dfrac{30.8LI}{1000A}$
단상 3선식 3상 4선식	$e' = \dfrac{17.8LI}{1000A}$

여기서, e: 각 선간의 전압강하[V], e': 각 선간의 1선과 중성선 사이의 전압강하[V]
 L: 선로의 길이[m], A: 전선의 단면적[㎟], I: 전류[A]

04
자동화재탐지설비의 발신기에서 표시등=40[mA/개], 경종=50[mA/개]로 1회로 당 90[mA]의 전류가 소모되며, 지하 1층, 지상 5층의 각 층별 2회로씩 총 12회로인 공장에서 P형 수신반 최말단 발신기까지 500[m] 떨어진 경우 다음 각 물음에 답하시오.(단, 직상층 우선경보방식인 경우이다.) (10점)

(1) 경종 및 표시등의 각 최대 소모전류(A)와 총 소모전류(A)를 계산하시오.

구분	계산과정 및 답
경종	• 계산과정 • 답
표시등	• 계산과정 • 답
총 소요전류	• 계산과정 • 답

(2) 경종 및 표시등에 사용되는 전선의 종류를 쓰시오.

(3) 2.5[mm²]의 전선을 사용한 경종이 동작되었을 경우 최말단의 경종선로 전압강하는 몇 [V]인가?
  • 계산과정
  • 답

(4) 경종의 작동여부를 간단히 설명하시오.
  • 계산과정
  • 답

(5) 우선경보방식 적용대상 기준을 쓰시오.

답안

(1) 경종 및 표시등의 각 최대 소모전류(A)와 총 소모전류(A)를 계산하시오.

구분	계산과정 및 답
경종	• 계산과정 : 50mA/개 × 6개 = 300mA = 0.3A • 답: 0.3 [A]
표시등	• 계산과정 : 40mA/개 × 12개 = 480mA = 0.48A • 답: 0.48[A]
총 소요전류	• 계산과정 : 0.30A + 0.48A = 0.78A • 답 : 0.78[A]

(2) 450/750[V] 저독성 난연 가교 폴리올레핀 절연전선

(3) • 계산과정 : $e = \dfrac{35.6 \times 500 \times 0.78}{1{,}000 \times 2.5} = 5.55\,V$

  • 답 5.55V

(4) • 계산과정 : 최말단(지상5층)에 설치된 경종의 전압 $V = 24 - 5.55 = 18.45\,V$

  • 답 : 정격전압의 80%(19.2V) 미만이므로 경종 작동불가

(5) 층수가 5층 이상으로서 연면적 3,000㎡를 초과하는 특정소방대상물

발전기

1 발전기 정격용량

$$P_n \geq (\frac{1}{e} - 1)X_L P$$

(P_n : 발전기 정격용량(발전기용량)[kVA], e : 허용전압강하,
X_L : 과도리액턴스, P : 기동용량[kVA])

2 발전기용 차단용량

$$P_s \geq \frac{P_n}{X_L} \times 1.25 (여유율)$$

(P_s : 발전기용 차단기의 용량[kVA], X_L : 과도리액턴스,
P_n : 발전기 정격용량(발전기용량)[kVA])

연습문제 : 발전기

01 비상용 자가발전설비를 설치하려고 한다. 기동용량은 500[kVA], 허용전압강하는 15[%]까지 허용하며, 과도리액턴스는 20[%]일 때 발전기 정격용량은 몇 [kVA] 이상의 것을 선정하여야 하며, 발전기용 차단기의 용량은 몇 [MVA] 이상인가?(단, 차단용량의 여유율은 25[%]로 계산한다.) (4점)

(1) 발전기 정격 용량
- 계산 과정:
- 답:

(2) 차단기의 용량
- 계산 과정:
- 답:

답안

(1) • 계산과정 : $(\frac{1}{0.15}-1) \times 0.2 \times 500 = 566.666$
- 답 : 566.67 [kVA]

(2) • 계산과정 : $\frac{566.67}{0.2} \times 1.25 ≒ 3541[kVA] = 3.541[MVA]$
- 답 : 3.54 [MVA]

해설

(1) 발전기 정격용량

$P_n \geq (\frac{1}{e}-1)X_L P$

여기서, P_n: 발전기 정격용량(발전기용량)[kVA], e: 허용전압강하
X_L: 과도리액턴스, P: 기동용량[kVA]

(2) 발전기용 차단용량

$P_s \geq \frac{P_n}{X_L} \times 1.25$ (여유율)

여기서, P_s: 발전기용 차단기의 용량[kVA], X_L: 과도리액턴스
P_n: 발전기 정격용량(발전기용량)[kVA]

02 비상용 자가발전설비를 설치하려고 한다. 기동용량은 700[kVA], 허용전압강하는 20[%]까지 허용하며, 과도리액턴스는 25[%]일 때 발전기 정격용량은 몇 [kVA] 이상의 것을 선정하여야 하며, 발전기용 차단기의 용량은 몇 [KVA] 이상인가?(단, 차단용량의 여유율은 25[%]로 계산한다.) (4점)

(1) 발전기 정격 용량
  • 계산 과정:
  • 답:

(2) 차단기의 용량
  • 계산 과정:
  • 답:

답안

(1) • 계산과정 : $(\frac{1}{0.2}-1) \times 0.25 \times 700 = 700$
  • 답 : 700 [kVA]

(2) • 계산과정 : $\frac{700}{0.25} \times 1.25 ≒ 3500$
  • 답 : 3.5 [KVA]

쉽고 빠르게 합격하는 소방설비(산업)기사 전기분야 실기

PART
08

실력 UP
추가문제 풀이

제1장 경보설비
제2장 피난구조설비
제3장 소화활동설비
제4장 소방배선
제5장 공사재료
제6장 시퀀스
제7장 계산문제

CHAPTER 01 경보설비

01 자동화재탐지설비에 대한 설치대상(바닥면적 등 기준)을 적으시오. (5점)

(1) 근린생활시설(목욕장 제외)
(2) 근린생활시설 중 목욕장
(3) 의료시설(정신의료기관 또는 요양병원 제외)
(4) 정신의료기관(창살은 설치되어 있지 않음)
(5) 요양병원(정신병원과 의료재활시설 제외)

답안
(1) 연면적 600m2 이상
(2) 연면적 1000m^2 이상
(3) 연면적 600m^2 이상
(4) 바닥면적 합계 300m^2 이상
(5) 전부

해설
• 자동화재탐지설비
화재발생을 감지하여 당해 소방대상물의 화재발생을 소방대상물의 관계자에게 통보할 수 있는 설비

02 화재안전기준상 경계구역, 감지기, 시각경보장치에 대한 용어의 정의를 서술하시오.
(3점)

(1) 경계구역

(2) 감지기

(3) 시각경보장치

답안
(1) 경계구역: 특정소방대상물 중 화재신호를 발신하고 그 신호를 수신 및 유효하게 제어할 수 있는 구역
(2) 감지기: 화재시 발생하는 열, 연기, 불꽃 또는 연소생성물을 자동적으로 감지하여 수신기에 발신하는 장치
(3) 시각경보장치: 자동화재탐지설비에서 발하는 화재신호를 시각경보기에 전달하여 청각장애인에게 점멸형태의 시각경보를 하는 것

03 특정소방대상물에 설치된 수신기에서 예비전원표시등이 점멸되고 있다. 그 원인 4가지를 쓰시오.
(4점)

답안
① 배터리의 완전 방전
② 충전불량
③ 배터리 소켓 접속 불량
④ 퓨즈의 단선

04 다음은 자동화재탐지설비의 감지기 설치기준이다. ( ) 안에 알맞은 답을 쓰시오.

(4점)

(1) 감지기(차동식분포형의 것을 제외한다)는 실내로의 공기유입구로부터 (①)m 이상 떨어진 위치에 설치할 것
(2) 보상식스포트형감지기는 정온점이 감지기 주위의 평상시 최고온도보다 (②)℃ 이상 높은 것으로 설치할 것
(3) 스포트형감지기는 (③)도 이상 경사되지 아니하도록 부착할 것
(4) (④)는 주방·보일러실 등으로서 다량의 화기를 취급하는 장소에 설치하되, 공칭작동온도가 최고주위온도보다 20℃ 이상 높은 것으로 설치할 것

답안
① 1.5   ② 20   ③ 45   ④ 정온식감지기

해설
- 감지기 설치기준
① 감지기(차동식분포형의 것을 제외한다)는 실내로의 공기유입구로부터 1.5[m] 이상 떨어진 위치에 설치한다.
② 감지기는 천장 또는 반자의 옥내에 면하는 부분에 설치한다.
③ 보상식스포트형감지기는 정온점이 감지기 주위의 평상시 최고온도보다 20[℃] 이상 높은 것으로 설치한다.
④ 정온식감지기는 주방·보일러실 등으로서 다량의 화기를 취급하는 장소에 설치하되, 공칭작동온도가 최고주위온도보다 20[℃] 이상 높은 것으로 설치한다.

05 일시적으로 발생된 열, 연기 또는 먼지 등으로 연기감지기가 화재신호를 발신할 우려가 있는 곳에 축적기능 등이 있는 자동화재탐지설비의 수신기를 설치하여야 한다. 이 경우에 해당하는 장소 3가지를 쓰시오. (축적형 감지기가 설치되지 아니하는 장소이다.)

(5점)

답안

① 지하층·무창층 등으로서 환기가 잘되지 아니한 장소
② 실내면적이 40m² 미만인 장소
③ 감지기의 부착면과 실내바닥과의 거리가 2.3m 이하인 곳으로서 일시적으로 발생한 열·연기 또는 먼지 등으로 인하여 화재신호를 발신할 우려가 있는 장소

해설

축적기능이 있는 수신기 설치장소	축적기능이 없는 감지기 설치대상
① 지하층·무창층 등으로서 환기가 잘되지 아니하거나 실내면적이 40m² 미만인 장소 ② 감지기의 부착면과 실내바닥과의 거리가 2.3m 이하인 곳으로서 일시적으로 발생한 열·연기 또는 먼지 등으로 인하여 화재신호를 발신할 우려가 있는 장소	① 교차회로방식에 사용되는 감지기 ② 급속한 연소확대가 우려되는 장소에 사용되는 감지기 ③ 축적기능이 있는 수신기에 연결하여 사용하는 감지기

---

06 전선의 공사방법 중 내화배선의 공사방법에 대한 다음 (   ) 안에 알맞은 답을 쓰시오.
(5점)

금속관·2종 금속제 가요전선관 또는 합성 수지관에 수납하여 내화구조로 된 벽 또는 바닥 등에 벽 또는 바닥의 표면으로부터 (①)의 깊이로 매설하여야 한다. 다만 다음 각목의 기준에 적합하게 설치하는 경우에는 그러하지 아니하다.
1. 배선을 (②)을 갖는 배선전용실 또는 배선용 샤프트·피트·덕트 등에 설치하는 경우
2. 배선전용실 또는 배선용 샤프트·피트·덕트 등에 다른 설비의 배선이 있는 경우에는 이로부터 (③) 떨어지게 하거나 소화설비의 배선과 이웃하는 다른 설비의 배선 사이에 배선지름(배선의 지름이 다른 경우에는 가장 큰 것을 기준)의 (④)의 높이의 (⑤)을 설치하는 경우

답안

① 25[mm] 이상   ② 내화성능   ③ 15[cm] 이상   ④ 1.5배 이상   ⑤ 불연성 격벽

해설

- 배선에 사용되는 전선의 종류 및 공사방법

(1) 내화배선

사용전선의 종류	공사방법
1. 450/750V 저독성 난연 가교 폴리올레핀 절연 전선 2. 0.6/1KV 가교 폴리에틸렌 절연 저독성 난연 폴리올레핀 시스 전력 케이블 3. 6/10kV 가교 폴리에틸렌 절연 저독성 난연 폴리올레핀 시스 전력용 케이블 4. 가교 폴리에틸렌 절연 비닐시스 트레이용 난연 전력 케이블 5. 0.6/1kV EP 고무절연 클로로프렌 시스 케이블 6. 300/500V 내열성 실리콘 고무 절연전선(180℃) 7. 내열성 에틸렌-비닐 아세테이트 고무 절연 케이블 8. 버스덕트(Bus Duct) 9. 기타 전기용품안전관리법 및 전기설비기술기준에 따라 동등 이상의 내화성능이 있다고 주무부장관이 인정하는 것	금속관·2종 금속제 가요전선관 또는 합성 수지관에 수납하여 내화구조로 된 벽 또는 바닥 등에 벽 또는 바닥의 표면으로부터 25㎜ 이상의 깊이로 매설하여야 한다. 다만 다음 각목의 기준에 적합하게 설치하는 경우에는 그러하지 아니하다. 가. 배선을 내화성능을 갖는 배선전용실 또는 배선용 샤프트·피트·덕트 등에 설치하는 경우 나. 배선전용실 또는 배선용 샤프트·피트·덕트 등에 다른 설비의 배선이 있는 경우에는 이로부터 15㎝ 이상 떨어지게 하거나 소화설비의 배선과 이웃하는 다른 설비의 배선사이에 배선지름(배선의 지름이 다른 경우에는 가장 큰 것을 기준으로 한다)의 1.5배 이상의 높이의 불연성 격벽을 설치하는 경우
내화전선	케이블공사의 방법에 따라 설치하여야 한다.

(2) 내열배선

사용전선의 종류	공사방법
1. 450/750V 저독성 난연 가교 폴리올레핀 절연 전선 2. 0.6/1KV 가교 폴리에틸렌 절연 저독성 난연 폴리올레핀 시스 전력 케이블 3. 6/10kV 가교 폴리에틸렌 절연 저독성 난연 폴리올레핀 시스 전력용 케이블 4. 가교 폴리에틸렌 절연 비닐시스 트레이용 난연 전력 케이블 5. 0.6/1kV EP 고무절연 클로로프렌 시스 케이블 6. 300/500V 내열성 실리콘 고무 절연전선(180℃) 7. 내열성 에틸렌-비닐 아세테이트 고무 절연 케이블 8. 버스덕트(Bus Duct) 9. 기타 전기용품안전관리법 및 전기설비기술기준에 따라 동등 이상의 내열성능이 있다고 주무부장관이 인정하는 것	금속관·금속제 가요전선관·금속덕트 또는 케이블(불연성덕트에 설치하는 경우에 한한다.) 공사방법에 따라야 한다. 다만, 다음 각목의 기준에 적합하게 설치하는 경우에는 그러하지 아니하다. 가. 배선을 내화성능을 갖는 배선전용실 또는 배선용 샤프트·피트·덕트 등에 설치하는 경우 나. 배선전용실 또는 배선용 샤프트·피트·덕트 등에 다른 설비의 배선이 있는 경우에는 이로부터 15㎝ 이상 떨어지게 하거나 소화설비의 배선과 이웃하는 다른 설비의 배선사이에 배선지름(배선의 지름이 다른 경우에는 지름이 가장 큰 것을 기준으로 한다)의 1.5배 이상의 높이의 불연성 격벽을 설치하는 경우
내화전선·내열전선	케이블공사의 방법에 따라 설치하여야 한다.

07 다음 도시기호의 명칭을 쓰시오. (4점)

① ⊙   ② ▭   ③ ∪   ④ Ⓑ

답안

① 감지선   ② 중계기   ③ 정온식 스포트형 감지기   ④ 화재 경보벨

해설

- 감지기의 도시기호

명칭	그림기호	비고	
차동식스포트형감지기	∪	—	
보상식스포트형감지기	∪	—	
정온식스포트형감지기	∪	방수형 ∪ 내알칼리형 ∪	내산형 ∪ 방폭형 ∪EX
연기감지기	[S]	매입형 [S]	

08 공기관식 차동식 분포형 감지기의 공기관 길이가 370m이다. 검출부의 수량을 구하시오. (단, 하나의 검출부에 접속하는 공기관의 길이는 최대길이를 적용할 것) (4점)

답안

- 계산과정 : $\dfrac{370}{100} = 3.7 ≒ 4개$
- 답 : 4개

해설

• **공기관식 차동식분포형감지기의 설치기준**
① 기관의 노출부분은 감지구역마다 20m 이상이 되도록 한다.
② 공기관과 감지구역의 각 변과의 수평거리는 1.5m 이하가 되도록 하고, 공기관 상호간의 거리는 6m(내화구조 9m) 이하가 되도록 한다.
③ 공기관은 도중에서 분기하지 아니하도록 한다.
④ 하나의 검출부분에 접속하는 공기관의 길이는 100m 이하로 한다.
⑤ 검출부는 5° 이상 경사되지 아니하도록 부착한다.
⑥ 검출부는 바닥으로부터 0.8m 이상 1.5m 이하의 위치에 설치한다.

• **형식승인 및 제품검사의 기술기준 (공기관)**
① 공기관의 두께는 0.3 ㎜ 이상, 바깥지름은 1.9 ㎜ 이상

---

09 자동화재탐지설비의 감지기는 지하층·무창층 등으로서 환기가 잘 되지 아니하거나 실내면적이 40m² 미만인 장소, 감지기의 부착면과 실내바닥과의 거리가 2.3m 이하인 곳으로서 일시적으로 발생한 열·연기 또는 먼지 등으로 인하여 화재신호를 발신할 우려가 있는 장소에 적응성 있는 감지기를 5가지만 쓰시오. (5점)

답안
① 불꽃감지기　　　② 정온식감지선형감지기　　　③ 분포형감지기
④ 복합형감지기　　⑤ 광전식분리형감지기　　　　⑥ 아날로그방식의 감지기
⑦ 다신호방식의 감지기　⑧ 축적방식의 감지기 중 5가지

해설

축적기능이 있는 수신기 설치장소	축적기능이 없는 감지기 설치대상
① 지하층·무창층 등으로서 환기가 잘되지 아니하거나 실내면적이 40m² 미만인 장소 ② 감지기의 부착면과 실내바닥과의 거리가 2.3m 이하인 곳으로서 일시적으로 발생한 열·연기 또는 먼지 등으로 인하여 화재신호를 발신할 우려가 있는 장소	① 교차회로방식에 사용되는 감지기 ② 급속한 연소확대가 우려되는 장소에 사용되는 감지기 ③ 축적기능이 있는 수신기에 연결하여 사용하는 감지기

10 연기감지기 중 공기흡입형 감지기에 대한 다음 각 물음에 답하시오. (5점)

(1) 동작원리를 간단히 쓰시오.

(2) 공기흡입장치는 공기배관망에 설치된 가장 먼 샘플링지점에서 감지부분까지 몇 초 이내에 연기를 이송할 수 있어야 하는가?

답안
(1) 감지기 내부에 장착된 공기흡입장치로 감지하고자 하는 위치의 공기를 흡입하고 흡입된 공기에 일정한 농도의 연기가 포함된 경우 작동
(2) 120초 이내

해설
• 공기흡입형
감지기 내부에 장착된 공기흡입장치로 감지하고자 하는 위치의 공기를 흡입하고 흡입된 공기에 일정한 농도의 연기가 포함된 경우 작동하는 것을 말한다.

11 광전식분리형감지기의 설치기준을 3가지만 쓰시오. (6점)

답안
① 감지기의 수광면은 햇빛을 직접 받지 않도록 설치할 것
② 광축은 나란한 벽으로부터 0.6m 이상 이격하여 설치할 것
③ 감지기의 송광부와 수광부는 설치된 뒷벽으로부터 1m 이내 위치에 설치할 것

해설
• 광전식 분리형 감지기 설치기준
① 감지기의 수광면은 햇빛을 직접 받지 않도록 설치할 것
② 광축은 나란한 벽으로부터 0.6m 이상 이격하여 설치할 것
③ 감지기의 송광부와 수광부는 설치된 뒷벽으로부터 1m 이내 위치에 설치할 것
④ 광축의 높이는 천장 등 높이의 80% 이상일 것
⑤ 감지기의 광축의 길이는 공칭감시거리 범위 이내일 것

12 그림과 같이 구획된 실에 차동식 스포트형 감지기 1종을 설치하는 경우 다음 각 물음에 답하시오.(단, 건축물은 내화구조이며, 천장의 높이는 5[m]이다.) (8점)

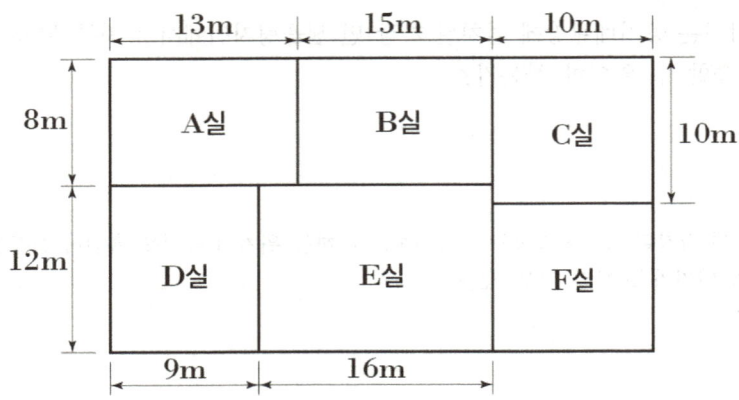

(1) 각 실에 필요한 감지기의 수량을 산출하시오.

구분	계산과정	필요수량
A		
B		
C		
D		
E		
F		
합계		

(2) 도면 전체에 대한 경계구역수를 계산하시오.
 • 계산과정
 • 답

답안

(1)

구분	계산과정	필요수량
A	$N=\dfrac{13m \times 8m}{45m^2}=2.3$ ∴3개	3개
B	$N=\dfrac{15m \times 8m}{45m^2}=2.6$ ∴3개	3개
C	$N=\dfrac{10m \times 10m}{45m^2}=2.2$ ∴3개	3개
D	$N=\dfrac{9m \times 12m}{45m^2}=2.4$ ∴3개	3개
E	$N=\dfrac{16m \times 12m}{45m^2}=4.2$ ∴5개	5개
F	$N=\dfrac{10m \times 10m}{45m^2}=2.2$ ∴3개	3개
합계	3+3+3+3+5+3 = 2개	20개

(2) ① 계산과정 : $N=\dfrac{(10+20+10)m \times (7+8+8)m}{600m^2}=1.53$ ∴2구역

② 답 : 2구역

해설

- **스포트형 감지기 설치기준**

(단위 : [m²])

부착높이 및 특정소방대상물의 구분		감지기의 종류						
		차동식 스포트형		보상식 스포트형		정온식 스포트형		
		1종	2종	1종	2종	특종	1종	2종
4[m] 미만	내화구조	90	70	90	70	70	60	20
	기타구조	50	40	50	40	40	30	15
4[m] 이상 8[m] 미만	내화구조	45	35	45	35	35	30	
	기타구조	30	25	30	25	25	15	

13

바닥면적이 700㎡인 특정소방대상물에 차동식 스포트형감지기 2종을 설치하고자 한다. 이때 설치하여야 할 감지기의 개수를 구하시오.(단, 특정소방대상물의 주요구조부는 내화구조이며 부착높이는 4m이다.) (5점)

답안

- 계산과정: $N = \dfrac{700m^2}{35m^2} = 20$개
- 답: 20개

해설

- 스포트형 감지기 설치기준

(단위: [㎡])

부착높이 및 특정소방대상물의 구분		감지기의 종류						
		차동식 스포트형		보상식 스포트형		정온식 스포트형		
		1종	2종	1종	2종	특종	1종	2종
4[m] 미만	내화구조	90	70	90	70	70	60	20
	기타구조	50	40	50	40	40	30	15
4[m] 이상 8[m] 미만	내화구조	45	35	45	35	35	30	
	기타구조	30	25	30	25	25	15	

14

비상방송설비 설치기준에 대해 다음 물음을 답하시오. (5점)

(1) 기동장치에 따른 화재신고를 수신한 후 필요한 음량으로 화재발생 상황 및 피난에 유효한 방송이 자동으로 개시될 때까지의 소요시간은 몇 초 이하로 하여야 하는가?

(2) 지상 10층, 연면적 3000 ㎡ 초과하는 특정소방대상물에 자동화재탐지설비의 음향장치를 설치하고자 한다. 5층에 화재가 발생할 경우 경보를 발하여야 하는 층수를 적으시오.

(3) 실내에 설치하는 확성기는 몇 [W] 이상으로 하여야 하는가?

(4) 조작부의 조작스위치는 바닥으로부터 얼마의 높이에 설치하여야 하는가?

(5) 음향장치는 정격전압의 몇 [%] 전압에서 음향을 발할 수 있는가?

답안

① 10초　　② 지상 5층, 지상 6층　　③ 1 W　　④ 0.8~1.5 m이상　　⑤ 80 %

해설

• 비상방송설비 설치기준
① 확성기의 음성입력은 3W(실내에 설치하는 것에 있어서는 1W) 이상일 것
② 확성기는 각 층마다 설치하되, 그 층의 각 부분으로부터 하나의 확성기까지의 수평거리가 25m 이하가 되도록 하고, 해당층의 각 부분에 유효하게 경보를 발할 수 있도록 설치할 것
③ 음량조정기를 설치하는 경우 음량조정기의 배선은 3선식으로 할 것

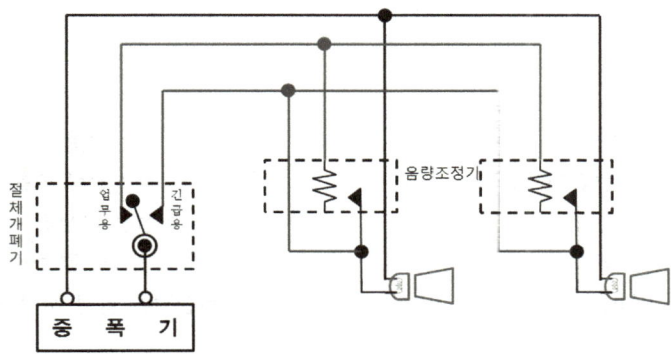

④ 조작부의 조작스위치는 바닥으로부터 0.8m 이상 1.5m 이하의 높이에 설치할 것
⑤ 조작부는 기동장치의 작동과 연동하여 해당 기동장치가 작동한 층 또는 구역을 표시할 수 있는 것으로 할 것
⑥ 증폭기 및 조작부는 수위실 등 상시 사람이 근무하는 장소로서 점검이 편리하고 방화상 유효한 곳에 설치할 것
⑦ 다른 방송설비와 공용하는 것에 있어서는 화재 시 비상경보외의 방송을 차단할 수 있는 구조로 할 것
⑧ 다른 전기회로에 따라 유도장애가 생기지 아니하도록 할 것
⑨ 하나의 특정소방대상물에 2 이상의 조작부가 설치되어 있는 때에는 각각의 조작부가 있는 장소 상호간에 동시통화가 가능한 설비를 설치하고, 어느 조작부에서도 해당 특정소방대상물의 전 구역에 방송을 할 수 있도록 할 것
⑩ 기동장치에 따른 화재신고를 수신한 후 필요한 음량으로 화재발생 상황 및 피난에 유효한 방송이 자동으로 개시될 때까지의 소요시간은 10초 이하로 할 것

• 비상방송설비 음향장치의 구조 및 기능
① 정격전압의 80% 전압에서 음향을 발할 수 있는 것을 할 것
② 자동화재탐지설비의 작동과 연동하여 작동할 수 있는 것으로 할 것

15. 누전경보기의 구성요소 4가지 및 각각의 기능에 대해 답하시오. (4점)

구성요소	기능

답안

구성요소	기능
영상변류기	누설전류 검출
수신부	누설전류 신호 수신
음향장치	누전 시 경보발령
차단기구(차단릴레이 포함)	누설전류 발생 시 전원차단

해설

- 누전경보기

내화구조가 아닌 건축물로서 벽, 바닥 또는 천장의 전부나 일부를 불연재료 또는 준불연재료가 아닌 재료에 철망을 넣어 만든 건물의 전기설비로부터 누설전류를 탐지하여 경보를 발하며 변류기와 수신부로 구성된 것

- 수신부

변류기로부터 검출된 신호를 수신하여 누전의 발생을 해당 특정소방대상물의 관계인에게 경보하여 주는 것(차단기구를 갖는 것을 포함)

- 변류기

경계전로의 누설전류를 자동적으로 검출하여 이를 누전경보기의 수신부에 송신하는 것

16 다음 비상방송설비 음량조정기 회로결선도를 그리시오. (5점)

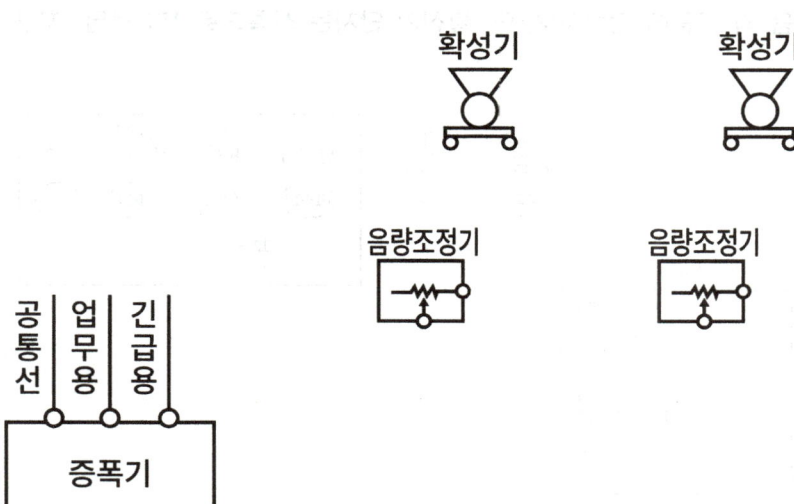

답안

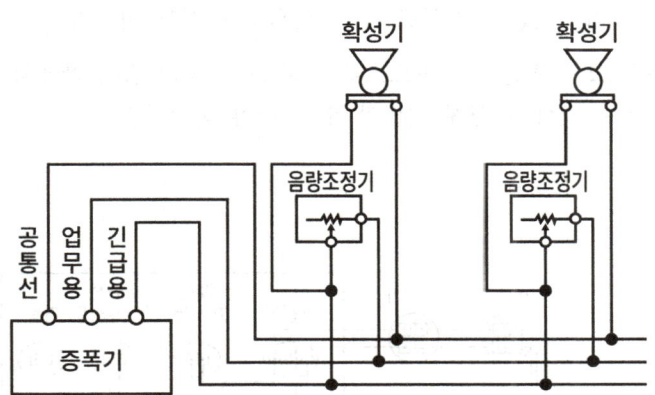

해설

- 비상방송설비 설치기준

음량조정기를 설치하는 경우 음량조정기의 배선은 3선식으로 할 것

17 자동화재탐지설비의 P형 1급 수신기에 연결되는 발신기와 감지기의 미완성 결선도이다. 다음 각 물음에 답하시오.(단, 발신기 단자는 좌측으로부터 응답, 지구, 공통이다.)

(10점)

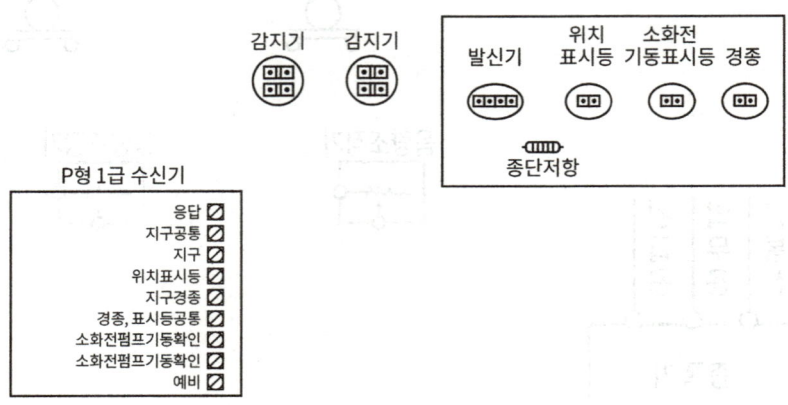

(1) 미완성 결선도를 완성하시오.

(2) 종단저항이 설치되는 단자이름을 쓰시오.

(3) 발신기의 위치를 표시하는 표시등은 무슨 색으로 하여야 하는가?

(4) 발신기 표시등은 그 불빛은 부착면으로부터 몇 도 이상의 범위 안에서 부착지점으로부터 몇 m 이내의 어느 곳에서 쉽게 식별할 수 있어야 하는가?

답안

(1)

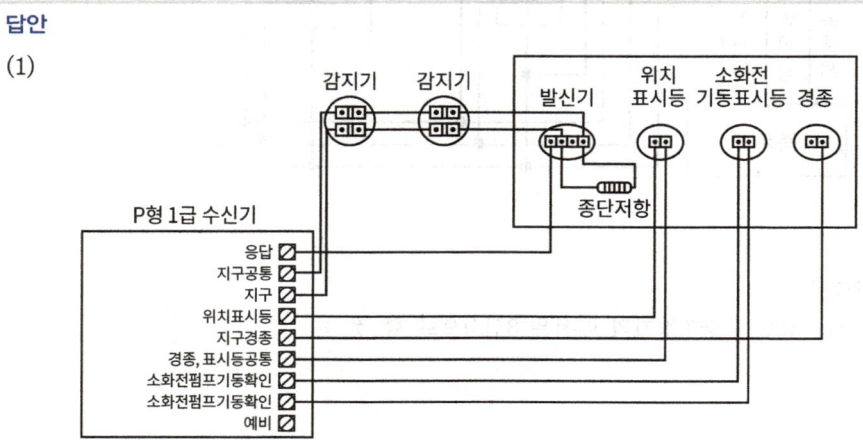

(2) 지구선, 공통선
(3) 적색
(4) 15도, 10m

18. P형 1급 수신기의 1개의 경계구역에 대한 결선도를 답안지에 작성하시오. (5점)

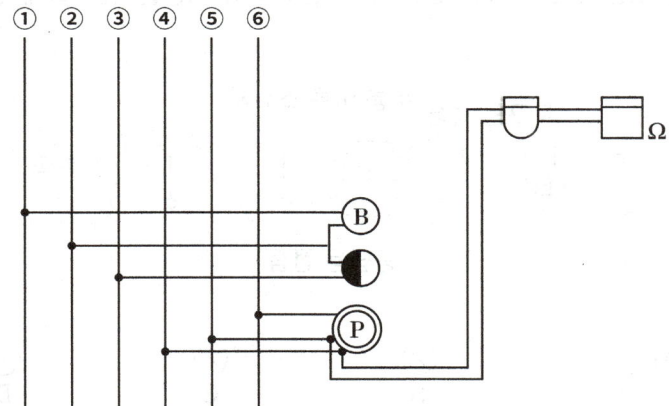

① 경종선　　② 경종 및 표시등공통선　　③ 표시등선
④ 지구선　　⑤ 공통선　　　　　　　　⑥ 응답선

답안

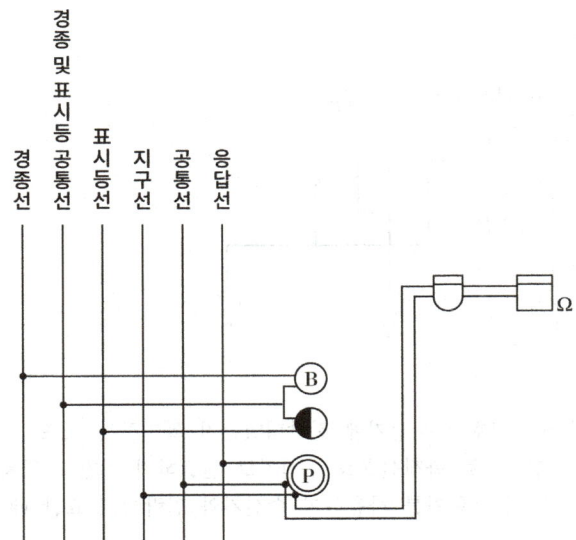

19 P형 1급 수동발신기에서 주어진 단자의 명칭을 쓰고 내부결선을 완성하여 각 단자와 연결하시오. 또한 LED, 누름버튼스위치, 전화잭의 기능을 간략하게 설명하시오.

(10점)

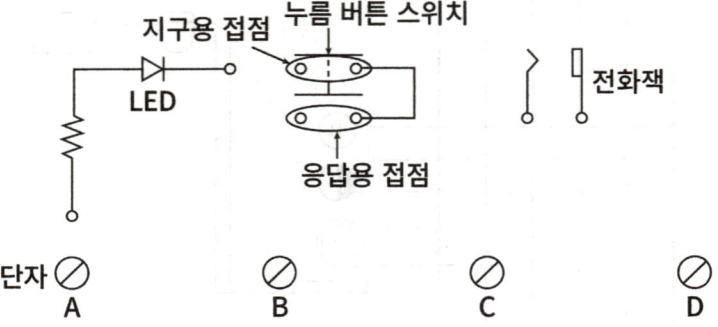

답안

(1) 단자의 명칭

　　A : 응답선단자　　B : 지구선단자　　C : 전화선단자　　D : 공통선단자

(2) 완성된 내부결선도

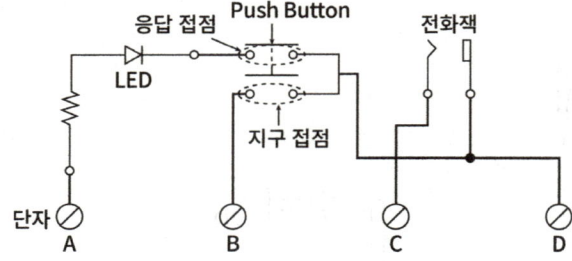

(3) 기능설명

　① LED : 발신기의 화재신호가 수신기에 전달되었는지 확인하는 램프
　② 누름버튼스위치 : 수동으로 화재신호를 수신기로 전달하기 위한 스위치
　③ 전화잭 : 화재 발생 시 전화기를 사용하여 수신기와 연락이 필요할 때 사용하는 잭

20 다음은 전기설비에 사용되는 기구의 명칭이다. 영문자 약호를 쓰시오. (4점)

(1) 누전차단기 (2) 누전경보기
(3) 영상변류기 (4) 전자접촉기

답안

(1) ELB (2) ELD (3) ZCT (4) MC

해설

명칭	약호	비고
누전차단기	ELB	누전 발생 시 전류차단
누전경보기	ELD	누전을 검출하여 경보
영상변류기	ZCT	누설전류 검출
전자접촉기	MC	전자석을 사용하여 전기회로의 개폐를 하는 장치
유입차단기	OCB	전기회로를 개폐하는 차단기의 일종
열동계전기	THR	과부하시 전동기 보호용 계전기
변류기	CT	일반전류검출
배선용 차단기	NFB	과부하, 단락사고 시 전원차단
배선용 차단기	MCCB	과부하, 단락사고 시 전원차단

CHAPTER 02 피난구조설비

01 축광점등방식의 피난유도선 설치기준 3가지를 쓰시오. (3점)

답안
① 구획된 각 실로부터 주출입구 또는 비상구까지 설치할 것
② 바닥으로부터 높이 50㎝ 이하의 위치 또는 바닥 면에 설치할 것
③ 피난유도 표시부는 50㎝ 이내의 간격으로 연속되도록 설치
④ 부착대에 의하여 견고하게 설치할 것
⑤ 외광 또는 조명장치에 의하여 상시 조명이 제공되거나 비상조명등에 의한 조명이 제공되도록 설치할 것

해설
- 축광방식의 피난유도선 설치기준
① 구획된 각 실로부터 주출입구 또는 비상구까지 설치할 것
② 바닥으로부터 높이 50㎝ 이하의 위치 또는 바닥 면에 설치할 것
③ 피난유도 표시부는 50㎝ 이내의 간격으로 연속되도록 설치
④ 부착대에 의하여 견고하게 설치할 것
⑤ 외광 또는 조명장치에 의하여 상시 조명이 제공되거나 비상조명등에 의한 조명이 제공되도록 설치할 것

- 광원점등방식의 피난유도선 설치기준
① 구획된 각 실로부터 주출입구 또는 비상구까지 설치할 것
② 피난유도 표시부는 바닥으로부터 높이 1m 이하의 위치 또는 바닥 면에 설치할 것
③ 피난유도 표시부는 50㎝ 이내의 간격으로 연속되도록 설치하되 실내장식물 등으로 설치가 곤란할 경우 1m 이내로 설치할 것
④ 수신기로부터의 화재신호 및 수동조작에 의하여 광원이 점등되도록 설치할 것
⑤ 비상전원이 상시 충전상태를 유지하도록 설치할 것
⑥ 바닥에 설치되는 피난유도 표시부는 매립하는 방식을 사용할 것
⑦ 피난유도 제어부는 조작 및 관리가 용이하도록 바닥으로부터 0.8m 이상 1.5m 이하의 높이에 설치할 것

02 다음은 유도등 및 유도표지의 설치장소에 따른 종류에 관한 내용이다. 빈칸 안의 내용을 쓰시오. (5점)

설치장소	유도등 및 유도표지의 종류
공연장·집회장(종교집회장 포함)·관람장·운동시설	(①)
유흥주점영업시설(『식품위생법 시행령』제 21조 제 8호 라목의 유흥주점영업중 손님이 춤을 출 수 있는 무대가 설치된 카바레, 나이트클럽 또는 그 밖에 이와 비슷한 영업시설만 해당한다)	
위락시설·판매시설 운수시설·『관광진흥법』제3조 제1항 제2호에 따른 관광숙박업·의료시설·장례식장·방송통신시설·전시장·지하상가·지하철역사	(②)
숙박시설(제3호의 관광숙박업 외의 것을 말한다)·오피스텔	(③)
지하층·무창층 또는 층수가 11층 이상인 특정소방대상물	
근린생활시설·노유자시설·업무시설·발전시설·종교시설(집회장 용도로 사용하는 부분 제외)·교육연구시설·수련시설·공장·창고시설·교정 및 군사시설(국방·군사시설 제외)·기숙사·자동차정비공장·운전학원 및 정비학원·다중이용업소·복합건축물·아파트	(④)

답안
① 대형피난구유도등, 통로유도등, 객석유도등
② 대형피난구유도등, 통로유도등
③ 중형피난구유도등, 통로유도등
④ 소형피난유도등, 통로유도등

03 다음은 통로유도등에 대한 설치기준이다. 각 물음에 답하시오. (6점)

(1) 복도통로유도등은 구부러진 모퉁이 및 보행거리 몇 m마다 설치하여야 하는가?

(2) 복도통로유도등의 바탕색과 문자색은 무엇인가?

(3) 거실통로에 기둥이 있는 경우 거실통로유도등의 설치높이는 바닥으로부터 높이 몇 m의 위치에 설치하여야 하는가?(단, 거실통로에 기둥이 없는 경우이다.)

답안
(1) 20m마다   (2) 백색바탕, 녹색문자   (3) 1.5m 이하

해설
- **복도통로유도등 설치기준**
① 복도에 설치하되 피난구유도등이 설치된 출입구의 맞은편 복도에는 입체형으로 설치하거나, 바닥에 설치할 것
② 구부러진 모퉁이 및 가목에 따라 설치된 통로유도등을 기점으로 보행거리 20m 마다 설치할 것
③ 바닥으로부터 높이 1m 이하의 위치에 설치할 것. 다만, 지하층 또는 무창층의 용도가 도매시장·소매시장·여객자동차터미널·지하역사 또는 지하상가인 경우에는 복도·통로 중앙부분의 바닥에 설치하여야 한다.
④ 바닥에 설치하는 통로유도등은 하중에 따라 파괴되지 아니하는 강도의 것으로 할 것

- **거실통로유도등의 설치기준**
① 거실의 통로에 설치할 것. 다만, 거실의 통로가 벽체 등으로 구획된 경우에는 복도통로유도등을 설치할 것
② 구부러진 모퉁이 및 보행거리 20m 마다 설치할 것
③ 바닥으로부터 높이 1.5m 이상의 위치에 설치할 것. 다만, 거실통로에 기둥이 설치된 경우에는 기둥부분의 바닥으로부터 높이 1.5m 이하의 위치에 설치할 수 있다.

- **계단통로유도등 설치기준**
① 각층의 경사로 참 또는 계단참마다(1개층에 경사로 참 또는 계단참이 2 이상 있는 경우에는 2개의 계단참마다)설치할 것
② 바닥으로부터 높이 1m 이하의 위치에 설치할 것

- **공통 설치기준**
① 유도등의 표시면 색상: 백색바탕, 녹색문자
② 통행에 지장이 없도록 설치할 것
③ 주위에 이와 유사한 등화광고물·게시물 등을 설치하지 아니할 것

CHAPTER 03 소화활동설비

01 무선통신보조설비에 사용되는 무반사 종단저항의 설치위치 및 설치목적을 쓰시오.

(5점)

(1) 설치위치

(2) 설치목적

답안
(1) 설치위치: 누설동축케이블의 끝 부분
(2) 설치목적: 전송로로 전송되는 전자파가 종단에서 반사되어 교신을 방해하는 것을 방지하기 위하여 설치

해설
• 누설동축케이블 설치기준
① 소방전용주파수대에서 전파의 전송 또는 복사에 적합한 것으로서 소방전용의 것으로 할 것. 다만, 소방대 상호 간의 무선연락에 지장이 없는 경우에는 다른 용도와 겸용할 수 있다.
② 누설동축케이블과 이에 접속하는 안테나 또는 동축케이블과 이에 접속하는 안테나로 구성할 것
③ 누설동축케이블 및 동축케이블은 불연 또는 난연성의 것으로서 습기에 따라 전기의 특성이 변질되지 아니하는 것으로 하고, 노출하여 설치한 경우에는 피난 및 통행에 장애가 없도록 할 것
④ 누설동축케이블 및 동축케이블은 화재에 따라 해당 케이블의 피복이 소실된 경우에 케이블 본체가 떨어지지 아니하도록 4m 이내마다 금속제 또는 자기제등의 지지금구로 벽·천장·기둥 등에 견고하게 고정시킬 것. 다만, 불연재료로 구획된 반자 안에 설치하는 경우에는 그러하지 아니하다.
⑤ 누설동축케이블 및 안테나는 금속판 등에 따라 전파의 복사 또는 특성이 현저하게 저하되지 아니하는 위치에 설치할 것
⑥ 누설동축케이블 및 안테나는 고압의 전로로부터 1.5m 이상 떨어진 위치에 설치할 것. 다만, 해당 전로에 정전기 차폐장치를 유효하게 설치한 경우에는 그러하지 아니하다.
⑦ 누설동축케이블의 끝부분에는 무반사 종단저항을 견고하게 설치할 것
⑧ 누설동축케이블 또는 동축케이블의 임피던스는 50Ω으로 하고, 이에 접속하는 안테나·분배기 기타의 장치는 해당 임피던스에 적합한 것으로 하여야 한다. 스는 50Ω으로 하고, 이에 접속하는 공중선 분배기 기타의 장치는 해당 임피던스에 적합한 것으로 하여야 한다.

02 지상 31층 건물에 비상콘센트를 설치하려고 한다. 각층에 하나의 비상콘센트 설비를 설치한다면 최소 몇 회로가 필요한가? (4점)

답안

- 계산과정: $\dfrac{21}{10} = 2.1 ≒ 3$회로
- 답: 3회로

해설

(1) 비상콘센트설비를 설치하여야 하는 특정소방대상물
   ① 층수가 11층 이상인 특정소방대상물의 경우에는 11층 이상의 층
   ② 지하층의 층수가 3층 이상이고 지하층의 바닥면적의 합계가 1천m^2 이상인 것은 지하층의 모든 층
   ③ 지하가 중 터널로서 길이가 500m 이상인 것

(2) 비상콘센트의 필요개수
   ① 층수가 11층 이상인 특정소방대상물의 경우에는 11층 이상의 층 : 1개(지상11층)
   ② 지하층의 층수가 3층 이상이고 지하층의 바닥면적의 합계가 1천m^2 이상인 것은 지하층의 모든 층: 4개(지하1층, 지하2층, 지하3층, 지하4층)

03 비상콘센트설비를 설치하여야 할 특정소방대상물 3가지를 쓰시오. (4점)

답안

① 11층 이상의 층
② 지하 3층 이상이고 지하층의 바닥층 합계가 1,000㎡ 이상인 것은 모든 지하층
③ 지하가 중 터널길이 500m 이상

해설

(1) 비상콘센트설비를 설치하여야 하는 특정소방대상물
   ① 층수가 11층 이상인 특정소방대상물의 경우에는 11층 이상의 층
   ② 지하층의 층수가 3층 이상이고 지하층의 바닥면적의 합계가 1천m^2 이상인 것은 지하층의 모든 층
   ③ 지하가 중 터널로서 길이가 500m 이상인 것

(2) 비상콘센트의 필요개수
   ① 층수가 11층 이상인 특정소방대상물의 경우에는 11층 이상의 층 : 1개(지상11층)
   ② 지하층의 층수가 3층 이상이고 지하층의 바닥면적의 합계가 1천m^2 이상인 것은 지하층의 모든 층: 4개(지하1층, 지하2층, 지하3층, 지하4층)

04 다음은 소화활동설비 중 비상콘센트설비에 대한 설치기준이다. 각 물음에 답하시오.
(6점)

(1) 하나의 전용회로에 설치하는 비상콘센트는 8개이다. 이 경우 전선의 용량은 비상콘센트 몇 개의 공급용량을 합한 용량 이상의 것으로 하여야 하는가?
(2) 비상콘센트의 보호함 상부에 설치하는 표시등의 색은 무슨 색인가?
(3) 비상콘센트설비의 전원부와 외함 사이를 500V 절연저항계로 측정할 때 30MΩ으로 측정되었다. 절연저항의 적합여부와 그 이유를 쓰시오.

답안
(1) 3개
(2) 적색
(3) 적합여부 : 적합하다.
    그 이유 : 절연저항이 20MΩ 이상이므로

해설
• **비상콘센트설비의 전원회로**
① 비상콘센트설비의 전원회로는 단상교류 220V인 것으로서, 그 공급용량은 1.5kVA 이상인 것으로 할 것
② 전원회로는 각 층에 2 이상이 되도록 설치할 것. 다만, 설치하여야 할 층의 비상콘센트가 1개인 때에는 하나의 회로로 할 수 있다.
③ 전원회로는 주배전반에서 전용회로로 할 것. 다만, 다른 설비의 회로의 사고에 따른 영향을 받지 아니하도록 되어 있는 것은 그러하지 아니하다.
④ 전원으로부터 각 층의 비상콘센트에 분기되는 경우에는 분기배선용 차단기를 보호함안에 설치할 것
⑤ 콘센트마다 배선용 차단기를 설치하여야 하며, 충전부가 노출되지 아니하도록 할 것
⑥ 개폐기에는 "비상콘센트"라고 표시한 표지를 할 것
⑦ 비상콘센트용의 풀박스 등은 방청도장을 한 것으로서, 두께 1.6㎜ 이상의 철판으로 할 것
⑧ 하나의 전용회로에 설치하는 비상콘센트는 10개 이하로 할 것. 이 경우 전선의 용량은 각 비상콘센트(비상콘센트가 3개 이상인 경우에는 3개)의 공급용량을 합한 용량 이상의 것으로 하여야 한다.
⑨ 비상콘센트의 플러그접속기는 접지형 2극 플러그접속기를 사용하여야 한다.
⑩ 비상콘센트의 플러그접속기의 칼받이의 접지극에는 접지공사를 하여야 한다.

• **비상콘센트설비의 전원부와 외함 사이의 절연저항 및 절연내력 기준**
① 절연저항은 전원부와 외함 사이를 500V 절연저항계로 측정할 때 20MΩ 이상일 것
② 절연내력: 전원부와 외함 사이
   ㄱ. 정격전압이 150V 이하인 경우: 1,000V의 실효전압
   ㄴ. 정격전압이 150V 초과인 경우: 그 정격전압에 2를 곱하여 1,000을 더한 실효전압
   ㄷ. 측정값: 실효전압을 가하는 시험에서 1분 이상 견디는 것으로 할 것

• 비상콘센트 보호함의 설치기준
① 보호함에는 쉽게 개폐할 수 있는 문을 설치할 것
② 보호함 표면에 "비상콘센트"라고 표시한 표지를 할 것
③ 보호함 상부에 적색의 표시등을 설치할 것. 다만, 비상콘센트의 보호함을 옥내소화전함 등과 접속하여 설치하는 경우에는 옥내소화전함 등의 표시등과 겸용할 수 있다.

05 다음은 배선용 차단기의 심벌이다. 기호 ①~③이 의미하는 것을 답란에 쓰시오.
(5점)

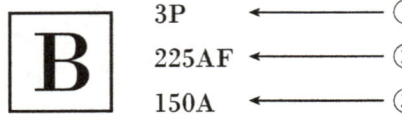

답안
① 극수 ② 프레임의 크기 ③ 정격전류

06 무선통신보조설비의 누설동축케이블에 표기되어있는 기호의 의미를 보기에서 찾아 "예"를 참조하여 쓰시오.
(6점)

LCX - FR - SS - 20 D - 14 6
 ①   ②   ③   ④ ⑤   ⑥ ⑦
[예] ⑦ : 결합손실표시수

[보기]
절연체 외경, 자기지지, 누설동축케이블, 특성임피던스, 사용주파수, 내열성

답안
① 누설동축케이블   ② 내열성
③ 자기지지   ④ 절연체 외경
⑤ 특성임피던스   ⑥ 사용주파수

CHAPTER 04 소방배선

01 스프링클러설비의 블록다이어그램이다. 각 구성요소 간 배선을 내화배선, 내열배선, 일반배선으로 구분하여 블록다이어그램을 완성하시오. (5점)

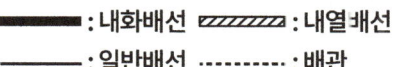

답안

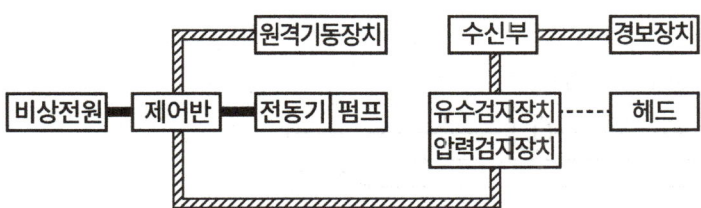

02 아래 그림과 같이 1개의 등을 2개소의 스위치에서 점멸이 되도록 하려고 한다. 다음 각 물음에 답하시오.

(5점)

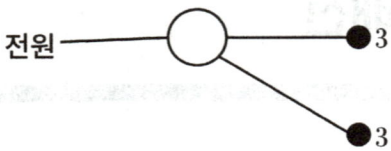

(1) ●3 의 기호 명칭을 쓰시오.
(2) 결선도에 배선의 가닥수를 표기 하시오.
(3) 전선 접속도(실제 배선도)를 그리시오.

답안

(1) 3로 점멸기(스위치)

(2)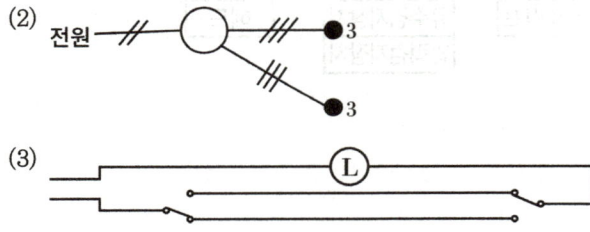

(3)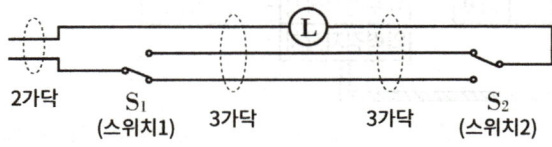

해설

(2) 스위치결선도 배선의 가닥수

CHAPTER 05 공사재료

01 어떤 건물에 대한 소방설비의 배선도면을 보고 다음 각 물음에 답하시오. (단, 배선공사는 후강전선관을 사용한다고 한다) (10점)

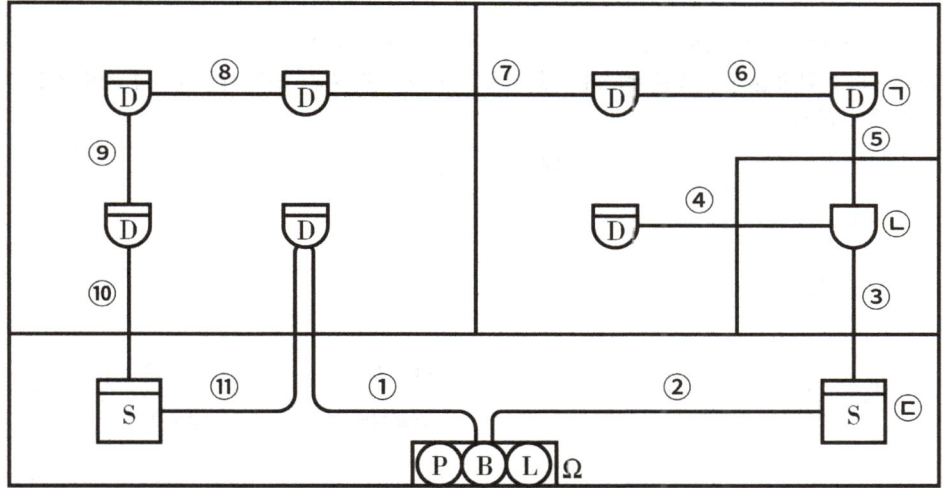

(1) 도면에 표시된 그림기호 ①~⑪의 가닥수를 쓰시오.

①	②	③	④	⑤	⑥	⑦	⑧	⑨	⑩	⑪

(2) 부싱 및 로크너트는 몇 개가 소요되겠는가?
  • 부싱
  • 로크너트

(3) 도면에 표시된 그림기호 ㉠~㉢의 명칭을 쓰시오.

㉠	㉡	㉢

답안

(1)

①	②	③	④	⑤	⑥	⑦	⑧	⑨	⑩	⑪
2	2	2	4	2	2	2	2	2	2	2

(2) • 부싱 : 22개
 • 로크너트 : 44개

(3) 도면에 표시된 그림기호 ㉠~㉢의 명칭을 쓰시오.

㉠	㉡	㉢
차동식스포트형감지기	정온식스포트형감지기	연기감지기

해설

(2) • 부싱 : 금속관 끝에 취부하므로 금속관 1개소에 2개 사용한다.
 • 로크너트 : 금속관과 박스를 접속할 때 사용하는 재료로 최소 2개 사용 (부싱 개수×2)
 • 감지기의 도시기호

명칭	그림기호	비고	
차동식스포트형감지기	⊡	–	
보상식스포트형감지기	⊡	–	
정온식스포트형감지기	⊡	방수형 내알칼리형	내산형 방폭형 EX
연기감지기	S	매입형 S	

02 다음의 전선관 부속품에 대한 용도를 쓰고 설명하시오. (3점)

(1) 부싱

(2) 유니온 커플링

(3) 유니버셜 엘보우

해설
• 금속관공사의 부품

명칭	그림	용도
부싱		전선의 절연피복을 보호하기 위하여 금속관 끝에 취부하여 사용되는 부품
로크너트		금속관과 박스를 접속할 때 사용하는 재료로 최소 2개를 사용한다.
링리듀서		금속관을 아우트렛 박스에 로크 너트만으로 고정하기 어려울 때 보조적으로 사용되는 부품
유니언커플링		금속전선관 상호간을 접속하는 데 사용되는 부품(관이 고정되어 있을 때)
노멀벤드		매입배관공사를 할 때 직각으로 굽히는 곳에 사용하는 부품
유니버설엘보		노출배관공사를 할 때 관을 직각으로 굽히는 곳에 사용하는 부품
커플링		금속전선관 상호간을 접속하는 데 사용되는 부품(관이 고정되어 있지 않을 때)
새들		관을 지지하는 데 사용하는 재료
리머		금속관 말단의 모를 다듬기 위한 기구
파이프커터		금속관을 절단하는 기구
환형 3방출 정크션박스		배관을 분기할 때 사용하는 박스
파이프벤더		금속관(후강전선관, 박강전선관)을 구부릴 때 사용하는 공구

03 저압옥내배선의 금속관공사(배선)에 이용되는 부품의 명칭을 쓰시오. (3점)

(1) 관이 고정되어 있지 않을 때 금속전선관 상호간 접속하는데 사용되는 부품

(2) 전선의 절연피복을 보호하기 위하여 박스 내의 금속관 끝에 취부하여 사용되는 부품

(3) 금속관과 박스를 서로 접속할 때 사용되는 부품

답안

(1) 커플링   (2) 부싱   (3) 로크너트

해설

(1) 유니버설 엘보 : 노출배관공사 시 관을 직각으로 굽히는 곳에 사용하는 부품
(2) 링 리듀서 : 금속관을 아우트렛박스에 로크너트만으로 고정하기 어려울 때 보조적으로 사용되는 부품
(3) 커플링 : 관이 고정되어 있지 않을 때 금속전선관 상호간 접속하는데 사용되는 부품
(4) 유니언 커플링 : 관이 고정되어 있을 때 금속전선관 상호간 접속하는데 사용되는 부품
(5) 부싱 : 전선의 절연피복을 보호하기 위하여 박스 내의 금속관 끝에 취부하여 사용되는 부품
(6) 로크너트 : 금속관과 박스를 서로 접속할 때 사용되는 부품
(7) 노멀밴드 : 매입배관공사 시 직각으로 굽히는 곳에 사용하는 부품
(8) 새들 : 관을 지지하는데 사용되는 부품
(9) 리머 : 금속배관 절단 후 말단의 거칠음을 다듬을 때 사용하는 부품
(10) 파이프커터 : 금속배관을 절단하는데 사용되는 공구
(11) 파이프밴더 : 금속배관을 구부리는데 사용하는 공구

CHAPTER 06 시퀀스

01 두 입력상태가 같을 때 출력이 없고 두 입력상태가 다를 때 출력이 생기는 회로를 배타적 논리합(exclusive OR)회로라 한다. 그림과 같은 배타적 논리합회로에서 다음 각 물음에 답하시오.

(8점)

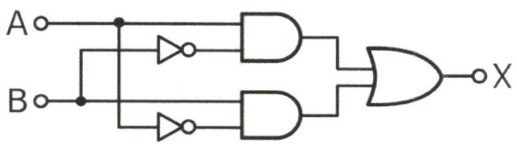

(1) 이 회로의 논리식을 쓰시오.
(2) 이 회로에 대한 유접점 릴레이회로를 그리시오.
(3) 이 회로의 타임차트를 완성하시오.

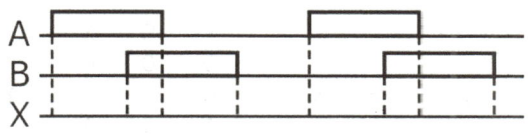

(4) 이 회로의 진리표를 완성하시오.

A	B	X

답안

(1) $X = A\overline{B} + \overline{A}B$

(2)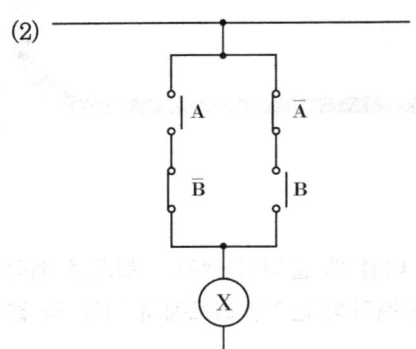

(3)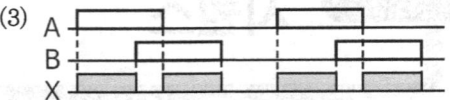

(4)

A	B	X
0	0	0
0	1	1
1	0	1
1	1	0

해설

- XOR(Exclusive OR ; EOR)게이트(베타적 논리합)
두 입력이 서로 달라야 출력이 1이 나오는 게이트

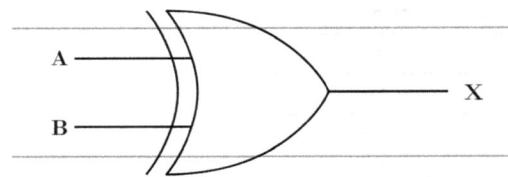

A	B	X
0	0	0
0	1	1
1	0	1
1	1	0

$X = A \oplus B = \overline{A}B + A\overline{B}$

02 주어진 진리표를 보고 다음 각 물음에 답하시오. (10점)

A	B	C	Y_1	Y_2
0	0	0	1	0
0	1	0	1	1
0	0	1	0	1
0	1	1	0	1
1	0	0	1	0
1	1	0	0	1
1	0	1	0	1
1	1	1	0	1

(1) 가장 간략화된 논리식을 적으시오.

(2) 다음의 무접점 회로를 그리시오.

    A ○

                                      ○ Y_1

    B ○

                                      ○ Y_2

    C ○

(3) 유접점회로를 그리시오.

답안

(1) $Y_1 = (\overline{A} + \overline{B})\,\overline{C}$, $Y_2 = B + C$

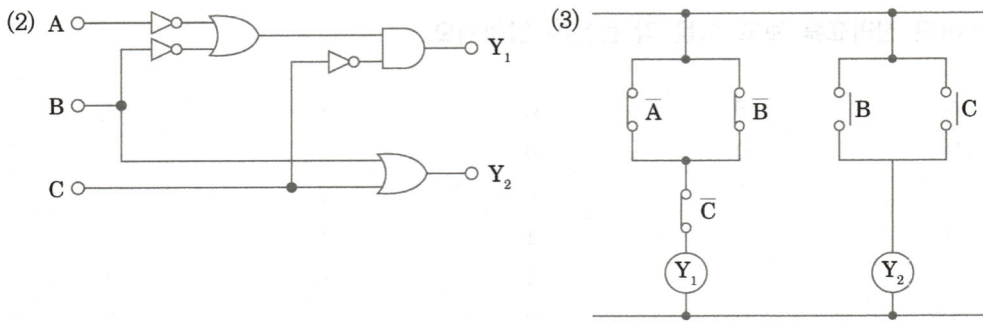

03
유도전동기 IM을 현장 측과 제어실 측 어느 쪽에서도 기동 및 정지제어가 가능하도록 배선하시오. (단, 푸시버튼스위치 기동용(PB-ON) 2개, 정지용(PB-OFF) 2개, 전자접촉기 a접점 1개(자기유지용)를 사용할 것) (6점)

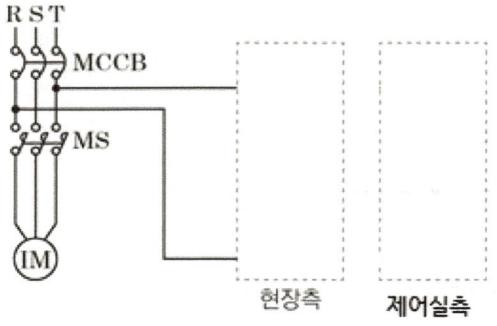

답안

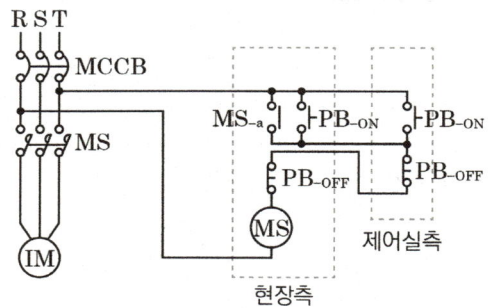

해설

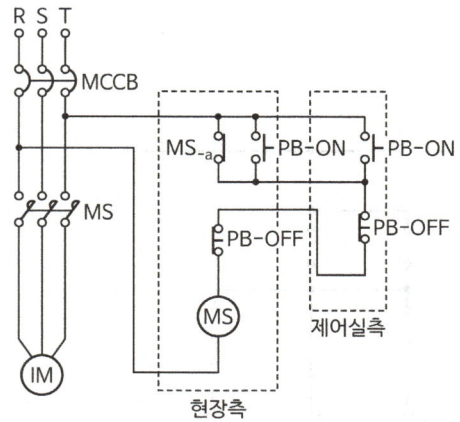

① 현장측의 PB-ON을 누르면 코일 MS에 전류가 흘러 전자개폐기가 동작하여 주접점 MS가 ON 되어 전동기가 회전하고 MS의 자기유지접점이 폐로되어 PB이 자동복귀되어도 전동기는 계속 회전한다.
② 제어실측의 PB-OFF를 누르면 코일 MS에 전류가 흐르지 않아 전자개폐기가 소자되며, MS가 개로되어 전동기가 정지하고, MS의 자기유지접점도 개로된다.

04 다음은 Y-△ 기동회로의 미완성 도면이다. 주어진 조건을 이용하여 도면을 완성하시오.
(6점)

[조건]
(1) 도시기호
- Ⓐ : 전류계
- ㏄ : 표시등
- Ⓣ : 스타델타 타이머
- M-1 : 전자접촉기(Y)
- M-2 : 전자접촉기(△)

(2) 동작설명
① 타이머를 이용한 Y-△ 운전이 가능하도록 주회로 및 보조회로 부분을 완성한다.
② 전원 MCCB를 투입하면 표시등 ㏄이 점등되도록 한다.

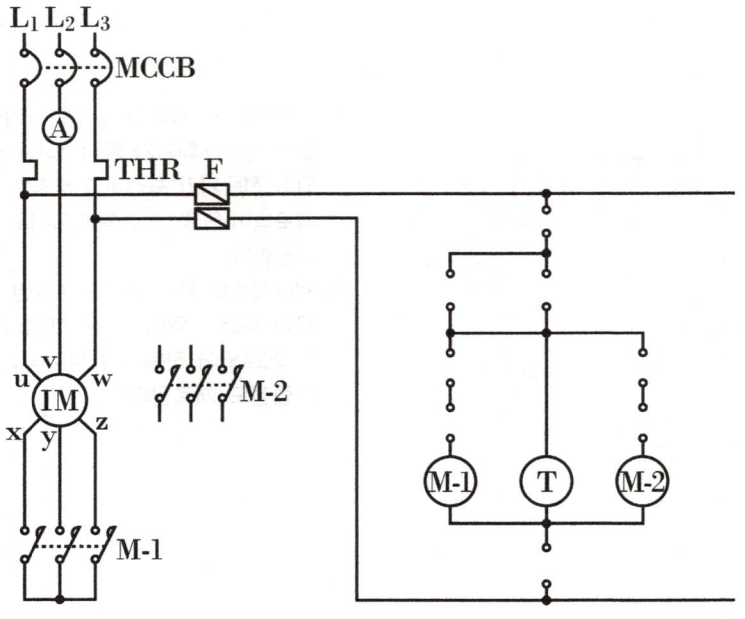

답안

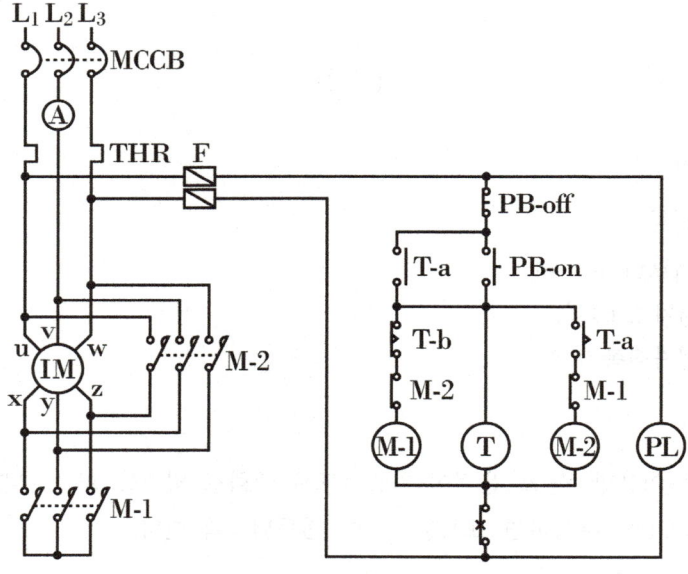

05 다음 그림은 플로트스위치에 의한 펌프모터의 레벨제어에 대한 미완성 도면이다. 도면을 보고 다음 각 물음에 답하시오. (7점)

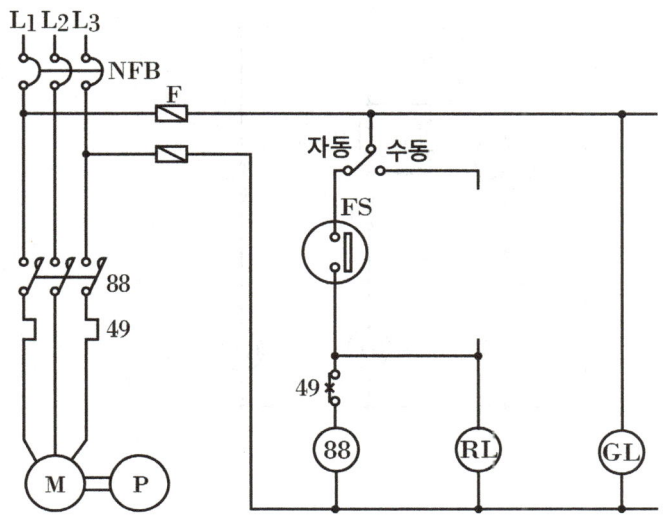

(1) 도면의 NFB의 명칭과 장점을 쓰시오.
(2) 도면에서 주회로에 사용된 49의 명칭을 쓰시오.
(3) 동작접점이 "수동"인 경우 누름버튼스위치(PB-on, PB-off)와 전자접촉기접점으로 제어회로를 완성하시오.

[동작조건]
• 전원이 인가되면 GL램프가 점등된다.
• 수동인 경우 누름버튼스위치 PB-on을 누르면 GL램프가 소등되고 RL램프가 점등된다.

[기구 및 접점 사용조건]
• 88-a 접점 1개   • 88-b 접점 1개
• PB-on 접점 1개   • PB-off 접점 1개

답안

(1) 명칭 : 배선용 차단기
    장점 : ① 퓨즈가 필요하지 않다.
           ② 기기의 수명이 길다.
           ③ 과전류에 대한 차단성능이 우수하다.
           ④ 소형이고 경량이다.

(2) 열동계전기

(3)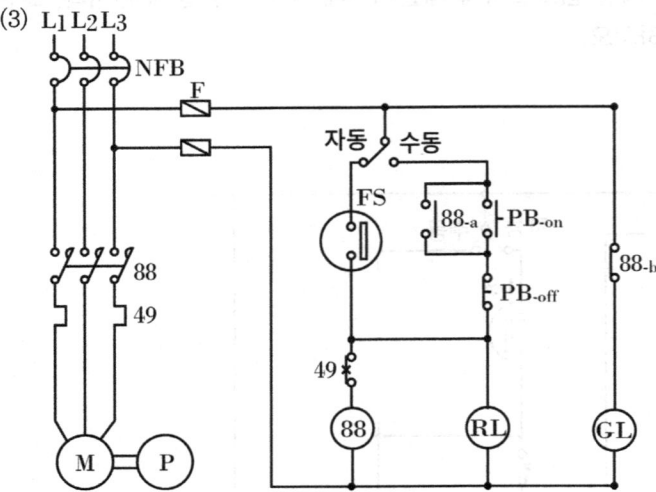

CHAPTER 07 계산문제

01 3상 380[V]에 사용하는 정격소비전력 100[kW] 전열기의 부하전류를 측정하기 위하여 300/5의 변류기를 사용하였다면 전류계의 2차 측 변류기 지시값은 몇 [A]이겠는가?(역률은 0.7이고, 효율은 1이다) (4점)

• 계산과정 :
• 답 :

답안

• 계산과정 :

① 부하전류[A] $I = \dfrac{P}{\sqrt{3}\, V\cos\theta} = \dfrac{100 \times 10^3}{\sqrt{3} \times 380 \times 0.7} \times 1 = 217.048 ≒ 217.05[A]$

② 변류비가 300/5일 때, 1차 전류의 값이 217.05[A]이므로 2차측의 변류비는 3.617[A]이다.

• 답: 3.62[A]

해설

• 3상 전력
 $P = \sqrt{3}\, VI\cos\theta$

여기서, P: 전력[W], V: 전압[V], I: 전류[A], $\cos\theta$: 역률

02 지상 31m 되는 곳에 있는 수조에 분당 12㎥의 물을 양수하는 펌프용 전동기에 3상 전력을 공급하려고 한다. 펌프효율이 65%이고 펌프측 동력에 10%의 여유를 둔다고 할 때 다음 각 물음에 답하시오.(단, 펌프용 3상 농형 유도전동기의 역률은 100%로 가정한다.)

(6점)

(1) 펌프용 전동기의 용량은 몇 kW인가?
(2) 3상 전력을 공급하기 위하여 단상변압기 2대를 V결선하여 이용하고자 한다. 단상변압기 1대의 용량은 몇 kVA 이상이면 되는가?

답안

(1) • 계산과정

$$P(kW) = \frac{1000 \times 12 \times 31}{102 \times 0.65 \times 60} \times 1.1 = 102.865 ≒ 102.87 kW$$

• 답 : 102.87kW

(2) • 계산과정 $P_1 = \frac{102.87}{\sqrt{3}} = 59.392 ≒ 59.39 kVA$

• 답 : 59.39kVA

해설

• 펌프의 동력계산

$$P(kW) = \frac{\gamma QH}{102 \times \eta} \times K$$

여기서, γ: 비중량(kg_f/m^3), Q: 유량(m^3/s), H: 전양정(m), η: 효율(%), K: 전달계수

• V결선 시 변압기의 출력

$$P_V(kVA) = \sqrt{3} P_1, \ P_1 = \frac{P_V(kVA)}{\sqrt{3}}$$

여기서, P_V: V결선 시 변압기의 출력(kVA), P_1: 단상변압기 1대의 용량(kVA)

03 P형 1급 수신기와 감지기와의 배선회로에서 P형 1급 수신기 종단저항은 11[kΩ], 감시 전류는 2[mA], 릴레이 저항은 950[Ω], DC 24[V]일 때 다음 각 물음에 답하시오.

(6점)

(1) 배선저항은 몇 [Ω]인가?
(2) 감지기가 동작할 때의 전류는 몇 [mA]인가?

답안

(1) • 계산과정: 감시전류 $= 2 \times 10^{-3} = \dfrac{24}{11 \times 10^3 + 950 + 배선저항}$

  • 답: 50[Ω]

(2) • 계산과정: 동작전류 $= \dfrac{24}{950 + 50} \times 1000 = 24[mA]$

  • 답: 24[mA]

해설

• 감시전류(mA) $= \dfrac{회로전압(V)}{릴레이저항(\Omega) + 배선저항(\Omega) + 종단저항(\Omega)} \times 10^3$

• 동작전류(mA) $= \dfrac{회로전압(V)}{릴레이저항(\Omega) + 배선저항(\Omega)} \times 10^3$

04 P형 1급 수신기와 감지기 간의 배선회로에서 종단저항은 10[kΩ], 배선저항은 20[Ω], 릴레이저항은 10[Ω]이며 회로전압이 직류 24[V]일 때 다음 각 물음에 답하시오.

(4점)

(1) 감시상태의 감시전류는 몇 [mA]인지 구하시오.
(2) 감지기가 동작할 때의 동작전류는 몇 [mA]인지 구하시오.

답안

(1) • 계산과정

  ① 종단저항 $R = 10k\Omega = 10 \times 10^3 \Omega$

  ② 감시전류 $I = \dfrac{24}{10 + 20 + (10 \times 10^3)} = 0.0023928A = 0.0023928 \times 10^3 = 2.392 ≒ 2.39mA$

  • 답: 2.39mA

(2) • 계산과정 : 동작전류 $I = \dfrac{24}{10+20} = 0.8A = 0.8 \times 10^3 = 800mA$

　　• 답 : 800mA

해설

• 감시전류(mA) = $\dfrac{회로전압(V)}{릴레이저항(\Omega) + 배선저항(\Omega) + 종단저항(\Omega)} \times 10^3$

• 동작전류(mA) = $\dfrac{회로전압(V)}{릴레이저항(\Omega) + 배선저항(\Omega)} \times 10^3$

05 동력제어반(MCC)에서 옥내소화전설비의 펌프전동기에 전력을 공급하고자 한다. 전동기의 공급전압은 3상 200[V], 전동기의 용량은 100[HP], 역률은 60[%]라고 가정할 때 전동기의 역률을 90(%)로 개선하고자 하는 경우 필요한 전력용 콘덴서의 용량[kVA]을 구하시오. (5점)

• 계산과정 :

• 답 :

답안

• 계산과정 : $Q_C = 100 \times 0.746 \times \left(\dfrac{\sqrt{1-0.6^2}}{0.6} - \dfrac{\sqrt{1-0.9^2}}{0.9} \right) = 63.336 ≒ 63.34 kVA$

• 답 : 63.34[kVA]

해설

• 전력용 콘덴서의 용량

$$Q_C = P \left(\dfrac{\sqrt{1-\cos^2\theta_1}}{\cos\theta_1} - \dfrac{\sqrt{1-\cos^2\theta_2}}{\cos\theta_2} \right)$$

　여기서, Q_C : 전력용 콘덴서의 용량(kVA), P : 유효전력(W),
　　　　$\cos\theta_1$: 개선 전 역률, $\cos\theta_2$: 개선 후 역률

• 1 [HP] = 0.746 [kW]

06 제어반으로부터 배선의 거리가 90m 떨어진 위치에 기동용 솔레노이드밸브가 있다. 제어반에서 출력단자전압은 26V이고 솔레노이드밸브가 기동할 때 단자전압[V]을 구하시오. (단, 솔레노이드의 정격전류는 2A이고, 동선의 1m당 전기저항의 값은 0.008Ω이다.)

(4점)

답안
- 계산과정 : 전압강하 $e = 2IR = 2 \times 2 \times (90 \times 0.008) = 2.88\,V$
  단자전압 $V_r = 26\,V - 2.88\,V = 23.12\,V$
- 답 : 23.12V

해설

(1) 전압강하

단상 2선식	3상 3선식
$e = 2IR$	$e = \sqrt{3}\,IR$

여기서, e: 전압강하(V), I: 전류(A), R: 저항(Ω)

(2) 전압강하 및 전선단면적 공식

전기방식	전압강하	전선단면적
단상 2선식 (직류 2선식)	$e = \dfrac{35.6LI}{1000A}$	$A = \dfrac{35.6LI}{1000e}$
3상 3선식	$e = \dfrac{30.8LI}{1000A}$	$A = \dfrac{30.8LI}{1000e}$
단상 3선식 3상 4선식	$e' = \dfrac{17.8LI}{1000A}$	$A = \dfrac{17.8LI}{1000e'}$

여기서, e: 각 선간의 전압강하[V], e': 각 선간의 1선과 중성선 사이의 전압강하[V]
L: 선로의 길이[m], A: 전선의 단면적[mm²], I: 전류[A]

07 3상 380[V], 주파수 60[Hz], 극수 4P, 75마력의 전동기가 있다. 다음 각 물음에 답하시오.(단, 슬립은 5[%]이다.) (6점)

(1) 동기속도(rpm)은 얼마인가?
- 계산과정
- 답

(2) 회전속도(rpm)은 얼마인가?
- 계산과정
- 답

답안

(1) • 계산과정 : $N_s = \dfrac{120 \times 60}{4} = 1800 [rpm]$

　　• 답 : 1800rpm

(2) • 계산과정 : $N = 1800 \times (1 - 0.05) = 1710 [rpm]$

　　• 답 : 1710rpm

해설

• 동기속도

$$N_s = \frac{120f}{P}$$

여기서, N_s: 동기속도(rpm), P: 극수(P), f: 주파수(Hz)

• 회전속도

$$N = \frac{120f}{P}(1-S)$$

여기서, N: 회전속도(rpm), P: 극수(P), f: 주파수(Hz), S: 슬립(%/100)

08 축전지설비에 대한 각 물음에 답하시오. (6점)

(1) 연축전지의 정격용량이 200[Ah]이고, 상시부하가 3[kw], 표준전압 100[V]인 부동충전 방식 충전기의 2차 충전 전류값은 몇 [A]이겠는가? (단, 상시부하의 역률은 1로 본다.)

(2) 납축전지를 방전상태로 오랫동안 방치해두면 극판의 황산납이 회백색으로 변하며 내부저항이 대단히 증가하여 충전시 전해액의 온도상승이 크고 황산의 비중 상승이 낮으며 가스의 발생이 심해진다. 따라서 전지의 용량이 감소되고 수명을 단축시키는 현상은 무엇인가?

(3) (2)의 현상이 일어날 때 발생되는 가스는 무엇인가?

답안

(1) 2차 충전 전류 $= \dfrac{200}{10} + \dfrac{3 \times 10^3}{100} = 50[A]$

(2) 설페이션 현상

(3) 수소 가스

해설

- 2차 충전전류

$$I = \dfrac{정격용량}{공칭용량} + \dfrac{상시부하}{표준전압}$$

- 연축전지와 알칼리축전지

구분	연축전지	알칼리축전지
공칭용량	10[Ah]	5[Ah]
공칭전압	2.0[V]	1.2[V]
기전력	2.05 ~ 2.08[V]	1.43 ~ 1.49[V]
충전시간	길다	짧다
기계적강도	약하다.	강하다.
전기적강도	약하다.	강하다.
기대수명	5~15년	15~20년
종류	클래드식, 페이스트식	소결식, 포케트식

> **에듀콕스(educox)**는 책에 관한 소재와 원고를 설레는 마음으로 기다리고 있습니다.
> 책으로 만들고 싶은 좋은 소재와 기획이 있으신 분은 이메일(educox@hanmail.net)로
> 간단한 개요와 취지, 연락처 등을 보내주시면 됩니다.

쉽고 빠르게 합격하는
소방설비(산업)기사 소방전기분야 실기

초판 발행 2024년 7월 15일
편 저 자 이종오
발 행 인 이상옥
발 행 처 에듀콕스(educox)
출판등록번호 제25100-2018-000073호
주　　소 서울시 관악구 신림로23길 16 일성트루엘 907호
팩　　스 02)6499-2839
홈페이지 www.educox.co.kr
이 메 일 educox@hanmail.net

저자와의
협의하에
인지생략

이 책에 실린 내용에 대한 저작권은 에듀콕스(educox)에 있으므로 함부로 복사·복제할 수 없습니다.

정가 28,000원
ISBN 979-11-93666-14-2